Digitale Modellbahn

Fahrzeuge umrüsten und einstellen

HEEL

Digitale Modellbahn

Fahrzeuge umrüsten und einstellen

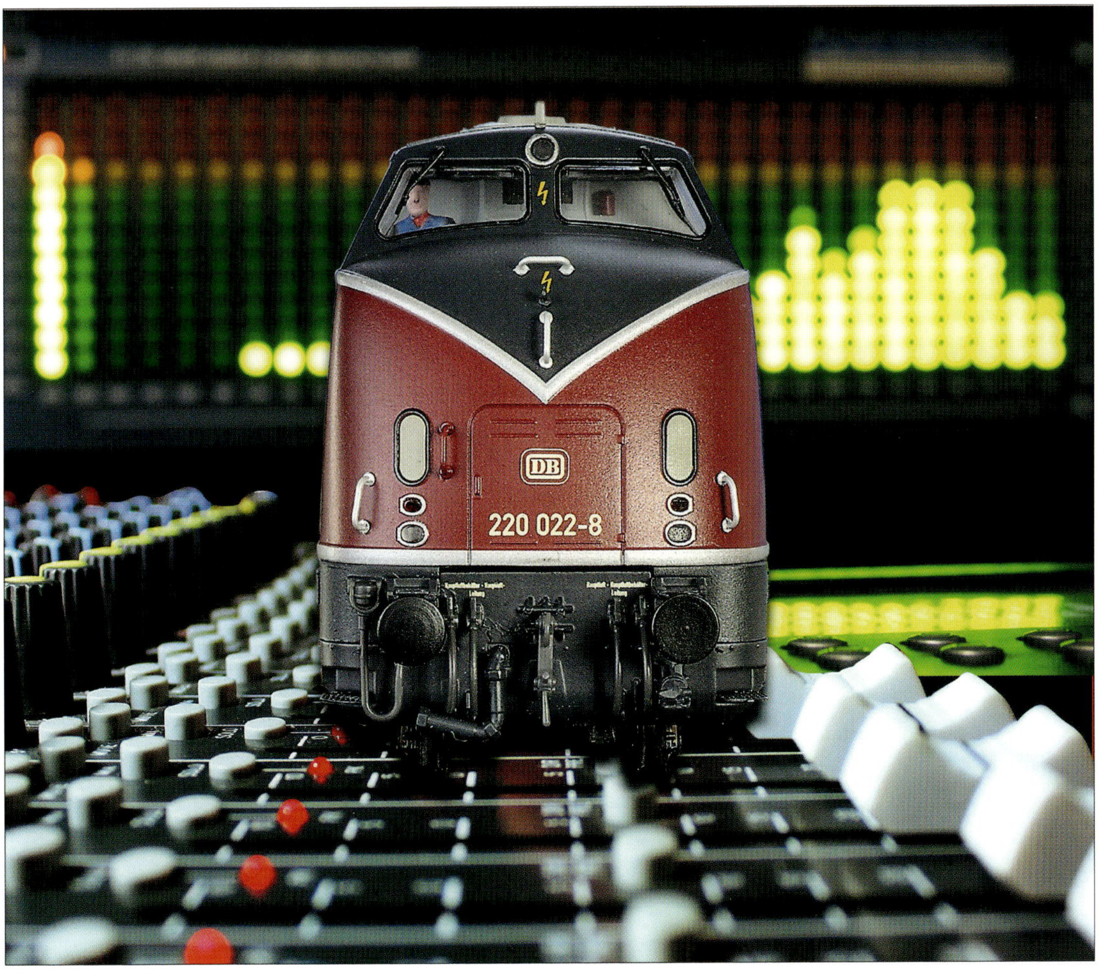

Impressum

HEEL Verlag GmbH
Gut Pottscheidt
53639 Königswinter

Telefon: 02223 92 30 - 0
Telefax: 02223 92 30 26
Mail: info@heel-verlag.de
Internet: www.heel-verlag.de

© 2015: HEEL Verlag GmbH, Königswinter
Verlagsgruppe Bahn GmbH, Fürstenfeldbruck für die HEEL Verlag GmbH, Königswinter

Autoren: Grimmel, Gideon; Grünig, Manfred; Ippen, Rainer; Knaden, Martin; Koch, Sebastian; Peter, Gerhard; Ruhland, Dieter; Weckwerth, Guido

Abbildungen: Grimmel, Gideon (18); Grünig, Manfred (20); Ippen, Rainer (21); Knaden, Martin (6); Koch, Sebastian (101); Kuhl, Lutz (6); Peter, Gerhard (37); Weckwerth, Guido (34)

Lektorat: Gerhard Peter, Rainer Ippen
Umschlaggestaltung: Stefan Witterhold, HEEL-Verlag
Satz & Layout: Rainer Ippen

Alle Rechte, auch die des Nachdrucks, der Wiedergabe in jeder Form und der Übersetzung in andere Sprachen, behält sich der Herausgeber vor. Es ist ohne schriftliche Genehmigung nicht erlaubt, das Buch und Teile daraus auf fotomechanischem Weg zu vervielfältigen oder unter Verwendung elektronischer bzw. mechanischer Systeme zu speichern, systematisch auszuwerten oder zu verbreiten. Ebenso untersagt ist die Erfassung und Nutzung auf Netzwerken, inklusive Internet, oder die Verbreitung des Werkes auf Portalen wie Googlebooks.

Alle Angaben ohne Gewähr, Irrtümer vorbehalten

Printed by GPS Group GmbH, Austria

ISBN: 978-3-95843-196-6

Einleitung

Inhaltsverzeichnis	5
Vorwort	7

Decoder-Wissen

Der Decoder das unbekannte Ding	10
Lokdecoders Kern	16
Festival der Lichter	22
Bit-Gefummel	28
Alles geregelt	36
Vielkönner	42
Minimax	50
Hörgenuss	54

Fahrzeuge umrüsten

Keine Angst vorm Digitalisieren	62
Kleiner roter Brummer	70
Hochleistungsantrieb	76
Das Mallet-Projekt	80
Preußischer Walzer	86
Dampf, Kardan und Sound	90

Digitales Licht

Leuchtende Dioden	96
Richtig Licht machen	102
Dampfloks mit Lichtfunktionen	110
Es werde Licht …	118
Diesel mit Durchblick	122
Licht in Führerstand und Maschinenraum	126
Wagen-Erleuchtung	132

Anhang

Stichwortverzeichnis	142

Ein Wort vorab

Lokomotiven, Wagen und Triebwagen stehen im Mittelpunkt jeder Modellbahn. Man kann sie klassisch, also analog fahren lassen. Oder man entscheidet sich für die digitale Steuerung, die zwar das Vorhandensein von Lokempfängern (sogenannten Decodern) erfordert, dafür aber wesentlich mehr Fahrkomfort bietet. Werksseitig sind viele Modelle aus aktueller Fertigung bereits mit einem Decoder ausgestattet. Wenn nicht, besitzen sie zumeist eine elektrische Schnittstelle, an die ein Decoder angeschlossen wird.

Neben Grundlagenwissen zu Lokempfängern bieten die hier zusammengestellten Beiträge Hinweise, Anleitungen, Tipps und Tricks zum Einbau von Decodern in Modellfahrzeuge. Auch Beiträge, bei denen digital gesteuerter Sound in die Loks eingebaut wird, finden sich. Zudem widmet sich das dritte Kapitel Fragen der Beleuchtung von Schienenfahrzeugmodellen, was gerade im Zusammenhang mit Leuchtdioden (LED) und Digitalsteuertechnik einen sehr großen Stellenwert erreicht hat. Das Buch ergänzt die bereits erhältlichen Bände aus der Reihe „Digitale Modellbahn".

Im vorliegenden Buch finden Sie zahlreiche Anregungen, sowohl für Hobbyeinsteiger als auch für fortgeschrittene Modelleisenbahner. Es bietet gesammeltes Wissen von kompetenten Fachautoren der Fachzeitschriften MIBA und Digitale Modellbahn thematisch gegliedert.

Wir haben für Sie die Beiträge dieses Buches in die Themengruppen „Decoder-Wissen", „Fahrzeuge umrüsten" und „Digitales Licht" gegliedert. Damit hoffen wir, eine hilfreiche Gliederung getroffen zu haben. Dennoch sind wir uns darüber im Klaren, dass viele Fragen unbeantwortet bleiben. – Wer selbst baut und eine gute Idee umgesetzt hat, kann sie gern der Redaktion vorstellen, um sie zu veröffentlichen und damit allen Modelleisenbahnern zugänglich zu machen.

Dieser Band bietet zahlreiche Beiträge rund um das Thema „Fahrzeuge umrüsten". Dabei handelt es sich um die Ausstattung mit Decodern und einhergehenden technischen wie gestalterischen Veränderungen. Neben bewegten Fahrzeugen im zweiten Kapitel widmet sich das erste Kapitel dem Hintergrundwissen. Sicherlich hier und da Theorie-lastig, kann man viele grundlegende Fakten und technische Zusammenhänge erfahren, die zum besseren Verständnis der komplexen Lokempfänger führen. Die Themengruppe „Digitales Licht" widmet sich zwar auch den digitalgesteuerten Fahrzeugen. Der Schwerpunkt liegt aber auf der Beleuchtungstechnik an sich durch den Einsatz von Leuchtdioden. Zudem gibt es viele beispielhafte Anleitungen, durch die – Dank moderner Decoder mit zahlreichen Funktionsausgängen – die Fahrzeugmodelle (sowohl Triebfahrzeuge als auch Wagen) mit jeder Menge vorbildgetreuen Lichtfunktionen ausgestattet werden können.

Rainer Ippen

Kapitel 1:
Decoder-Wissen

Der Decoder – das unbekannte Ding 10
Lokdecoders Kern 16
Festival der Lichter 22
Bit-Gefummel 28
Alles geregelt 36
Vielkönner 42
Minimax 50
Hörgenuss 54

DECODER-WISSEN

Anschlussvielfalt der Fahrzeugdecoder

Der Decoder – das unbekannte Ding

Obwohl schon die meisten der neuen Lokomotiven mit einer Schnittstelle zum schnellen Einbau eines Decoders vorgesehen sind, oder einige schon generell mit einem Decoder ausgeliefert werden, müssen zumeist die älteren „von Hand" nachgerüstet werden. Unzureichende Kenntnisse über Decoder stellen manchen Modellbahner beim Umrüsten der Loks vor große Probleme. Wir wollen die verschiedenen Decoder und Einsatzgebiete und auch einige Grundregeln für den Einbau durchleuchten.

Schön wäre es – zumindest für recht viele Modellbahner –, wenn die Hersteller serienmäßig in die Loks Decoder einbauen würden. Die genormte Digitalschnittstelle erleichtert wenigstens den Einbau. Leider verfügen aber nicht alle Loks – schon gar nicht die älteren – über eine Schnittstelle. Wer nun eine Lok ohne Schnittstelle hat, aber einen Decoder des Herstellers „X" in eine Lok des Herstellers „Y" einbauen möchte, steht häufig auf dem Schlauch „Z" wie „ziemlich" ...

Versuchen wir einmal den Decoder, ohne große wissenschaftliche Abhandlung, verständlich darzustellen. Dass der Decoder – auch als Fahrzeugempfänger bezeichnet – auf eine Adresse einge-

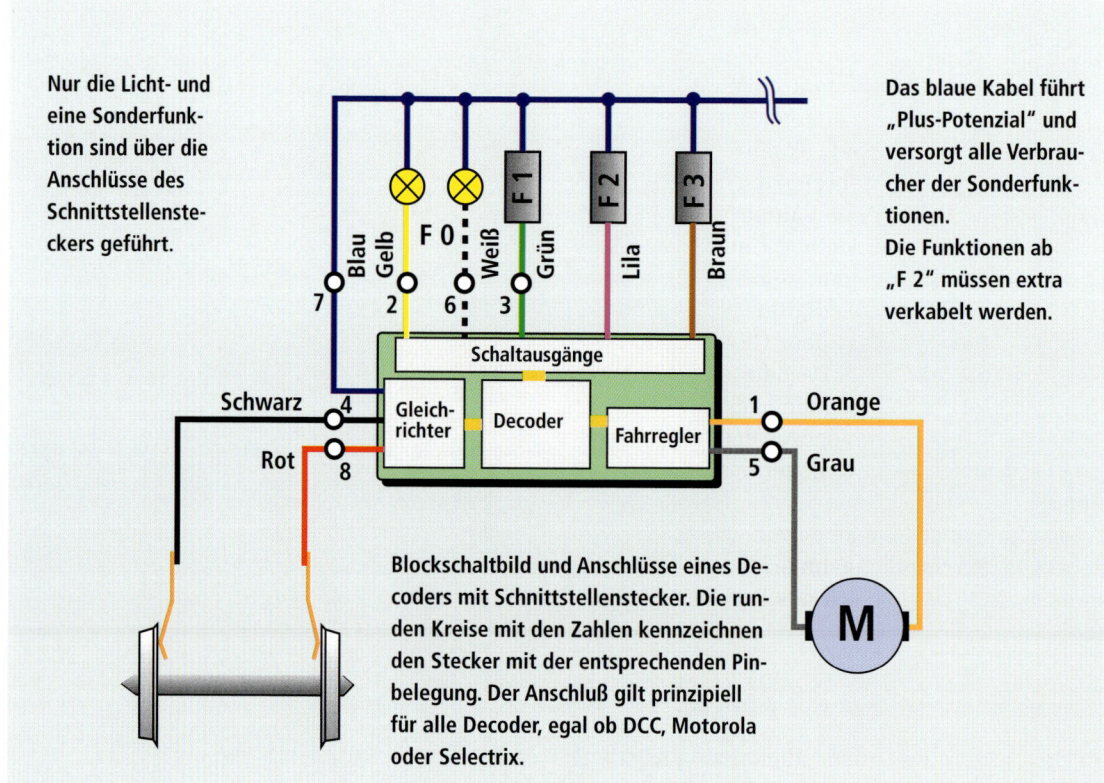

Nur die Licht- und eine Sonderfunktion sind über die Anschlüsse des Schnittstellensteckers geführt.

Das blaue Kabel führt „Plus-Potenzial" und versorgt alle Verbraucher der Sonderfunktionen.
Die Funktionen ab „F 2" müssen extra verkabelt werden.

Blockschaltbild und Anschlüsse eines Decoders mit Schnittstellenstecker. Die runden Kreise mit den Zahlen kennzeichnen den Stecker mit der entsprechenden Pinbelegung. Der Anschluß gilt prinzipiell für alle Decoder, egal ob DCC, Motorola oder Selectrix.

Der Decoder – das unbekannte Ding

stellt werden muss, hat sich mittlerweile wohl unter den interessierten Modellbahnern herumgesprochen und ist auch für die nachfolgenden Ausführungen und den Einbau nicht entscheidend.

Digitalsystem

Die für einen erfolgreichen Decodereinbau nötigen Spielregeln gelten für alle Digitalsysteme. Mit einem Gleichstromfahrpult steuert man eine Lok mit Gleichstrommotor, mit einem Wechselstromfahrpult eine Lok mit Wechselstrommotor. Bei Einsatz eines Digitalsystems stimmt diese Regel nicht mehr. So kann man mit dem Märklin-Motorola-System Loks fahren, die sowohl mit einem Wechsel- als auch mit einem Gleichstrommotor ausgerüstet sind. Gleiches gilt für das DCC- und auch für das Selectrix-System. Bei der Wahl des Decoders muss also darauf geachtet werden, welches Datenformat er versteht und welche Art von Motor er betreiben kann.

Die Blackbox

Der Decoder ist für den Modellbahner eine elektronische Blackbox. Wir bedienen ja auch unseren Fernseher, ohne zu wissen, wie das Gerät im Detail funktioniert. Im konventionellen Betrieb, egal ob Gleich- oder Wechselstrom, ob mit oder ohne Mittelleiter, gelangt der Fahrstrom über Gleise, Räder und Radschleifer zum Motor und wird dort in Bewegung umgesetzt. Die Lok fährt.

Bei den digitalen Mehrzugsteuerungen ist es kaum anders. Der digitale Fahrstrom nimmt den gleichen Weg mit dem kleinen Unterschied, dass zwischen Radschleifer und Motor unser Decoder als Blackbox hängt. Der digitale Fahrstrom gelangt also in diesem Fall über Gleise, Räder und Radstromabnehmer zum Decoder und nicht zum Motor. Das ist übrigens unabhängig vom verwendeten Digitalsystem, von der Art der Stromabnahme – Mittelleiter- bzw. Zweileitersystem – und vom Motor.

Beim Einbau sollte man darauf achten, dass die Kabel von den Stromabnehmern nur mit den entsprechenden Anschlüssen des Decoders verbunden sind.

Motoranschluss

Im Decoder wird aus dem „digitalen Fahrstrom" der Strom für den Motor bereitgestellt. Je nach

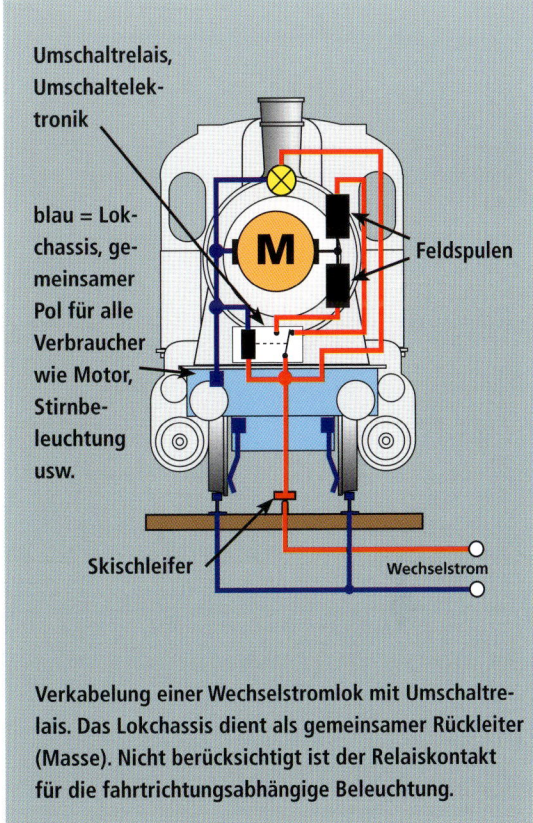

Verkabelung einer Wechselstromlok mit Umschaltrelais. Das Lokchassis dient als gemeinsamer Rückleiter (Masse). Nicht berücksichtigt ist der Relaiskontakt für die fahrtrichtungsabhängige Beleuchtung.

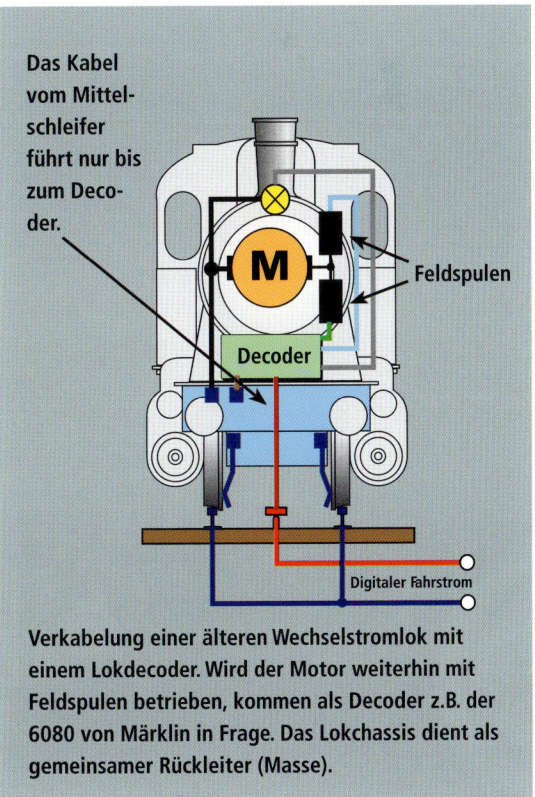

Verkabelung einer älteren Wechselstromlok mit einem Lokdecoder. Wird der Motor weiterhin mit Feldspulen betrieben, kommen als Decoder z.B. der 6080 von Märklin in Frage. Das Lokchassis dient als gemeinsamer Rückleiter (Masse).

DECODER-WISSEN

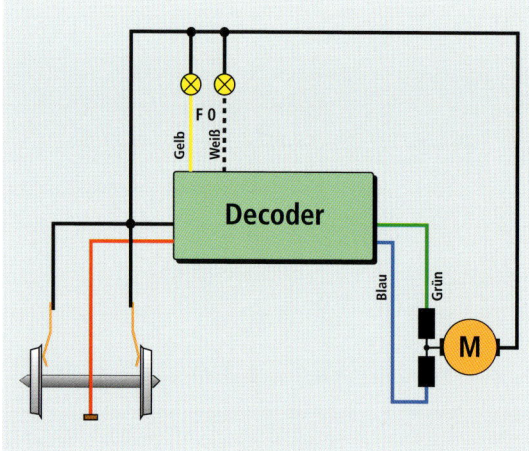

Standardanschluss eines Motorola-Decoders, wie z.B. der 6080 von Märklin, in einer Lok mit Feldspulenmotor.

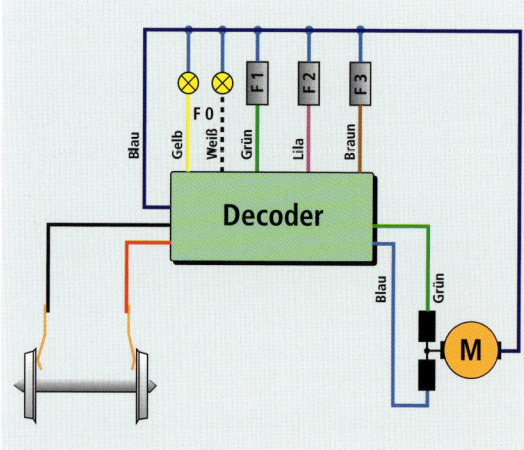

Anschluss eines Decoders, wie z.B. der LokSound von ESU, in einer Lok mit Feldspulenmotor.

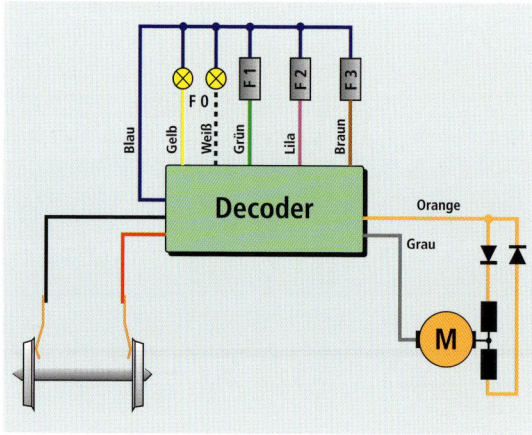

Anschluss eines Decoders für Gleichstrommotoren an einen Feldspulenmotor mit Dioden für die Drehrichtung.

eingestellter Fahrtrichtung und Geschwindigkeit am Steuergerät bekommt der Motor vom Decoder den nötigen Motorstrom.

Damit es aber nicht zu Fehlfunktionen kommt, darf zwischen den Anschlussklemmen der Stromabnehmer und denen der Motoranschlüsse keine elektrische Verbindung bestehen. Eine mögliche Verbindung eines Motorausganges mit den Stromabnehmern hätte zur Folge, dass digitaler Fahrstrom an den Motorausgang gelangt. Die relativ hohe Spannung kann zum schnellen „Ableben" der Motorelektronik führen. Häufig werden beim Aktivieren der Funktionen weitere Teile des Decoders zerstört.

Es ist ganz besonders wichtig, darauf zu achten, dass kein Motoranschluss mit dem Lokchassis eine elektrische Verbindung hat. Löten Sie mögliche Kabel bzw. ziehen Sie entsprechende Steckkontakte von den Motoranschlüssen ab. Mit einem Multimeter im niederohmigen Bereich prüfen, ob nicht doch noch über eine versteckte Leitung oder einen versteckten Kontakt einer der Motoranschlüsse Kontakt zum Chassis oder zum rechten oder linken Rad- bzw. zum Mittelschleifer hat. Notfalls muss die Lok weiter zerlegt werden, um sämtliche Verbindungen aufzutrennen.

Um auf der einen Seite eine einwandfreie Funktion des Decoders zu gewährleisten und auf der anderen Seite einer Zerstörung vorzubeugen, kommt man um den Einsatz eines Multimeters nicht umhin. Dieses ist neben geeigneten Schraubendrehern und Lötkolben das wichtigste Utensil und sollte auf alle Fälle in den Investitionsplan aufgenommen werden.

Power für den Motor

Moderne Autos verfügen über ein elektronisches Motormanagement zum Senken des Treibstoffverbrauchs und des Schadstoffausstoßes. Fahrzeugdecoder verfügen ebenfalls über ein Motormanagement. Dieses bestimmt, welche Art von Motor der Decoder betreiben kann. Moderne Decoder bieten die Möglichkeit, das Motormanagement an die Beschaffenheit des Motors anzupassen. So können Glockenanker- sowie drei- oder mehrpolige Motoren mit gerade- oder schräg genuteten Ankern angeschlossen und jeweils optimal betrieben werden. Welcher Motor im speziellen mit welchem Decoder betrieben werden kann, entnehmen Sie am besten den Betriebs- bzw. Einbauanleitungen.

Der Decoder – das unbekannte Ding

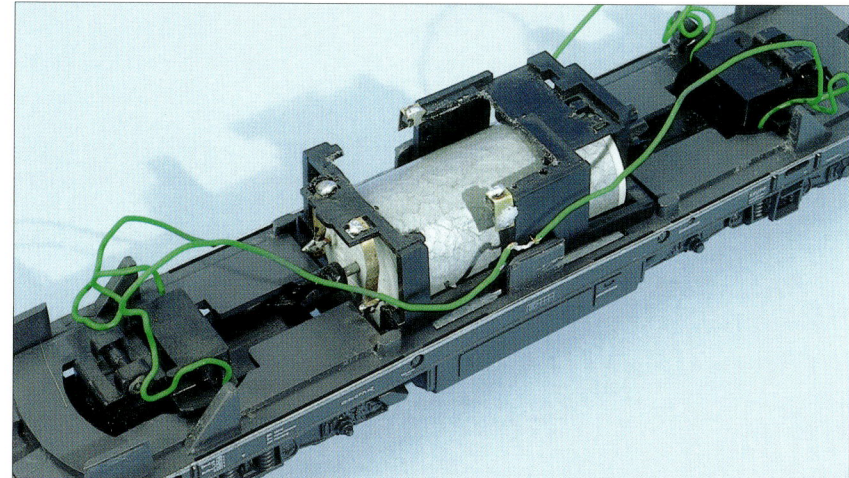

Oberhalb des Motors der BR 216 von Röwa wurde Platz für den Decoder geschaffen. Die grünen Kabel kommen jeweils von den rechten und linken Radschleifern. Die elektrischen Verbindungen zum Motor sind gekappt.

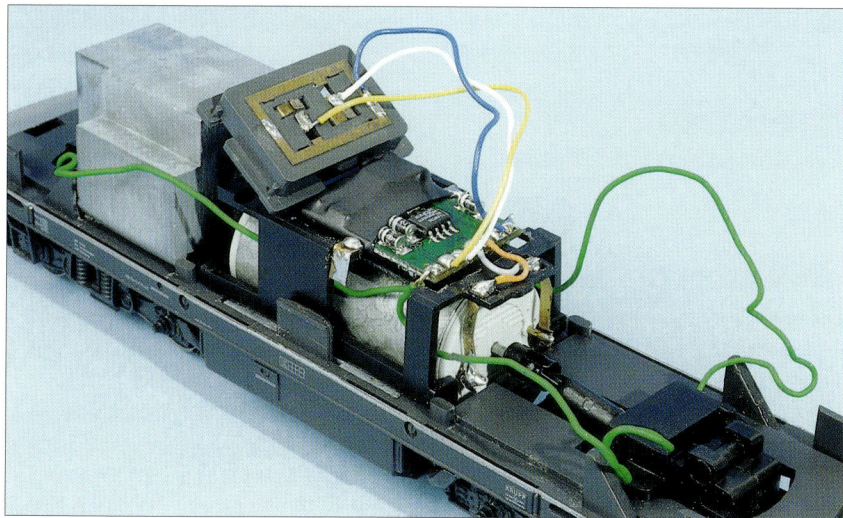

Die grünen Kabel von den rechten und linken Radschleifern führen zum Decoder. Die drei Kabel für die Beleuchtung führen zum „Lichtkasten" der BR 216. Das graue und orange Kabel führen nur zu den Motoranschlüssen.

Beleuchtung und sonstiges

Ein weiteres heikles Kapitel ist die Verkabelung der Stirnbeleuchtungen und sonstigen Zubehörs wie Rauchentwickler, Sound usw. Diese elektrischen Verbraucher benötigen wie der Motor auch zwei Leitungen; eine Hin- und eine Rückleitung. Wie aus den Illustrationen zu erkennen ist, dient das Lokchassis als gemeinsamer elektrischer Pol für die Rückleitung.

Das Chassis dient aber häufig nicht nur der Beleuchtung als Rückleitung, sondern auch dem Motor. Dieser darf aber, wie schon eingangs erwähnt, nicht mit dem Lokchassis verbunden sein. Auf eine strikte Trennung ist daher zu achten.

Einen generellen Tipp für den Anschluss der Beleuchtung kann man nicht geben. Dieser ist von Decoder zu Decoder verschieden. Wer sichergehen möchte, verdrahtet die Lämpchen mit den Decoderanschlüssen neu. Bei einigen Lokomotiven geht es allerdings nicht, da ein Pol der Lampenfassung mit dem des Lokchassis identisch ist. In diesem Fall geht man wie folgt vor: Das Lokchassis darf weder zu den Stromabnehmern noch zu den Motoranschlüssen eine elektrische Verbindung haben. In dem einen oder andern Fall darf bzw. muss, wie beim Selectrix-Decoder, eine Seite der Stromabnehmer mit dem entsprechenden Decoderanschluss verbunden sein.

DCC-Decoder verfügen in der Regel über ein blaues Anschlusskabel. Dieses wird mit dem Lokchassis an geeigneter Stelle verbunden. Die geeignete Stelle kann ein Schraubanschluss oder eine Verbindung über ein Lötpad einer Lokplatine sein. Nun brauchen nur noch die Lampen mit dem gelben bzw. weißen Kabel verbunden zu werden.

Mit dem Anschluss von Rauchentwicklern oder anderen Sonderfunktionen verhält es sich ebenso.

DECODER-WISSEN

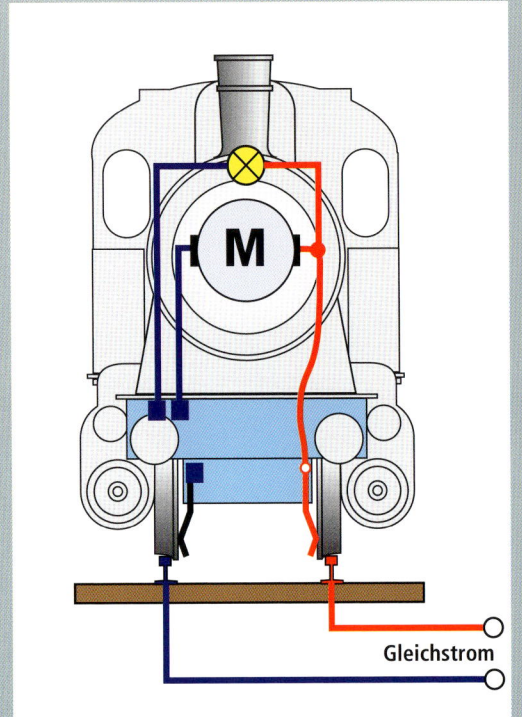

Verdrahtungsbeispiel einer Gleichstromlok. Das Lokchassis dient als Rückleiter für alle Verbraucher und ist mit den in Vorwärtsfahrtrichtung rechten Rädern verbunden.

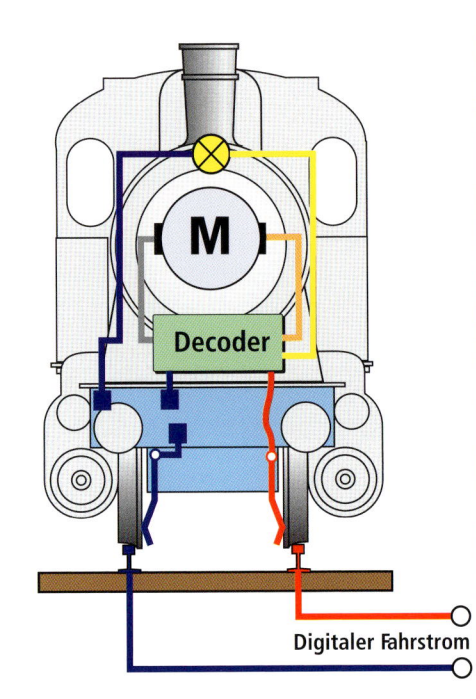

Einbau eines Decoders in eine Lok, deren in Fahrtrichtung rechte Räder eine konstruktiv bedingte feste elektrische Verbindung mit dem Lokchassis haben. Das blaue Kabel des Decoders wird nicht angeschlossen.

Für die Ansteuerung von Soundbausteinen kann keine allgemeingültige Aussage getroffen werden. In dem einen Fall können die Ausgänge des Decoders direkt mit entsprechenden Anschlüssen des Soundmoduls verbunden werden, in einem anderen ist es zweckmäßig, Relais zur galvanischen Entkopplung zwischenzuschalten.

Kleinrelais können aber auch nötig sein, wenn die Schaltleistung eines Decoderausgangs nicht ausreicht, beispielsweise um in der Lok eine Sonderfunktion mit höherer Stromaufnahme zu schalten.

Dioden, Kondensatoren und anderer „Kram"

Die meisten Hersteller bauen für die Beleuchtung statt Glühlämpchen LEDs in die Fahrzeuge. Sollten die LEDs nicht leuchten, können diese falsch herum (verpolt) angeschlossen worden sein. Sie

Einbau des Selectrix-Decoders 66832 in den Triebwagen VT 62. Ein dünner Plastikstreifen isoliert den Motoranschluss gegen das Chassis. Das Kabel vom Decoder ist direkt an den Motoranschluss angelötet.

Der Decoder – das unbekannte Ding

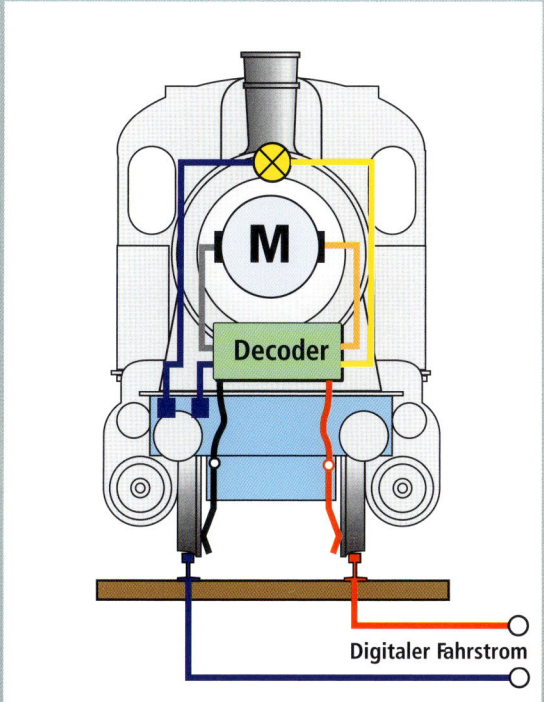

Sitzen die Lokräder beider Seiten isoliert auf der Achse, können die Anschlüsse der Radschleifer direkt am Decoder angeschlossen werden. Vorsicht vor versteckten Verbindungen zwischen Chassis und Schleiferplatine.

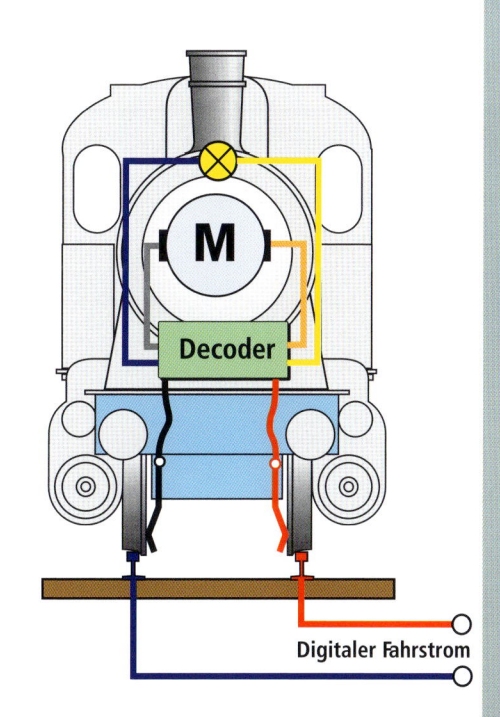

Das Lokchassis hat keine leitende Funktion. Stromabnahme, Stirnbeleuchtung und Motor sind nur mit den entsprechenden Anschlüssen des Decoders verbunden (z.B. BR 58/Roco, BR 216/Röwa).

verhalten sich wie Dioden für den Lichtwechsel im herkömmlichen Gleichstrombetrieb. Sie lassen den Strom nur in eine Richtung durch. In diesem Fall in die falsche. Tauschen Sie die Anschlüsse der Beleuchtungsplatine, da sich die winzigen LEDs meist nicht ohne Defekt umlöten lassen.

Dioden für die fahrtrichtungsabhängige Beleuchtung bei herkömmlichen Glühlampen können entfernt werden. Ähnlich verhält es sich mit den Bauteilen zur Funkentstörung. Diese sind in älteren Loks auf den Betrieb ohne Decoder abgestimmt. Lässt man die Bauteile drin, kann es eine erhöhte Leistungsabgabe des Decoders zur Folge haben. Es kann auch sein, dass beim Einstellen des Decoders (Programmieren) oder auch beim Betrieb Funktionsstörungen auftreten. Sollte sich der Nachbar über einen gestörten Fernseh- oder Rundfunkempfang beschweren, ist in diesem Fall der Fachmann bzw. der Hersteller der Lokomotive gefragt.

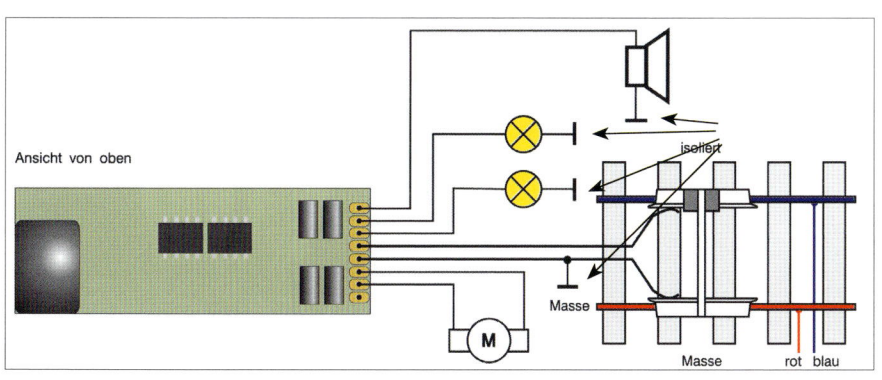

Anschlussschaltbild des Selectrix-Decoders 66832. Die Stromversorgung der Funktionen wird über die Chassismasse sichergestellt.

DECODER-WISSEN

Basiswissen
Lokdecoders Kern

Schnell ist die kleine Leiterplatte, auch Lokdecoder genannt, in die Schnittstelle der neuen Lok eingesetzt. Doch welche Aufgaben haben die zwei-, drei- und vielbeinigen „Käfer"? Wie sind sie elektrisch und auch logisch verknüpft, sodass sie am Ende das Modell steuern können?

Jeder Modelleisenbahner kennt den Begriff „Digitaldecoder". Mit Aufkommen der digitalen Modellbahnsteuerungen hat sich dieser Begriff eingebürgert und steht als Synonym für jenen Elektronikbaustein, der in Triebfahrzeugmodellen vorhanden sein muss, damit diese sich digital steuern lassen. Eigentlich wäre „Empfänger- und Steuerbaustein" zutreffender, denn das Decodieren des Signals, das von der Zentrale über die Schienen und Radschleifer kommt und die Steuerinformationen enthält, ist nur eine seiner Aufgaben. Schließlich müssen die Steuerinformationen ja auch noch in Lokeigenschaften wie das Fahren oder das Schalten von Lokfunktionen umgewandelt werden.

Wenn man Decoder aus den letzten 25 Jahren vergleicht, ist festzustellen, dass eine Miniaturisierung stattgefunden hat. Die Bauelemente, die sich auf einer Decoderplatine befinden, werden immer kleiner. Moderne SMD-Fertigungstechnik liefert dafür die Grundlage. Das Herz des Decoders, der Controller, wird zunehmend komplexer. Der Controller ist ein integrierter Schaltkreis (IC), den man sich als eigenständigen Computer vorstellen kann. Ähnlich wie ein PC enthält der Controller einen Prozessor, Speicher und Schnittstellen zum Anschluss an die „Außenwelt". Im Gegesatz zum PC benötigt der Controller im Lokdecoder keine grafische Benutzeroberfläche und keinen Virenschutz. Sein Betriebssystem wird zusammen mit dem Programm des Digitalsystemherstellers im Speicher abgelegt. Sobald Spannung anliegt, beginnt der Controller dieses Programm abzuarbeiten. Da der Controller dabei sehr schnell ist, kann er nicht nur das von der Zentrale über die Gleise gesandte Signal decodieren, sondern dieses auch in Lokfunk-

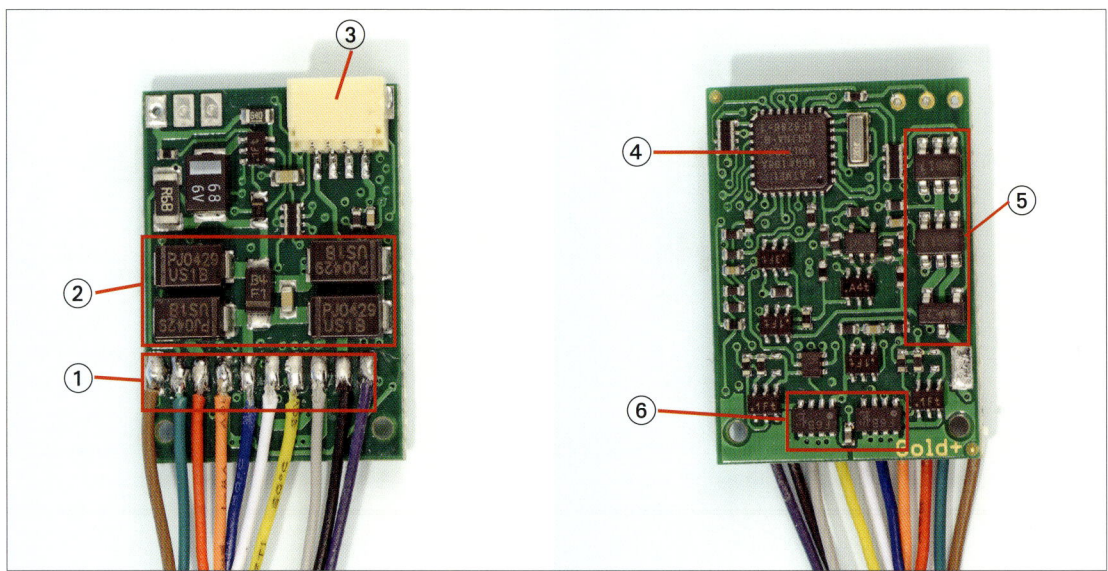

Der Lenz-Decoder Gold+ hat eine Fläche von 22 x 15,5 mm und ist 6,5 mm dick. Die Schnittstelle, hier die Ausführung mit Kabeln, ist mit ① bezeichnet. ② sind die Gleichrichter, ③ die SUSI-Schnittstelle, ④ der Controller, ⑤ die Leistungstransistoren für die Funktionsausgänge und ⑥ die Motorendstufe.

Lokdecoders Kern

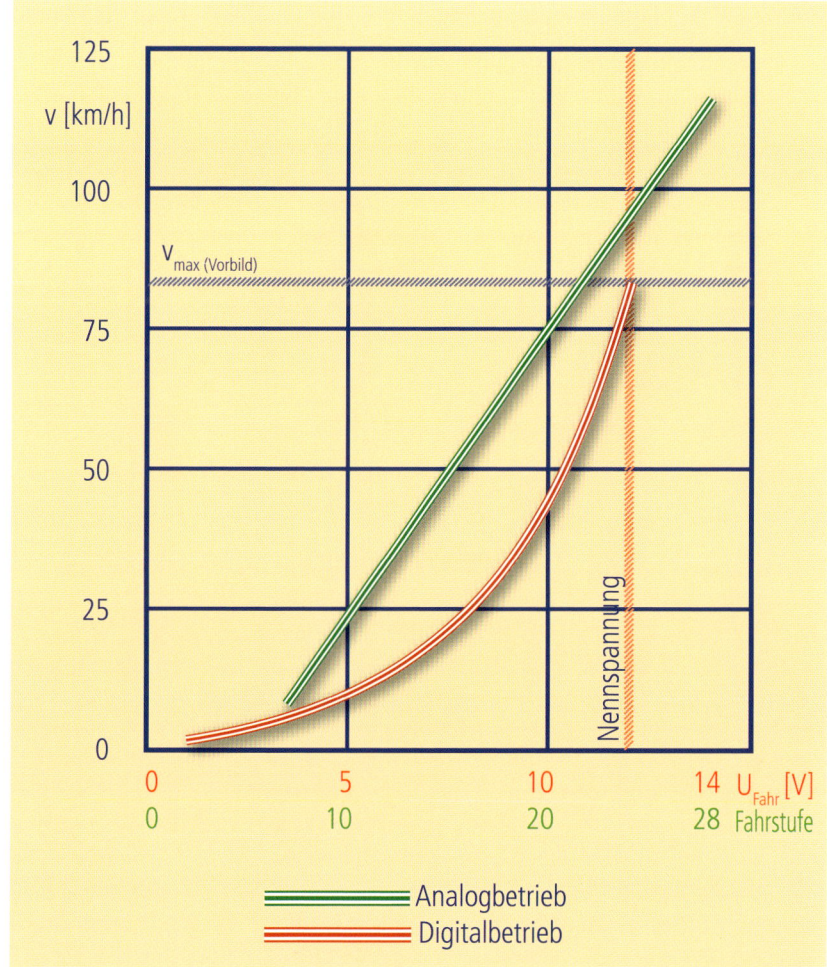

Gegenüber dem Analogbetrieb lässt sich im Digitalbetrieb die Geschwindigkeitskennlinie nach Bedarf einstellen.

tionen umwandeln. Allerdings ist der Controller-IC aus elektrischer Sicht schwach, da er selbst nur verhältnismäßig kleine Ströme schalten kann. Das erfordert Verstärkungsbauteile, die der Belastung durch Motor oder Lampen standhalten.

Zu den Lokfunktionen gehört zunächst einmal das Ansteuern des Motors, wodurch sich das Modell bewegt. Zudem erwartet jeder fahrtrichtungsabhängig leuchtende Spitzen- und Schlusslichter, die sich per Funktionstaste am Fahrgerät ein- und ausschalten lassen. Wollte man früher weitere Funktionen ansteuern, konnte man dies durch Nachrüsten eines zusätzlichen Funktionsdecoders erreichen. Mittlerweile haben die meisten Lokdecoder mindestens vier Funktionsausgänge, sodass neben dem Spitzen-/Schlusslicht weitere Lichter (z.B. Führerstandbeleuchtung, Triebwerksbeleuchtung, Zugzielanzeige) zu- und abgeschaltet werden können.

Motorsteuerung

Auf einer analog betriebenen Modellbahn stellt man am Fahrtrafo die Fahrspannung ein und schon setzt der Motor das Modell in Bewegung. Das ließe sich sicherlich auch mit einer aufwändigen Elektronik im Digitaldecoder erreichen. Doch man nutzt einen anderen Weg, der mit wenig Elektronik auskommt und entscheidende Vorteile bietet: die sogenannte Impulsbreitensteuerung. Dabei wird der Motor mit einer Quasi-Rechteckspannung betrieben. Unterschiedliche Drehzahlen erreicht man durch die Variation der Impulsdauer. Mit diesem Verfahren ist es möglich, auch bei niedrigen Drehzahlen ausreichend Drehmoment zu erzeugen, um das Modell bzw. einen Zug zu befördern. Modelle, die auf einer analoggesteuerten Modellbahn kein sonderlich gutes Langsamfahrverhalten zeigen, werden Dank der Impulsbreitensteuerung

DECODER-WISSEN

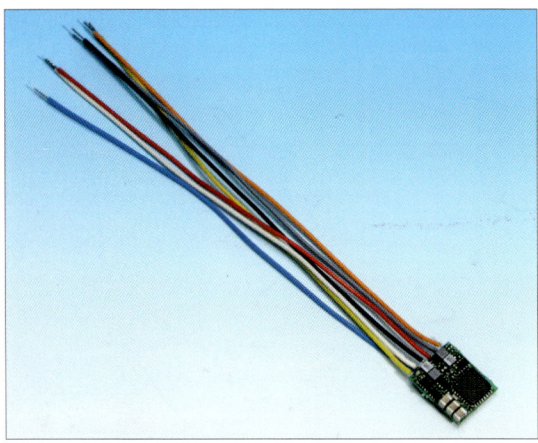

Dieser Lenz-Decoder „Gold mini" besitzt Kabelanschlüsse als Schnittstelle.

Zwei Ausführungen des Kühn-Decoders N025 mit 6-poliger Schnittstelle nach NEM 651.

aufgewertet. Die unterschiedlichen Geschwindigkeiten erreicht man durch eine feststehende Abstufung, die in den Konfigurationsvariablen (CV) hinterlegt ist. Je nach Decoderausführung lässt sich diese Abstufung nach Wunsch verändern, indem die Geschwindigkeitskennlinie manuell festgelegt wird. Die Feinfühligkeit der Motorsteurung und damit der Fahrgeschwindigkeit eines digitalgesteuerten Modells hängt von der Fahrstufenauflösung ab. Besaßen die ersten Lokdecoder nur 14 Fahrstufen, sind heute 28 Fahrstufen üblicherweise voreingestellt. Bei vielen Decodern gibt es sogar einen Modus mit 128 Fahrstufen.

Da die Elektronik die EMK (Elektromotorische Kraft) des Motors ermitteln kann, nutzen die meisten Decoder dies zur Lastregelung, um die Motordrehzahl in Abhängigkeit von der Belastung stabil zu halten.

Das Motormanagement eines Lokdecoders bietet das Verzögern des Anfahr- bzw. Bremsvorganges. Dafür lassen sich individuelle Werte einstellen. Hinterlegt man große Werte, so erzielt man eine Massensimulation. Das Modell verhält sich wie ein schwerer Zug, es nimmt nur allmählich Fahrt auf und benötigt einen langen Weg, ehe es zum Stillstand kommt. Bei niedrigen Werten hat das Modell bzw. der Zug kaum noch Trägheit. Dafür werden die Übergänge zwischen den Fahrstufen sanft durchlaufen.

Bei automatisch betriebenen Anlagen kann es aus Gründen der Betriebssicherheit nützlich sein, dass die Züge unabhängig von der gefahrenen Geschwindigkeit beim Anhalten den gleichen Weg zurücklegen. Diese Eigenschaft nennt man „konstanten Bremsweg" und kann konfiguriert werden.

Soll auf einer Nebenbahn ein Güterwagen abgesetzt werden, muss rangiert werden. Hier kann es hilfreich sein, wenn der Decoder in den sogenannten Rangiergang versetzt wird. Dabei wird die Geschwindigkeitskennlinie beschnitten und der verbliebene Teil auf alle Fahrstufen verteilt. Das Resultat ist eine deutlich verringerte Höchstgeschwindigkeit und eine sehr feinfühlige Geschwindigkeitssteuerung.

Funktionen

Auf den Fahrgeräten einer Digitalsteuerung findet man mehr oder weniger viele Funktionstasten. Sie dienen dazu, Funktionen in der Lok zu schalten. Ein typisches Beispiel dafür ist das An- und Ausschalten des Spitzen- und Schlusslichtes. Je nach dem welche Möglichkeiten ein Modell noch bietet, lassen sich weitere Funktionen steuern. So könnte ein Summer betätigt werden, der das Signalhorn imitiert. Genauso denkbar ist, dass Lampen im Führerstand, im Motorraum oder über dem Triebwerk geschaltet werden. Wer gern rangiert, kann seine Modelle mit elektrisch steuerbaren Kupplungen ausstatten. Soll dann entkuppelt werden, reicht das Betätigen einer Funktiontaste aus, um die Kupplung zu öffnen. Entkupplungswerkzeuge werden hier entbehrlich.

Lokdecoder unterscheiden sich in der Anzahl an Funktionsausgängen. Werden in einem Modell viele Funktionen genutzt, kann die werksseitige Zuordnung der Funktionstasten unvorteilhaft sein. Um dem begegnen zu können, gibt es das „Functionmapping". Bei der Funktionstastenzuordnung können diese nach Wunsch den Funktionsausgän-

Lokdecoders Kern

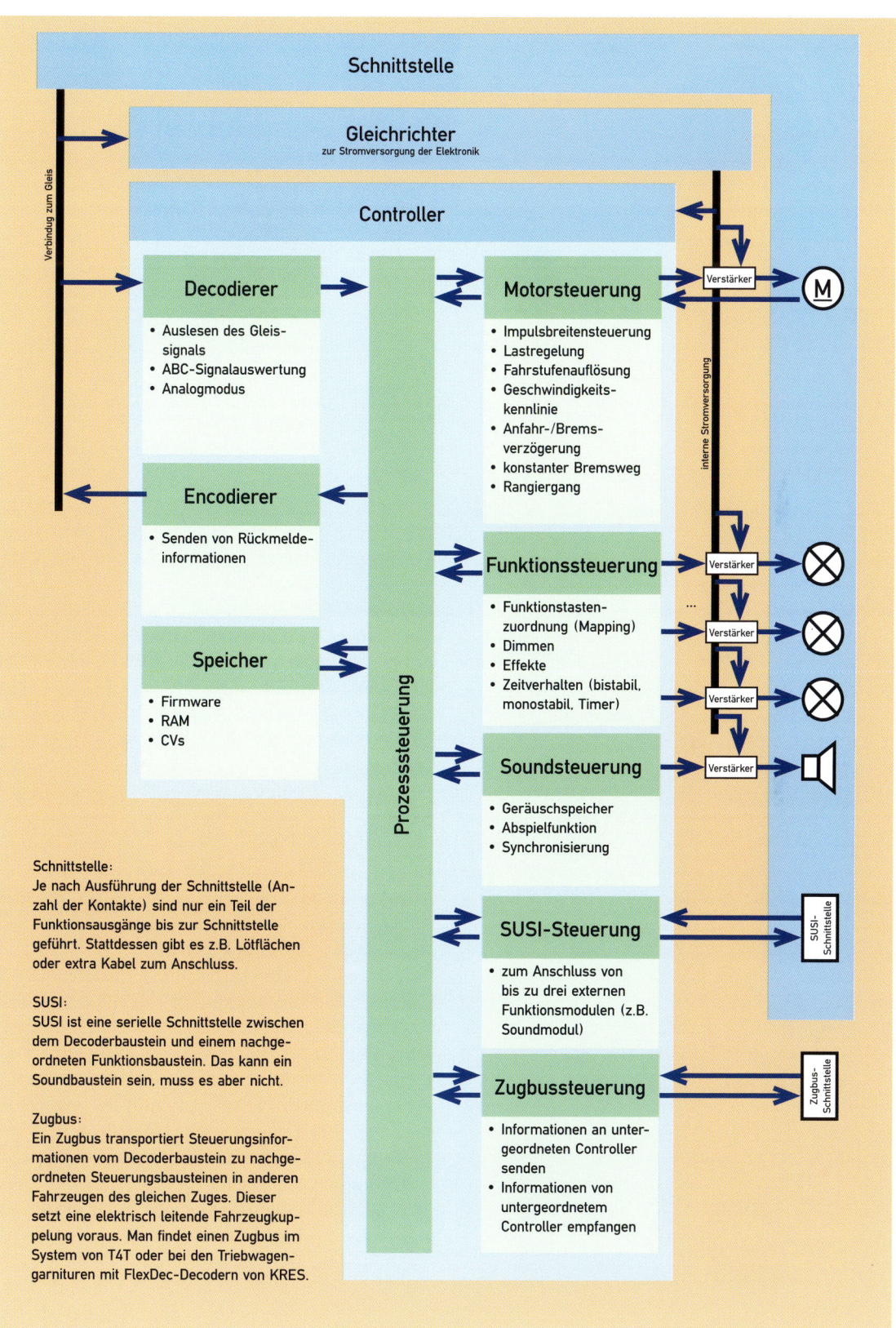

Hauptbestandteile eines Lokdecoders und ihr Zusammenwirken.

DECODER-WISSEN

Eine 8-polige Schnittstelle (NEM 652) besitzt der Decoder 76 320 von Uhlenbrock.

Uhlenbrocks IntelliDrive-Decoder gibt es mit PluX22-, PluX16- und PluX12-Schnittstelle.

IntelliSound-Decoder 36 030 von Uhlenbrock mit 21MTC-Schnittstelle.

Der IntelliSound-Decoder 36 020 von Uhlenbrock mit 8-poliger Schnittstelle (NEM 652).

gen zugeordnet werden. Zudem lassen sich Abhängigkeiten der Funktionsausgänge untereinander sowie Effekte einstellen.

Ein nützlicher Effekt ist das Dimmen eines Funktionsausganges. Damit kann die Helligkeit eines angeschlossenen Lämpchens eingestellt werden. Je nach Bahnverwaltung können verschiedene Lichteffekte wie Marslight, Gyralight, Blitz und Doppelblitz erforderlich werden. Je nach Lokdecoder und Hersteller werden diese angeboten.

Sound

Mit der Zunahme der Leistungsfähigkeit der Controller entstand die Möglichkeit, Geräusche abzuspeichern und diese situationsgerecht abzuspielen. Sounddecoder bieten also neben den klassischen Funktionen die Möglichkeit, eine Modell (vorausgesetzt es lässt sich ein Minilautsprecher darin unterbringen) mit einer authentisch wirkenden Klangkulisse auszustatten. Unter „situationsbedingt" ist zu verstehen, dass beispielsweise das schnelle Senken der Fahrstufe als Starkbremsung interpretiert wird und das Quietschen der Bremsen ertönt. Ein anderes Beispiel ist die Möglichkeit, bei Dampflokomotivmodellen synchron zur Stellung der Steuerung die Dampfgeräusche erschallen zu lassen. Das setzt einen Sensor voraus, der die Radstellung erkennt.

SUSI

Während Sounddecoder eine Kombiation aus Lokdecoder und Soundbaustein sind, gibt es die Möglichkeit, beispielsweise bei beengten Platzverhätnissen beide als separate Bausteine in ein Modell einzubauen. Dazu wurde die SUSI-Schnittstelle (siehe Praxishandbuch „Digitale Modellbahn", S. 24/25, erschienen im HEEL Verlag) geschaffen. Letztlich handelt es sich um eine zweiadrige Leitung, die die Verbindung zwischen Lokdecoder und Soundbaustein herstellt und für den Informationsaustausch zwischen beiden sorgt. SUSI ist nicht auf Sound beschränkt, sondern dient als Schnittstelle zur Decodererweiterung. Es kann also statt des Soundbausteines auch ein Funktionserweiterungsbaustein zum Einsatz kommen.

Zugbus

Eine andere Art der Erweiterung bietet sich mit dem sogenanten Zugbus. Er wird zwar bislang nur

Lokdecoders Kern

Die Kupplungen von T4T übertragen den Zugbus des T4T-Lokdecoders. Wenn alle Wagen entsprechend ausgestattet sind, kann der Zug an beliebiger Stelle ferngesteuert getrennt werden.

von wenigen Herstellern implementiert, bietet aber eine deutliche Erweiterung der Möglichkeiten. Ein Zugbus ist eine Informationsverbindung, die vom Lokdecoder über die Modellbahnkupplung in alle Fahrzeuge des Zuges übertragen wird. Mit ihm können Steuerungsbefehle, die vom Lokdecoder empfangen werden und an einen oder alle Wagen im Zug gerichtet sind, übertragen werden. Auf diese Weise können mit der Produktfamilie von T4T Züge digitalgesteuert an beliebiger Stelle getrennt werden. Auch der hauseigene Flexdec-Decoder in Triebwagen von KRES kommuniziert über einen Zugbus mit angeschlossenen Beiwagen. Dadurch wird es über eine Lokadresse möglich, Beleuchtungsfunktionen in den Wagen eines Zuges unabhängig zu schalten.

Konfiguration und Rückmeldung

Alle bis hier beschriebenen Möglichkeiten eines Lokdecoders werden vom Controller koordiniert und ausgeführt. Es war auch die Rede von individuellen Einstellungen. Diese werden in der DCC-Welt in den CVs gespeichert. Dazu wird der Decoder in einen Programmiermodus versetzt und schon können Werte in die CVs geschrieben werden. Mit dem Auslesen ist das noch so eine Sache. In naher Zukunft ist zu erwarten, dass Lokdecoder zunehmend mit Encodern ausgestattet werden, die über ein Rückmeldeprotokoll (in der DCC-Welt heißt das RailCom) z.B. CV-Werte an die (RailCom-fähige) Zentrale übertragen. Rückmeldungen aus dem Decoder bieten aber noch andere Möglichkeiten. So werden Loks, die einen mfx-Decoder besitzen, automatisch an Märklins CS2 angemeldet. Gleiches ist auch mittels RailCom möglich.

Decodierer

Der Decodierer ist nicht nur für das Entschlüsseln des Digitalsignals zuständig. Er erkennt auch, ob die Lok auf einer analog betriebenen Anlage steht. Ist das der Fall und die Fahrspannung entspricht der Arbeitsspannung des Decoders, schaltet er den Betriebsmodus des Lokdecoders um, sodass die Lok über den Fahrtrafo gefahren werden kann.

Im DCC-System ist der Decodierer auch zuständig für das ABC-System mit seinen Automatisierungsfunktionen. Er erkennt das speziell beeinflusste DCC-Signal im Gleisabschnitt und leitet Aktionen wie das Abbremsen oder Anhalten einer Lok ein.

DECODER-WISSEN

Triebfahrzeugmodelle mit vielen Funktionen
Festival der Lichter

Die digitalgesteuerte Modellbahn ist den Kinderschuhen entwachsen. Die Mikroelektronik gestattet Dinge, die im Analogbetrieb nicht umsetzbar sind. Doch immernoch leuchten bei den meisten digital gesteuerten Triebfahrzeugmodellen in jeder Betriebssituation Spitzen- und Schlusslicht gemeinsam. Dass dies nicht so sein muss und noch viel mehr möglich ist, zeigen die beiden Elektronikkonzepte von KRES und L.S.-Models.

FlexDec ist eine Decoderfamilie aus dem Hause KRES. Das Unternehmen ist im sächsischen Fraureuth bei Zwickau ansässig und bietet Triebfahrzeuge aus eigener Serienfertigung an. Da die Hauptproduktlinie des Unternehmens im Elektronikbereich liegt, ist es naheliegend, die Modelle mit ausgefeilter Elektronik auszustatten. Im Ergebnis entstand ein Lokdecoder, der fester Bestandteil der Fahrzeugplatine ist, wobei für jedes Modell eine angepasste Platinenvariante produziert wird. Damit zählt KRES zu den Herstellern, die ihre Modelle bereits werksseitig mit einem Decoder anbieten. Der Aufpreis gegenüber den ebenfalls angebotenen Analogausführungen der Modelle ist moderat und die Möglichkeiten dieses Decoders übersteigen bei weitem die eines über eine Schnittstelle angesteckten Lokdecoders.

Viele Funktionen

Durch die Kombination von Decoder und Platine wird es möglich, zahlreiche Lichtfunktionen mit vertretbarem Aufwand vorbildgetreu nachzubilden. Alle LEDs wurden an den korrekten Positionen platziert und im Beispiel des VT 173 002 (H0) 13 Stromkreisen zugeordnet. Das bedeutet, dass der Decoder über mindestens gleich viele Funktionsausgänge verfügen muss. Tatsäch-

Festival der Lichter

VT 137 002 von KRES mit eingeschaltetem A-Spitzensignal, wie bei einer Streckenfahrt üblich.

Da jede LED einzeln angesteuert wird, lassen sich die beiden unteren LEDs aufblenden.

Bei Halt kann die Führerstandsbeleuchtung eingeschaltet werden. Sie erlischt kurz nach Wiederanfahrt automatisch.

Die Schlusslichter können, z.B. wenn ein Beiwagen gekuppelt wird, vorbildgetreu abgeschaltet werden.

lich können mit dem FlexDec derzeit bis zu 13 Ausgänge pro Fahrzeug am Zugbus gesteuert werden.

Manchem Stromkreis sind mehrere LEDs (Innenraumbeleuchtung) zugeordnet, an andere Kreise ist nur eine LED angeschlossen (z.B. Führerstandslicht). Durch diese starke Gliederung lassen sich nicht nur unterschiedliche Innenraumbereiche unabhängig voneinander beleuchten, auch Effekte, wie sie bei Einschalten eines Leuchtstoffröhrenbandes auftreten, werden möglich. Durch mehrere Konfigurationsmatrizen, die als CV hinterlegt sind, entsteht eine Vielzahl an Kombinationsmöglichkeiten von Funktionsausgängen untereinander bei freier Zuordnung zu den Funktionstasten.

Programmierfreiheit

Die umfangreiche Bedienungsanleitung des FlexDec-Decoders liefert alle erdenklichen Informationen, sodass der ambitionierte Digitalbahner nach Belieben umprogrammieren kann. Allerdings ist dies kaum erforderlich, da die werksseitig vorgenommenen Einstellungen als optimiert einzustufen sind, zumal die Konstrukteure bestrebt sind, die Lichtfunktionen dem Vorbild entsprechend umzusetzen. Als Beispiel mag das Toilettenlicht

DECODER-WISSEN

Die KRES-Triebwagengarnitur bietet Dank FlexDec-Decoder und Zugbus verschiedene Kombinationen der Innenbeleuchtung. Dabei können die Lichter in Trieb- (rechts) und Beiwagen (links) getrennt per Funktionstasten geschaltet werden. Wer mag, kann sogar die Zuordnungsmatrizen bearbeiten, denn sie sind als CV hinterlegt.

Beispiel 1: Im Triebwagen ist das Licht vom Vorraum 1 eingeschaltet. Im Beiwagen leuchtet nur das Licht des Fahrgastraumes.

Beispiel 2: Im Triebwagen sind das Licht vom Vorraum 2 und die Fahrgastraumbeleuchtung eingeschaltet. Im Beiwagen leuchtet nur das Licht des Fahrgastraumes.

Beispiel 3: Im Triebwagen leuchtet nur das Licht im Toilettenraum. Es kann auf zufälliges An- und Ausschalten eingestellt werden. Im Beiwagen leuchtet kein Licht.

Beispiel 4: Im Triebwagen leuchtet das Licht im Vorraum 1. Im Beiwagen ist der Toilettenraum zufallsgesteuert beleuchtet.

Festival der Lichter

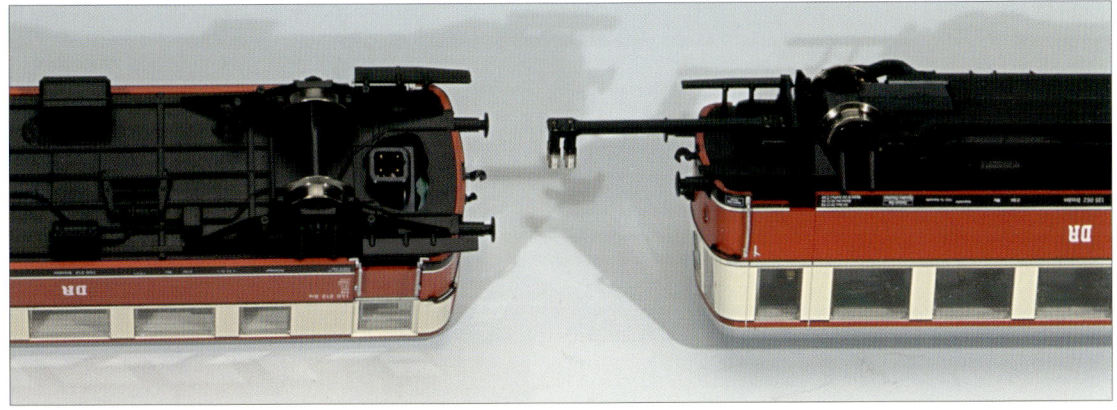

Da jeder Beiwagen für die Lichtsteuerung mit einem eigenen Controller ausgestattet ist, benötigt dieser die Schaltbefehle aus dem Lokdecoder. Dazu wird der Zugbus über die Kupplung geführt. Sie ist im Beispiel Deichsel eine starre und überträgt auch die Schienenpotenziale.

gelten. Der Decoder und die LED-Stromkreise würden es gestatten, dieses Licht per Funktionstaste separat zu schalten. Beim Vorbild des als Beispiel dienenden VT 173 002 war dieses Licht aber nicht separat schaltbar, sodass in der Funktionsmatrix werksseitig eingetragen ist, dass das Toilettenlicht gemeinsam mit der Innenraumbeleuchtung ein- bzw. ausgeschaltet wird. Wer mag, kann dies aber ändern, so dass das Toilettenlicht über eine Funktionstaste oder sogar zufallsgesteuert geschaltet wird.

Mit Zugbus

Eine andere Modellgarnitur mit FlexDec-Decoder aus dem Hause KRES ist der VT 2.09 mit dem VB 2.07 im Maßstab 1:120. Bei dieser Garnitur kommt eine weitere Besonderheit des FlexDec zum Tragen: Trieb- und Beiwagen sind über eine mitgelieferte elektrisch leitende Starrkupplung verbunden. Sie überträgt vier Potenziale. Ein Leitungspaar verbindet die Leiterplatten beider Fahrzeuge und wird auch als Zugbus bezeichnet. Das andere Leitungspaar stellt eine Sammelschiene für die Schienenpotenziale dar. So werden alle Räder zur Stromabnahme herangezogen, was die Kontaktsicherheit erhöht. Mittels Starrkupplung kann auch ein zweiter Beiwagen gekuppelt werden. Während sich im Triebwagen der in die Leiterplatte integrierte Lokdecoder befindet, sind die Leiterplatten der Beiwagen zwar auch mit Controllern ausgestattet, die aber nur die Aufgabe haben, Funktionsausgänge anzusteuern. Der Controller im Lokdecoder fungiert sozusagen als Master, während die Controller in den Beiwagen, die über den Zugbus mit dem Master verbunden sind, als Clienten agieren. So wird es möglich, dass über nur eine Lokadresse in der gesamten Triebwagengarnitur zahlreiche authentische Lichtfunktionen geschaltet werden können.

Komfortables Konfigurieren

Mithilfe des FlexDec-Decoders lassen sich an Trieb- und Beiwagen des VT 2.09/VB 2.07 jeweils 13 Lichtausgänge separat schalten. Insgesamt also 26! Diese Ausgänge können einzeln gedimmt werden. Dafür gibt es einen Einstellungsmodus, bei dem die Helligkeit komfortabel und visuell mit Hilfe des Fahrreglers festgelegt wird. Die Funktionsausgänge lassen sich frei den Funktionstasten zuordnen. So wird es möglich, die Spitzen- wie auch die Schlusslichter separat zu schalten. Per Funktionstasten kann am Triebwagen das Spitzen- bzw. Schlusslicht, das dem Beiwagen zugewandt ist, deaktiviert werden, wodurch die einander zugewandten Seiten der Garnitur vorbildgetreu dunkel bleiben. Je nach Tageszeit lassen sich die Spitzen- und Schlusslichter bzw. nur das Schlusslicht entsprechend der Fahrtrichtung wechselnd einschalten. Zudem gibt es die Möglichkeit, per Funktionstaste das Spitzenlicht auf- und abzublenden. Die Innenbeleuchtung, die Einstiegsraumbeleuchtung sowie das Toilettenlicht lassen sich in Trieb- und Beiwagen getrennt schalten.

Effekte

Etliche Effekte stehen mit der FlexDec-Decoderfamilie zur Verfügung. So kann sich die Führer-

DECODER-WISSEN

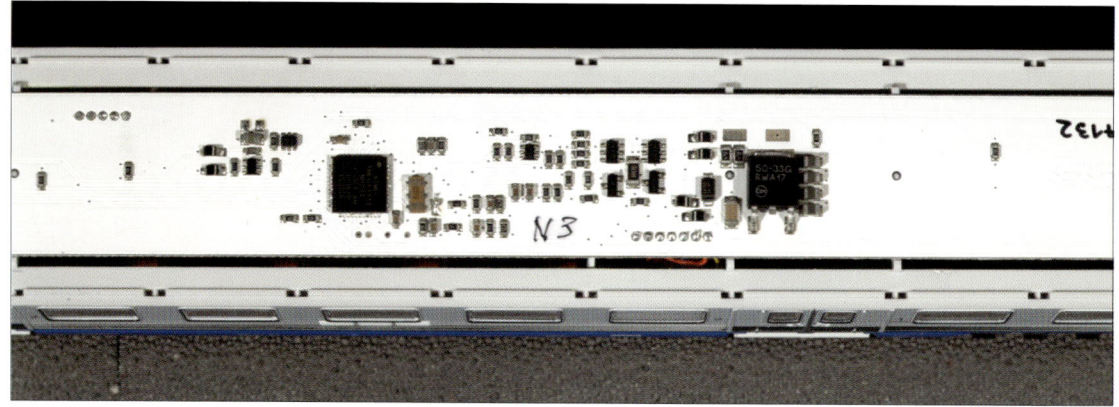

Der FlexDec-Decoder ist fest in die (weiß lackierte) Leiterplatte des VT 173 002 von KRES integriert. Seine Bauteile beanspruchen wenig Fläche.

stands-/Einstiegsraum-Beleuchtung bei Fahrtende automatisch einschalten. Dabei lässt sich einstellen, wieviel Zeit nach Fahrtende vergeht, bis das Licht angeht. Die Leuchtstoffröhrensimulation wird je nach Modellausführung vorbildgerecht werksseitig aktiviert/deaktiviert. Die Simulation besteht darin, dass die LEDs beim Einschalten unterschiedlich oft flackern, sodass das simulierte Lichtband wie beim Vorbild erst nach und nach seine Leuchtkraft aufbaut. Je nach Vorbild ist es beim Modell mit FlexDec möglich, das Ein- und Ausschalten des Lichtes in der Toilette einem Zufallsgenerator zu überlassen.

Der FlexDec-Decoder erkennt automatisch, wenn die Garnitur auf einer Analoganlage betrieben wird. Dann sind bis auf die Führerstandsbeleuchtungen alle Lichter eingeschaltet. Das Spitzen-/Schlusslicht leuchtet entsprechend der Fahrtrichtung. Für Mehrfachtraktion stehen erweiterte Adressen zur Verfügung. Wird ABC-Technik eingesetzt, reagiert der Decoder entsprechend. Der Kupplungsmodus gestattet die Ansteuerung einer elektrisch steuerbaren Modellkupplung. Mit dem Ausstellungsmodus kann ein zweiter Satz Dimmeinstellungen eingerichtet und bei Bedarf aktiviert werden. So wird es möglich, das Modell für zwei unterschiedliche Lichtsituationen vorzubereiten, zwischen denen schnell gewechselt werden kann.

Systemplatine mit Funktionen

Ähnlich wie beim FlexDec von KRES geht es in Lokmodellen neuester Generation von L.S.Models zu. Auch hier gibt es eine Vielzahl von Funktionsausgängen. Die genaue Anzahl richtet sich nach dem jeweiligen Lokmodell und den dort anzusteuernden Lichtquellen. Dazu besitzt jede Lok eine individuelle Leiterplatte, die auch einen Controller enthält. Anders als beim FlexDec ist dieser Controller aber nur für die Ansteuerung der Funktionsausgänge zuständig. Der DCC-Lokdecoder ist nicht Bestandteil der Platine. Er wird vom Lokbesitzer nach Wunsch ausgesucht und nachgerüstet. Dafür besitzt die Lokplatine eine Decoderschnittstelle. Voraussetzung um den Controller auf der Lokplatine ansprechen zu können ist, dass der Decoder seinerseits eine SUSI-Schnittstelle besitzt, die bis zur Decoderschnittstelle geführt wurde.

Während der Lokdecoder in den Modellen von L.S.Models für die Motoransteuerung zuständig ist, übernimmt der Controller auf der Leiterplatte die Ansteuerung der Lokfunktionen, sprich der Beleuchtung und eventuell der Kupplung. Wer zudem sein Modell auch mit Sound ausstatten möchte, hat die Möglichkeit dazu, denn es können bis zu drei SUSI-Module an die SUSI-Schnittstelle angeschlossen werden. Oder man benutzt einen Lokdecoder mit Soundfunktion und SUSI.

Die SUSI-Schnittstelle liefert dem Controller auf der Lokleiterplatte alle erforderlichen Steuerinformationen. Dazu gehört der Zustand der Funktionstasten, die Geschwindigkeit und die Fahrtrichtung sowie bestimmte CVs. Zudem sind CVs im Controller hinterlegt. Mit den CVs lassen sich einige seiner Parameter konfigurieren.

Das Modell kann auch auf einer analog betriebenen Anlage eingesetzt werden, ohne dass auf die Beleuchtung verzichtet werden muss. Dafür ist der Controller mit entsprechenden Programmteilen ausgestattet. Zudem gibt es eine Umschaltmöglichkeit, sodass das Spitzen-/Schlusslicht der Seite, an die ein Zug gekuppelt ist, abgeschaltet werden

Festival der Lichter

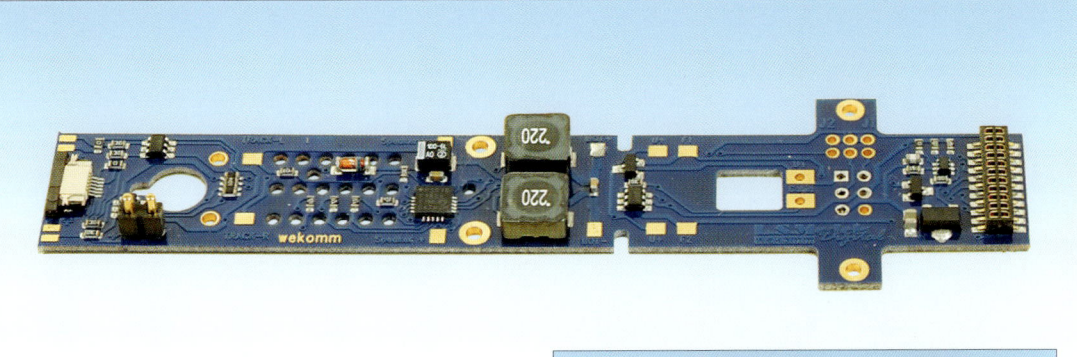

Beispiel für eine Lokplatine (L.S.Models), bei der der Modellbahner einen Decoder mit SUSI-Schnittstelle seiner Wahl einsetzen kann. Die Platine ist mit einem Controller ausgestattet, der die Lichtfunktionen seinerseits ausführt. Das Bild rechts zeigt zugehörige Adapter.

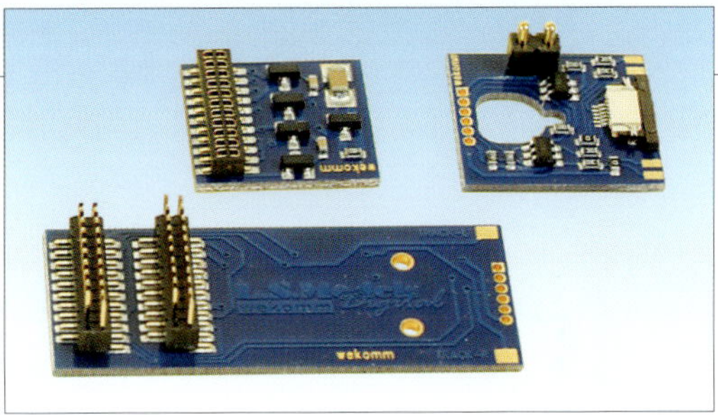

kann. Dazu dienen je nach Modell Jumper oder ein magnetisch empfindlicher Hall-Sensor. Das hat den Vorteil, dass kein mechanischer Schalter untergebracht werden muss.

Der Controller ist so programmiert, dass sich jede Lichtquelle vorbildentsprechend verhält. Das heißt, für jedes Lokmodell wird das Programm im Controller sowie die Leiterplatte modifiziert. So können je nach Vorbild unterschiedliche Lichteffekte zum Tragen kommen. Dabei kann es sich um Blinkmodi für Schlusslichter handeln, die bei den Bahnverwaltungen unterschiedlich sind, um Rangierlichtanordnungen oder um das Ausglimmen, dass je nach beim Vorbild eingesetzter Lichtquelle anders sein kann.

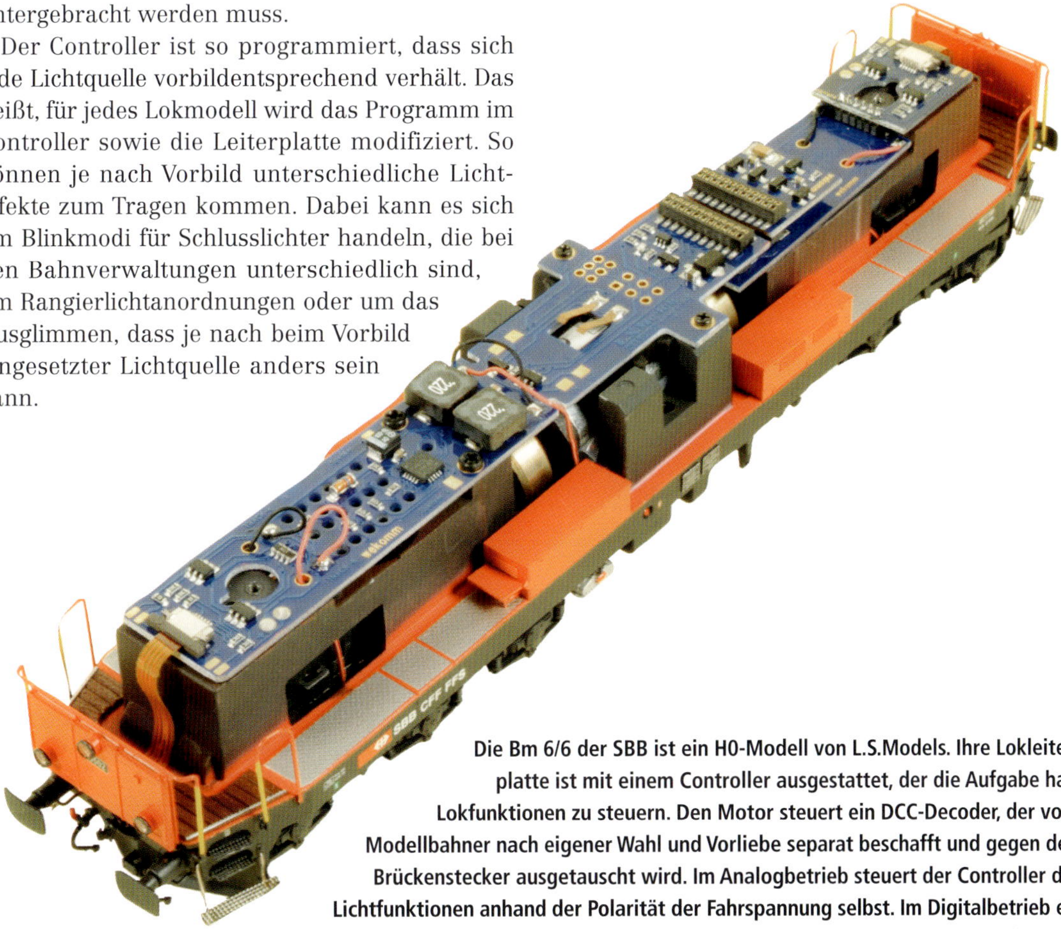

Die Bm 6/6 der SBB ist ein H0-Modell von L.S.Models. Ihre Lokleiterplatte ist mit einem Controller ausgestattet, der die Aufgabe hat, Lokfunktionen zu steuern. Den Motor steuert ein DCC-Decoder, der vom Modellbahner nach eigener Wahl und Vorliebe separat beschafft und gegen den Brückenstecker ausgetauscht wird. Im Analogbetrieb steuert der Controller die Lichtfunktionen anhand der Polarität der Fahrspannung selbst. Im Digitalbetrieb erhält der Controller die Steuerbefehle über die SUSI-Schnittstelle aus dem Lokdecoder.

DECODER-WISSEN

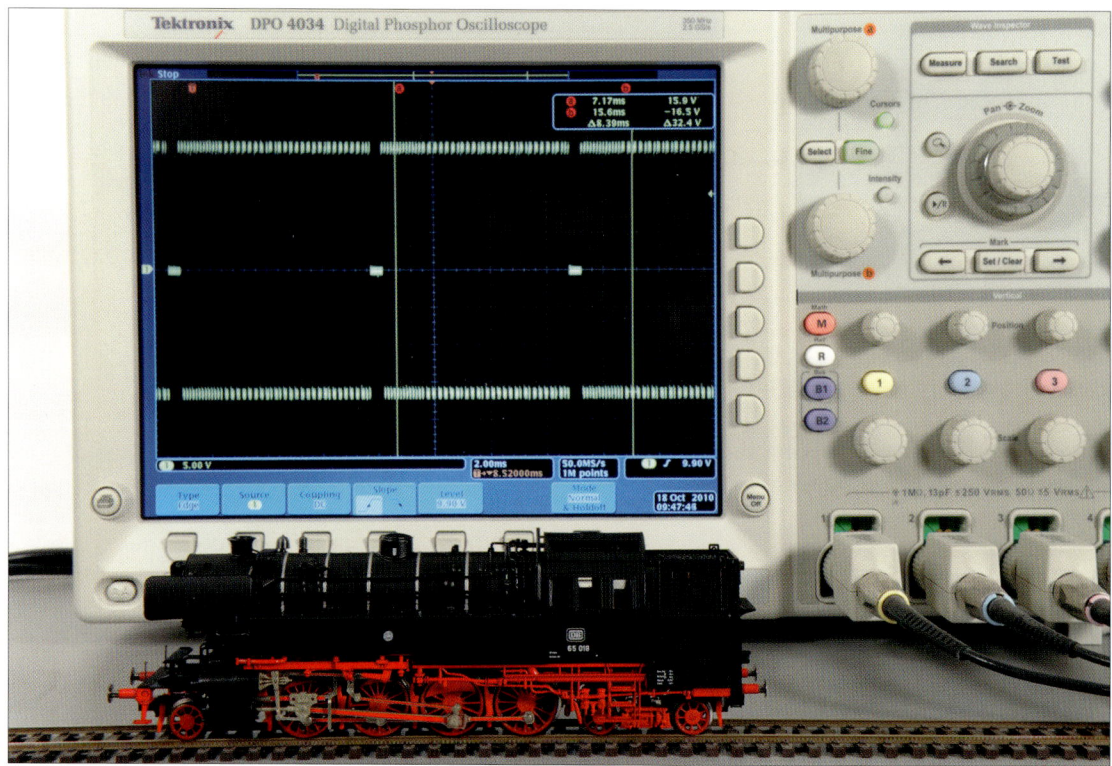

Digitale Grundlagen für Betriebsbahner
Bit-Gefummel

Früher musste man beim Fahrunterricht noch erklären können, wie ein Getriebe funktioniert. Heutige Fahrlehrer sind froh, wenn die Schüler ohne Probleme den Anlassknopf finden. Trotz aller Elektronik – Getriebe, Öl und Ventile haben alle Autos. Und wer sich damit auskennt, kann immer noch einiges selbst machen. Bei einer digitalen Modellbahn ist es ähnlich. Wie genau der „Digitalkram" funktioniert, muss man nicht wissen. Wer sich aber auskennt, kann Fehler selbst beheben und deutlich mehr aus seiner Steuerung „herausholen". Guido Weckwerth vermittelt Ihnen das dazu nötige DCC-Grundwissen nebst ein paar Tipps.

Der Vergleich mit einem Auto ist zugegebenermaßen unfair. Eine Zündkerze kann man anfassen und wenn das Ding kaputt ist, sieht man es ihm eigentlich immer an.

Bei der digitalen Modellbahn sehen Sie nichts von den ganzen Steuerungsinformationen. Nur mit einem sehr teuren Messwerkzeug, genannt Oszilloskop, lassen sich die Steuerungsinformationen darstellen. Was also kann der normale Anwender damit anfangen, der ein solches Messgerät nicht besitzt? Ziemlich viel sogar, denn das Digitalsignal ist nach einer bestimmten Vorschrift aufgebaut. Das Oszilloskop benötigt man daher nur, wenn man die Korrektheit der digitalen Signale überprüfen möchte oder die Signale illustrieren muss, wie zum Beispiel für diesen Artikel hier.

Soweit Sie die Grundlagen beherrschen, können Sie die meisten Fragestellungen und Aufgaben auch ohne zusätzliche Messgeräte meistern. Lassen Sie sich also zunächst auf einen Exkurs in die Tiefen von DCC entführen.

DCC von innen

Eine digitale Übertragung bei der Modellbahn basiert auf einer trickreichen Methode. Aufgabe ist es ja, über die beiden Pole der Schiene sowohl Strom (für Motoren und Licht) als auch Steuerinformationen für die Digitaldecoder zu übertragen. Damit das selbst bei schmutzigen Schienen und sonstigen Störungen gut funktioniert, ist man auf ein cleveres Verfahren gekommen.

Das einfachste Signal, das ein Decoder erkennen kann, ist ein Polwechsel am Gleis. Das ist unabhängig von der Spannung, sehr störsicher und erfordert keine besonderen Aufwändungen – sei es in der Erzeugung als auch in der Erkennung eines solchen Polwechsels.

Die Information ist jetzt in der Zeit zwischen drei derartigen Polwechseln enthalten. Vergehen jeweils zwischen den Polwechseln 55 bis 61 Mikrosekunden (eine Mikrosekunde ist eine Millionstel Sekunde), so wertet ein DCC-Decoder diese Zeitspanne als digitale „1" aus. Vergehen zwischen 95 und 9990 Mikrosekunden, so wertet der DCC-Decoder die Zeitspanne als digitale „0" aus. Zeiten, die länger sind, werden als analoger Gleichstrom gewertet, denn die meisten Decoder funktionieren ja auch auf analogen Anlagen. Dabei sollte nicht unerwähnt bleiben, dass die meisten Digitalzentralen nur die Zeitspanne von etwa 100 Mikrosekunden für eine digitale 0 benutzen. Längere Zeiten sind dafür gedacht, eine analoge Lok ohne Decoder zu fahren, eine Betriebsart, die ohnehin nur die wenigsten Zentralen beherrschen und die in der Praxis kaum noch vorkommt.

Zeit als Informationsträger

Eine DCC-Zentrale kann nun also durch die Zeitspanne zwischen den Polwechseln festlegen, welche Information sie übertragen möchte. Ein einzelnes Bit reicht natürlich nicht, also müssen mehrere Bits zu einem Datenblock zusammengefasst werden, der die entsprechenden Befehle überträgt. So ein durchschnittlicher Datenblock hat etwa 50 Bits bei DCC.

Was genau die einzelnen Bits besagen, ist in den NMRA-Dokumenten festgelegt, die jeder unter der Adresse *http://nmra.com/standards/sandrp/consist.html* finden kann. Dort betreffen alle RP (Recommended Practices), die mit einer 9 beginnen, die Informationen, die das DCC-Format beschreiben. Für unsere Zwecke ist es nicht wirklich notwendig, die Bedeutung der einzelnen Bits zu kennen.

Was wir aber wissen sollten, ist die Information an sich, die in einem solchen Datenblock enthalten ist. Ganz sicher ist die Adresse ein Bestandteil jedes Datenblocks. Schließlich ist es ja so, dass jeder Decoder zeitgleich am Gleis „lauscht". So rauschen nun verschiedene Datenpakete am Decoder vorbei, ohne dass dieser sich dafür interessiert. Erst wenn ein Datenpaket zu lesen ist, das die Adresse des Decoders enthält, fühlt dieser sich aufgerufen, das Datenpaket auch auszuwerten.

Einer redet, alle hören zu

Auf diese Weise gelingt es, dass viele Decoder gleichzeitig dieselbe Information erhalten, aber

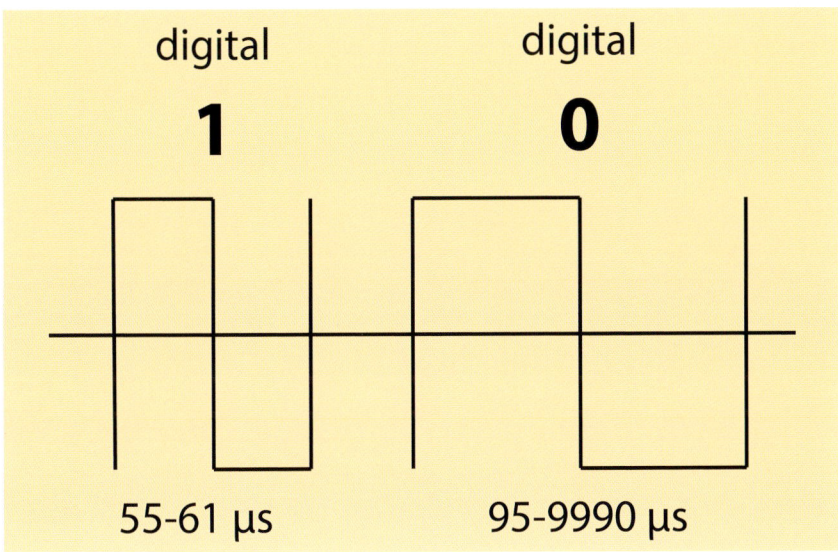

So sind bei DCC die einzelnen Bits definiert.

DECODER-WISSEN

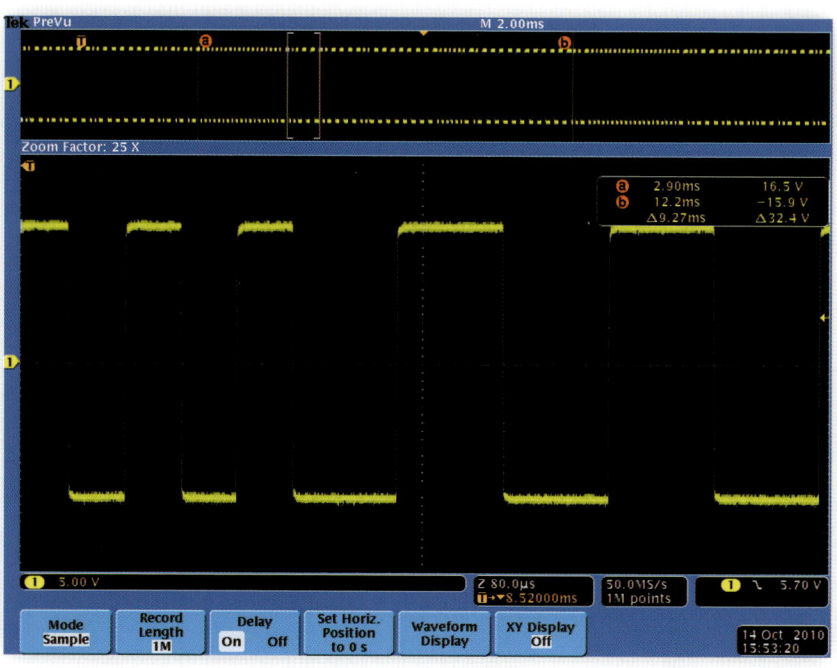

Ein DCC-Paket in der Detailansicht. Im oberen Bereich ist das gesamte Paket in der Übersicht angezeigt (zwischen den Markern A und B). Die Zoom-Funktion des Oszilloskops lässt die einzelnen Bits sehr gut erkennen. Deutlich ist die Unterscheidung zwischen den 1- und 0-Bits zu sehen.

separat (über die Adresse nämlich) angesprochen werden können. Nun unterscheiden sich die Pakete aber nicht nur durch die Adresse. Je nach Aufgabe gibt es verschiedene Pakete. So kennt DCC natürlich den Lok-Fahrbefehl (Lok-Datenblock), bei dem einem Fahrdecoder Geschwindigkeit und Richtung mitgeteilt werden. Die Funktionen sowie Licht werden über einen separaten Befehl, also Datenblock übertragen. Nochmals einen eigenen Datenblock besitzen die Weichenstellbefehle und

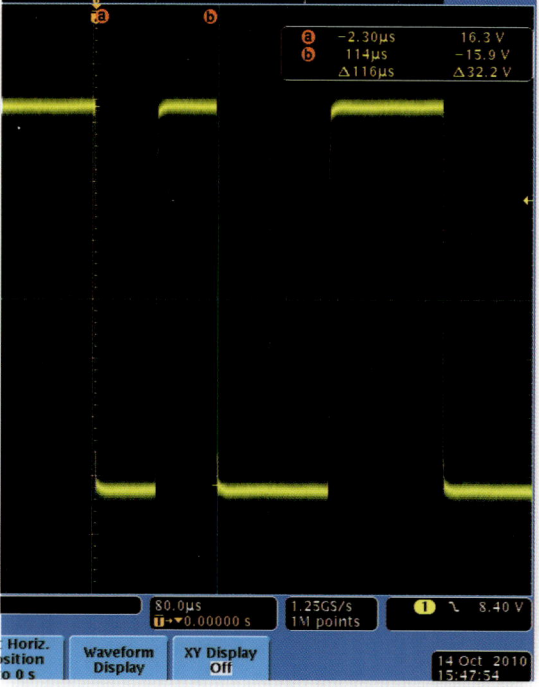
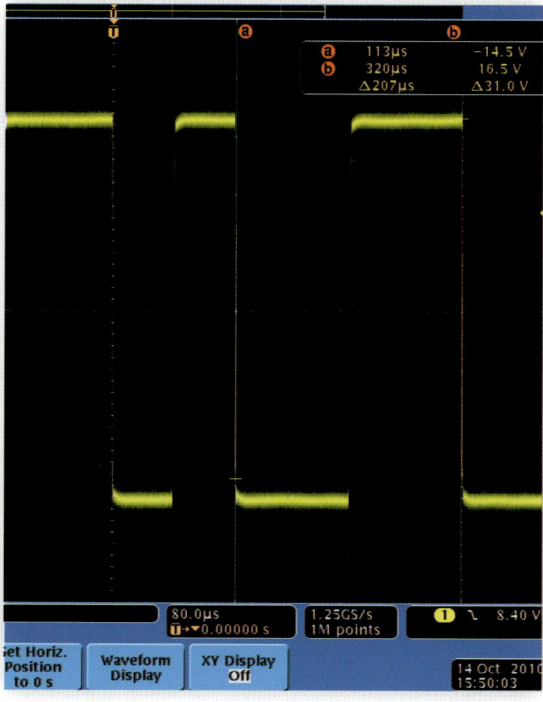

Hier sind die einzelnen Bits ausgemessen. Klar sind die Zeiten für die Werte 0 und 1 zu sehen, die Zentrale nimmt ihre Aufgabe offensichtlich sehr genau. Je besser die Soll-Zeiten eingehalten werden, desto einfacher kann ein Decoder diese Zeiten wiedererkennen. Dadurch passieren weniger Fehler, der Decoder arbeitet zuverlässiger.

Bit-Gefummel

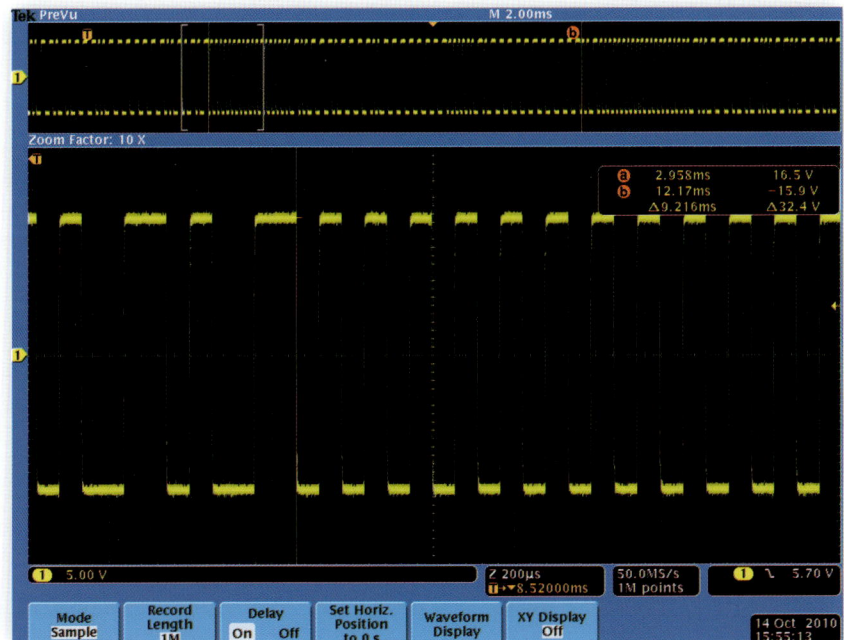

So sieht der Übergang zwischen zwei DCC-Datenpaketen aus (ohne RailCom). Die Abfolge aus lauter 1-Bits (kleine Zeitintervalle, beginnend ab dem senkrechten Marker) kennzeichnet den Anfang des nächsten Datenblocks.

auch die Programmierbefehle. Dabei unterscheiden sich die Befehle für das Programmieren im Betrieb von den Befehlen zum Programmieren auf dem Programmiergleis. So kann ein Decoder durchaus mehrere Blocktypen auswerten, ein Fahrdecoder etwa die Befehle für Geschwindigkeit sowie für die Funktionsbefehle.

Bevor wir uns nun weitere Gedanken machen, wollen wir noch ein paar Überlegungen anstellen. Sie erinnern sich, ein Datenblock hat durchschnittlich 40 Bits, jedes Bit kann etwa 118 (2 x 59) oder 200 (2 x 100) Mikrosekunden lang sein, je nach Informationsgehalt. Da wir natürlich die Informationen in einem Datenblock nicht vorhersagen können, macht es Sinn, eine mittlere Dauer eines Bits von ca. 160 Mikrosekunden anzunehmen. Da davon ca. 50 Stück in einem Datenblock stecken, dauert die Übertragung eines Blockes also 40 x 160 Mikrosekunden, das macht 8 000 Mikrosekunden oder 8 Millisekunden pro Datenblock. Eine Millisekunde ist eine tausendstel Sekunde, also immer noch sehr, sehr kurz.

Flott und doch nicht

Beim DCC-Format ist es so, dass die einzelnen Datenblöcke direkt nacheinander gesendet werden. Der Anfang eines Blockes ist immer gleich und eindeutig gekennzeichnet. Dazu sendet die DCC-Zentrale eine Folge von mindestens 14 1-Bits aus, auch Präambel genannt. Eine Folge also, die so niemals sonst vorkommt, und einem Decoder daher eine eindeutige Anfangserkennung erlaubt.

Die oben errechnete (bzw. eher abgeschätzte) Dauer eines Datenblockes wird sofort anschaulich, wenn wir die Anzahl der Blöcke pro Sekunde ausrechnen. Eine Sekunde hat 1 000 Millisekunden, es können daher ca. 125 Datenblöcke, also Befehle in einer Sekunde übertragen werden. Auch das hört sich noch nach recht viel an. Wie Sie aber gleich sehen werden, täuscht das. Nehmen wir einmal an, die in der Zentrale gespeicherten Adressen würden reihum auf das Gleis gesendet. Pro Lokdecoder müssen einmal Geschwindigkeit und vier mal Funktionsbefehle geschickt werden, schließlich wollen 28 DCC-Funktionen versorgt werden. Weichendecoder kommen bei uns erst einmal nicht vor.

Die Zentrale muss pro Lok fünf Befehle aussenden, bei einer angenommenen Anzahl von 50 Loks würde ein einzelner Befehl nun etwa alle zwei Sekunden wiederholt werden. Wenn Sie eine Funktionstaste drücken, kann es passieren, dass der Befehl erst zwei Sekunden später ausgeführt wird. Für eine Hup-Funktion eines Soundmoduls also völlig unbrauchbar.

Die Reihenfolge machts

Nun sind 50 Loks nicht einmal wahnsinnig viel. Es gibt Menschen mit 200 und mehr Loks, z.B. Clubs. Aber selbst bei 25 Loks ist eine Zeitspanne von einer Sekunde immer noch unbrauchbar. Dabei haben wir die Weichenbefehle noch gar nicht beachtet, schließlich gibt es Anlagen mit zig Weichen, die alle digital gestellt sein wollen.

Der „Trick" heißt Priorisierung. Das bedeutet grundsätzlich, dass die Zentrale tatsächlich reihum die Befehle aussendet, aber je nach Wichtigkeit oder aktuellem Ereignis auch davon abweichen kann. Nehmen wir einmal an, Sie lassen eine Lok gerade anfahren, drehen dazu den Regler ihres digitalen Fahrgerätes. Jedesmal wird eine neue Soll-Geschwindigkeit erzeugt, die der Lok natürlich mitgeteilt werden muss. Anders formuliert: Die Zentrale wird immer dann, wenn Ihr Regler eine neue Geschwindigkeit vorgibt, diese sofort an die betreffende Lok senden. Dafür werden die Befehle, die zur Rundsendung anstehen, eben zurückgestellt.

Solange sonst nichts auf der Anlage passiert, ist das in Ordnung. Was aber, wenn zum Beispiel vier „Lokführer" gleichzeitig am Fahrregler drehen? Tatsächlich zeigt sich in solchen Fällen die Qualität einer Zentrale. Wenn diese die Befehle dann so weit sortiert, dass alle Loks ohne merkbare Verzögerung reagieren, macht die Zentrale ihre Sache gut.

Vorsicht bei Computern

Aber selbst eine gute Zentrale kann durch ein Steuerungsprogramm überfordert werden. Tatsächlich gibt es einige Programme, die die Anfahrts- und Bremsverzögerung selbst steuern. Das heißt, dass diese Programme sich nicht auf die im Decoder vorhandenen Werte verlassen, sondern ständig neue Geschwindigkeitswerte vorgeben. Besonders wenn Decoder mit 128 Fahrstufen angesteuert werden. Werden davon noch mehrere Decoder gleichzeitig gesteuert, kann schon mal ein punktgenauer Halt danebengehen. Die Zentrale konnte dann die Informationen nicht mehr schnell genug aufs Gleis senden.

Stau im Datenkanal

Ein typisches Symptom für ein solches Problem ist es, wenn die Steuerung mit einer einzigen Lok problemlos funktioniert. Sobald aber im normalen Betrieb mehrere Loks unterwegs sind, kann das punktgenaue Halten versagen. Sie sollten daher im Automatikbetrieb Decoder immer nur mit 28 Fahrstufen betreiben. Außerdem ist es bei größeren Anlagen besser, die Anfahr- und Bremsverzögerung der Decoder zu benutzen und die Geschwindigkeitsrampen nicht vom Programm durchführen zu lassen.

Bei einer digital gesteuerten Anlage kommen nämlich noch Funktionen und Weichen hinzu. Wird eine Funktionstaste auf dem Handregler betätigt, erwarten Sie zu Recht, dass diese sehr schnell ausgeführt wird. Wie schnell das sein muss, soll ein weiteres Zahlenbeispiel illustrieren. Ein durchschnittlicher Mensch bemerkt schon eine Verzögerung von ca. 50 Millisekunden. Soll also der Befehl ohne merkbare Verzögerung umgesetzt werden, muss es schneller gehen.

Erinnern wir uns, ein DCC-Paket braucht ca. 8 Millisekunden, bleiben also noch ca. 40 Millisekunden übrig. Die sind schnell aufgebraucht. Der Befehl muss per Datenleitung vom Handregler zur Zentrale geschickt werden, die muss ihn verarbeiten. Dann warten, bis der gerade gesendete DCC-Befehl fertig ist, danach „unser" DCC-Paket auf das Gleis senden. Der Decoder muss den Befehl noch verarbeiten und nach Fehlern untersuchen, bevor er ausgeführt werden kann.

Weichenstellungen

Sie merken, die Zentrale darf sich nicht viel Zeit damit lassen, den Befehl abzuschicken. Zudem muss jeder Befehl mehrfach wiederholt werden. Genau so sieht es übrigens bei den Weichenbefehlen aus. Solange der Schaltbefehl für eine Weiche gegeben werden soll, schickt die Zentrale immer wieder den betreffenden Schaltbefehl auf das Gleis. Alle übrigen Befehle müssen dann zurückstehen.

Vorsicht ist bei Weichenstraßen geboten. Im Sinne eines sicheren Betriebs ist es wünschenswert, dass die Weichenstraße möglichst schnell geschaltet wird. Das bedeutet aber im Umkehrschluss, dass auf dem Gleis während der Zeit sehr viele Weichendaten gesendet werden, für Fahrinformationen also wenig Zeit bleibt. Stellen Sie also wenn möglich eine Pause zwischen den einzelnen Weichenbetätigungen ein, damit die restlichen Decoder auch mit Daten versorgt werden können.

Übrigens ist das Wiederholen der Daten auf dem Gleis noch lange nicht so selbstverständlich, wie man meinen möchte. So gibt es Zentralen, die lediglich die Fahrstufen und die Funktionen F1 bis F4 regelmäßig aussenden. Alle anderen Funktionen werden nur dann auf das Gleis geschickt,

Bit-Gefummel

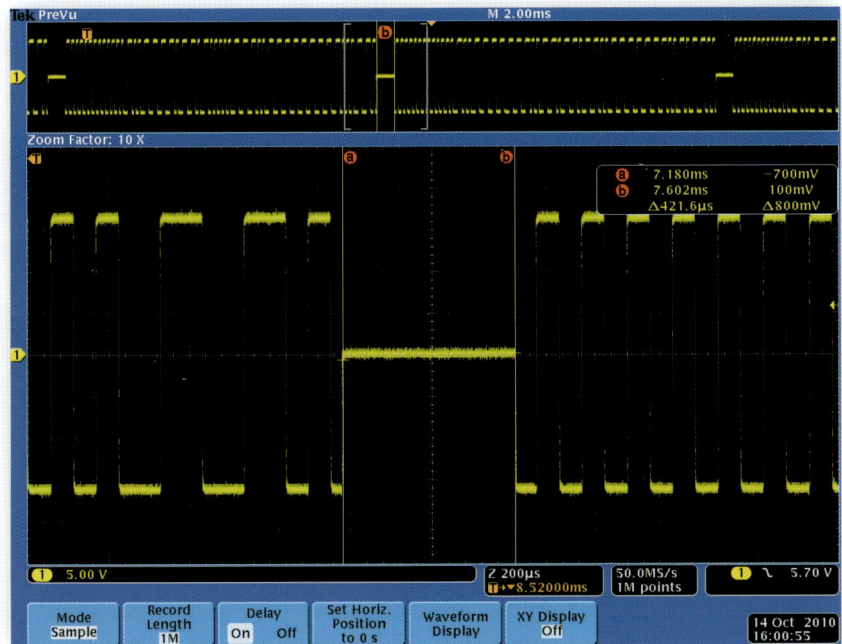

Das ist eine RailCom-Lücke. Deutlich ist der stromlose Bereich zwischen zwei Datenpaketen zu erkennen. Dabei sind in der Zentrale beide Gleise „kurzgeschlossen", der Decoder und eventuelle Verbraucher werden während dieser Zeit nicht mit Energie versorgt.

wenn diese auch auf dem Handregler betätigt werden. Das macht sich unschön bemerkbar, wenn ein Decoder in einen stromlosen Abschnitt (wie bei einem Signalhalt) einfährt. Wenn er sich die gesetzten Funktionen dann nicht merkt, bleiben diese auch dann ausgeschaltet, wenn der Decoder wieder Strom bekommt. Gerade bei Funktions- oder Sounddecodern ist das zu bemerken.

Prüfen Sie in so einem Fall bei Ihrer Zentrale, ob man das Wiederholen, also das regelmäßige Aussenden von Funktionen größer als F4 aktivieren kann. Kann Ihre Zentrale das nicht, sollten Sie überlegen, ob Sie die Funktionen nicht auf die Tasten F1 bis F4 legen können.

Mut zur Lücke

Apropos stromlos: In modernen DCC-Systemen sind die Decoder immer wieder mal stromlos. Genau dann nämlich, wenn Sie RailCom benutzen. Bei RailCom müssen nämlich sehr schwache Signale vom Decoder an das Auswertemodul übertragen werden. Dazu benutzt eine Digitalzentrale den Trick, dass sie kurz vor Beginn eines Datenpakets die beiden Gleise für ca. 460 Mikrosekunden kurzschließt. Während dieser Zeit kann dann der RailCom-Decoder seine Information als Strom-Impulse aussenden. Diese auch „RailCom-Lücke" genannte Pause muss jede Elektronik überbrücken können, um einwandfrei zu funktionieren. Auch wenn diese Lücke sehr kurz erscheint, kann sie dennoch zu Fehlfunktionen führen. So machte beim Autor der Trix-Turmtriebwagen Probleme. Der Fahrdecoder funktionierte einwandfrei, die Elektronik für die Turmfunktionen wollte aber nicht korrekt arbeiten. Mit ausgeschaltetem RailCom gab es dagegen keinen Ärger mit dem Triebwagen. Zwar konnte der Service das Thema mit einer Modifikation beheben. Dennoch zeigt dieses Beispiel, dass Probleme auftreten können.

Prüfen Sie Ihre Modelle daher immer zunächst mit abgeschaltetem RailCom. Wenn sich hier keine Fehler zeigen, schalten Sie RailCom ein und testen Ihr Modell noch einmal. Leider hat RailCom noch eine Falle parat. Tatsächlich liegt die in der Art der Erzeugung der betreffenden Lücke. Wollte die DCC-Zentrale die Lücke selbst erzeugen, so müsste die Boosterschnittstelle neu definiert werden, der übliche Anschluss beherrscht das nicht. Daher sind die üblichen RailCom-fähigen Booster mit einem kleinen Prozessor ausgerüstet. Der erkennt selbst das Ende eines DCC-Datenblocks und erzeugt dann die Lücke. Jetzt aber kommt der Haken: Denken Sie daran, direkt nach einem Datenpaket folgt das neue, beginnend mit einer Folge von 1-Bits. In diese Folge hinein produziert der Booster nun die Austastlücke, ein Decoder wird etwa vier bis fünf 1-Bits weniger sehen, als die Zentrale produziert. Das ist kritisch, denn die DCC-Norm sieht vor, dass der Decoder mindestens zehn 1-Bits erkennen muss, die Zentrale also mindestens zwölf produzieren muss. Gehen jetzt

DECODER-WISSEN

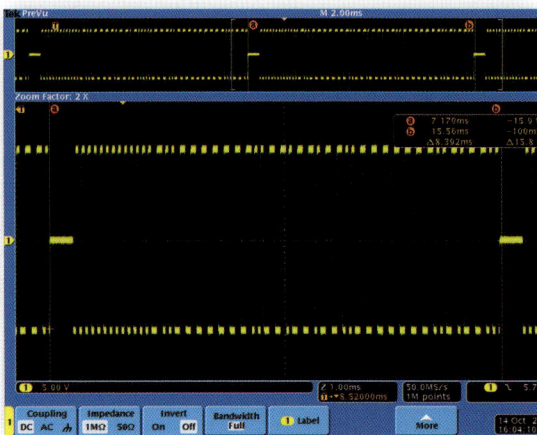

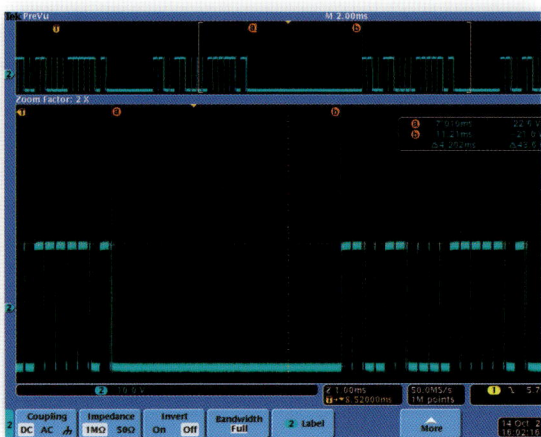

MIt dem Oszilloskop lässt sich auch die Dauer eines DCC-Datenpaketes ausmessen. Im Informationsfenster zeigt das Gerät die genaue Dauer dieses Blockes von 8,2 ms an. Da die einzelnen Blöcke natürlich unterschiedliche Informationen tragen, hängt die exakte Länge vom Dateninhalt des jeweiligen Datenblockes ab.

So sieht das Motorola-Protokoll im Detail aus. Deutlich ist die lange Zeit zu sehen, bei der das Gleis auf einer Spannung gehalten wird. Ältere Decoder benötigten sogar den polrichtigen Anschluss, um zu funktionieren, bei Märklin-Weichendecodern ist das unter Umständen heute noch so.

die vier Bits durch die RailCom-Lücke verloren, kann es durchaus passieren, dass ein Decoder keine Befehle mehr erkennt, da er ja den Anfang der Datenpakete nicht mehr „sieht". Glücklicherweise erzeugen die meisten Zentralen 14 und mehr 1-Bits, eine Pflicht ist das aber nicht. Zum Beispiel ist die Lenz Compact ein Gerät, das nicht ausreichend Präambel-Bits erzeugt, um mit RailCom eingesetzt werden zu können.

Haben Sie eine Zentrale, bei der sich die Anzahl der Präambel-Bits festlegen lässt, erhöhen Sie den Wert auf 18, dann sind Sie auf der sicheren Seite. Vorsicht aber, tun Sie nicht zu viel des Guten. Mehr als 14 Präambel-Bits können manche Decoder schon wieder in den „falschen Hals" bekommen. Mit vielen solcher Bits wird nämlich das Programmieren auf dem Programmiergleis eingeleitet. Dem Autor ist schon ein solcher Decoder untergekommen, der scheinbar unerklärlich mit einer Zimo-Zentrale nicht arbeiten wollte. Nachdem die Anzahl der Präambel-Bits nach längerer Fehlersuche auf den NMRA-Wert heruntergesetzt wurde, tat auch der Decoder wieder seinen Dienst.

Integrationsbemühungen

Besonders „lustig" können die Fehler werden, wenn Sie Multiprotokollbetrieb fahren. Kombiniert eine Zentrale zum Beispiel DCC- und Motorola-Protokoll auf dem Gleis, ist die daraus resultierende Spannung nicht mehr null. Bei DCC ist es ja meistens so, dass die Zeiten der unterschiedlichen Polarität gleich lang sind. Ein „träger" Verbraucher – wie etwa ein Motor – wird sich daher nicht drehen, obwohl das laute Brummen des Motors anzeigt, dass sehr wohl Strom hindurchfließt. Aber die Polarität des DCC-Signals hat keine Vorzugsrichtung, sodass der Motor stehenbleibt.

Anders ist das beim Motorola-Protokoll. Da wechselt zwar während der Datenpakete auch die Polarität, zwischen den Paketen aber gibt es eine eindeutige Spannung. Und die reicht dem Motor schon, sich zu drehen. Betrachten wir nun einen DCC-Decoder. Der versucht mit mathematischen Methoden das träge Verhalten eines Motors nachzubilden, um einen analogen Betrieb zu erkennen. Sobald also eine eindeutige Spannung vorhanden ist, kann es durchaus sein, dass der Decoder im Analogmodus losfährt, obwohl eigentlich ein Motorola-Digitalsignal anliegt.

Die zunächst einfachste Lösung ist es, die Analogerkennung im Decoder per CV-Programmierung zu deaktivieren. Dann ignoriert er diese Spannungen und es kommt nicht zu Fehlinterpretationen. Dafür fallen aber auch ein paar Betriebsmöglichkeiten weg, immerhin gibt es viele, die die Anlage analog betreiben und nur im Bahnhof digital fahren. Auch Dinge wie Lenz-ABC, das ja eine Differenz in der Schienenspannung auswertet, werden nicht mehr funktionieren.

Letztlich bleibt die Erkenntnis, dass es immer besser ist, nur mit einem einzigen Protokoll zu fah-

Bit-Gefummel

ren. Müssen oder wollen Sie mehrere Protokolle benutzen, so sind einige Funktionen wie etwa ABC oder analoge Bremsstrecken nicht oder nur noch eingeschränkt nutzbar.

Fazit

Es gilt also immer: Testen Sie erst die Grundfunktionen und probieren Sie dann nach und nach die Erweiterungen aus. Genau genommen wäre es endlich Zeit für einen erweiterten DCC-Standard, der viele Themen definiert. Mit der jetzigen DCC Working Group ist das aber kaum zu erwarten.

Warum das Ganze eigentlich – ist doch Standard, oder?

Klar könnte man (und wird auch oft genug gemacht) so argumentieren. Ein Standard ist definiert, alle halten sich dran und gut ist. Der eigentliche Knackpunkt ist aber das, was genau NICHT im Standard definiert wurde. Und da gibt es jede Menge Dinge, die standardkonform sein können, aber den Betrieb mit DCC-Komponenten anderer Hersteller nicht vertragen.

Wer sich nun der Linie mancher Produzenten von DCC-Systemen anschließt und alle Produkte nur von einem Hersteller kauft, ist aber immer noch nicht vor Funktionsproblemen sicher.

Und hier ist dann derjenige im Vorteil, der sich eben ein wenig mit den Grundlagen des DCC-Systems auseinandergesetzt hat. So kann man nämlich durchaus Fehlerursachen ermitteln und gezielt abstellen, die in diesen leicht unterschiedlichen Standardauslegungen begründet sind.

Betrachtet man das Zustandekommen der DCC-Standards, wird klar, welche Leistung die Modellbahnhersteller eigentlich vollbringen. Tatsächlich wurde DCC als freiwilliger Standard vorgestellt und verabschiedet, genau genommen muss sich aber niemand daran halten.

Es gibt eine Ausnahme, die dann gilt, wenn ein Produkt ein sogenanntes Konformitätssiegel trägt. Das bedeutet, dass das entsprechende Bauteil durch eine besondere Prüfung gegangen ist, bei der die Einhaltung der wesentlichen DCC-Funktionen geprüft wurde. Betrachtet man aber den Prüfumfang, wird schnell klar, dass diese Prüfung lediglich einen Mindeststandard umfasst. Dinge wie RailCom oder ähnliche Erweiterungen sind völlig unberührt und werden von der Prüfung nicht erfasst. Eine Garantie, dass ein Decoder der Firma A mit der Zentrale der Firma B vollumfänglich funktioniert, ist selbst dann nicht gegeben, wenn sowohl die Zentrale als auch der Decoder das Konformitätssiegel tragen.

Tatsächlich lässt nämlich die DCC-Norm explizit eigene Erweiterungen zu, die jeder Hersteller implementieren darf. Das wird von vielen Firmen durchaus genutzt, mit gutem Grund. Denn leider entwickelt sich die NMRA-Norm nicht wirklich weiter. Nachdem das normative Gremium mehr oder weniger einer Diskussionsrunde entspricht, wird viel debattiert, aber wenig bewegt. Jeder Hersteller, der Produkte verkaufen möchte, anstatt auf die teils jahrelange Normierung der NMRA zu warten, wird seine eigenen Erweiterungen umsetzen.

Das ist beispielsweise mit RailCom passiert. Damit man überhaupt Produkte auf den Markt bringen konnte, haben sich vier Hersteller zu einer Arbeitsgruppe zusammengesetzt und eine einheitliche Implementierung beschlossen. Das führt zu der unbefriedigenden Situation, dass es zum Beispiel durchaus Decoder gibt, die mit RailCom ernsthafte Probleme haben, aber dennoch völlig DCC- und NMRA-konform arbeiten (warum Probleme mit RailCom auftreten können, finden Sie im Text).

Sinnvollerweise versuchen natürlich die Hersteller ihre Produkte so auszulegen, dass diese mit möglichst vielen Digitalsystemen anderer Hersteller zusammenarbeiten. Der geradezu gebetsmühlenhaft wiederholte Satz „Mit Fremdsystemen haben wir unsere Produkte nicht getestet" gehört glücklicherweise beinahe der Vergangenheit an.

Wer übrigens Decoder unterschiedlicher Hersteller einsetzt, wird sich vermutlich an der Vielfalt der Programmiergeräte „erfreuen" dürfen. Sinnvoll ist das durchaus, die Software der Decoder auch später noch ändern zu können. Sei es, dass einige Hersteller den Bereich Qualitätssicherung vollständig auf den Kunden auslagern, oder auch nur, um bekannte Probleme oder nach Auslieferung bekannt gewordene Probleme korrigieren zu können. Leider hat sich jeder Hersteller von updatefähigen Decodern sein eigenes Programmiergerät zurechtgeschnitzt. Da das Software-Update von der DCC-Norm überhaupt nicht tangiert wird, muss sich der Anwender manchmal einen ganzen Zoo von Programmern halten, um alle Decoder bedienen zu können.

Das Motorola-Protokoll ist dagegen eine reine Definition von Märklin, für die es nicht einmal eine offizielle Spezifikation gibt. Allerdings ist das Protokoll so alt und so gut bekannt, dass es garantiert nicht mehr weiterentwickelt wird. Daher sind kompatible Geräte recht funktionssicher, Überraschungen sind bei reinem Motorola-Betrieb kaum zu erwarten.

Komplett anders sieht die Sache beim mfx- oder auch M4-Protokoll aus. Hier haben nur Märklin und ESU passende Produkte. M4 ist übrigens der ESU-Name für das Protokoll, wobei beide Hersteller ihre Variante jeweils unabhängig voneinander weiterentwickeln wollen.

DECODER-WISSEN

An, Aus, An, Aus, An, Aus – statt mit Tausenden von Schaltvorgängen in der Sekunde ins Schwitzen zu kommen, nimmt man besser einen Decoder mit Motorregelung…

Motorregelung bei Digitaldecodern

Alles geregelt

Wenn sich eine Lok sanft und ohne Anfahrruck in Bewegung setzt, träumt der Modellbahner vielleicht vom Vorbild. Wenige aber wissen, welche Summe an Know-How und Hightech dahintersteckt, damit ein Digitaldecoder so etwas möglich macht. Erfahren Sie dazu die Grundlagen und lesen Sie einige Tipps für eine optimierte Decodereinstellung.

Sind Sie schon mal Autoscooter gefahren? Dann wissen Sie ja, wie es geht. Man steigt ein, wirft den Chip in den Automaten und drückt das, nun ja, sagen wir mal „Gaspedal" mit dem rechten Fuß. Der Scooter rennt los wie Harry Hirsch und knallt nach spätestens zwei Metern dem nächsten Kandidaten in die Seite. Um aus der Situation herauszukommen, sollte man langsam fahren können. Leider aber haben die mit Gehässigkeit ausgestatteten Konstrukteure dem Autoscooter kein Gaspedal spendiert. In Wirklichkeit ist das lediglich ein Ein- und Ausschalter für den Motor, der mit dem Fuß zu bedienen ist. Damit wir also langsamer fahren können, gilt die klassische Regel: treten, loslassen, treten, loslassen und so weiter. Genau so zittert sich der Autoscooterpilot an die Wunschgeschwindigkeit heran und hat nach einiger Zeit eine so gute Fahrzeugbeherrschung, dass als einzige Geschwindigkeit dann doch Vollgas völlig ausreichend ist.

Was das alles mit Modellbahn zu tun hat, fragen Sie? Nun, wir sind eigentlich mitten im Thema. Nicht, dass die Lok nach einer kurzen Fahrstrecke einen Unfall haben wird – will der Autor zumindest sehr hoffen. Aber die Geschwindigkeitsregelung des Motors durch einen Digitaldecoder hat sehr viel mit dem Autoscooter zu tun.

Zu Zeiten der analogen Trafos und Fahrregler wurde die Geschwindigkeit einer Lok mit der Spannung eingestellt. Der Knopf des Fahrpults veränderte einen Widerstand oder den Trafoabgriff und damit die Spannung, die ans Gleis gelangt. Weniger Spannung bedeutet langsamer Motorlauf, mehr Spannung bedeutet höhere Geschwindigkeit. Obwohl, wenn ich mich recht entsinne, hätte bei mir als Kind auch wieder ein Schalter als Fahrregler genügt: Vollgas und Stopp.

Zu doch deutlich mehr modellbahnerischer Reife gelangt, steigen die Ansprüche an eine ausgewogene Geschwindigkeit und eine saubere Regelung über den gesamten Bereich. Besonders gut erfüllen diese Aufgabe heutzutage geregelte Digitaldecoder, die eine gewünschte Geschwindigkeit halten und Lastwechsel ausgleichen.

Geht, geht nicht, geht, geht nicht, geht ...

Um überhaupt fahren zu können, muss der Digitaldecoder natürlich den Motor ansteuern. Dabei greift dieser immer auf die Autoscooter-Methode zurück. Also an, aus, an, aus, an, aus, etc. Warum, das mag man fragen, würde eine einstellbare Spannung nicht auch funktionieren? Letzten Endes ja, allerdings mit wesentlichen Nachteilen. Der Hauptnachteil ist, dass eine solche Spannungsregelung Abwärme erzeugt, ziemlich viel sogar. Die Energie nämlich, die nicht an den Motor abgegeben wird, muss ja irgendwie entsorgt werden und das geschieht eben über die Wärme. Man würde also riesige Kühlkörper benötigen und heutige Minidecoder wären unvorstellbar.

Der Motor erhält also kurze Spannungsimpulse mit voller Schienenspannung, ansonsten keine Spannung. Das geht mit einem einfachen elektronischen Schalter, der auch nicht warm wird. Der Grund, warum diese Methode zu einem langsamen Motorlauf führt, liegt in der mechanischen Trägheit des Motors. Bei einem kurzen Impuls wird der Motor nicht sofort mit voller Geschwindigkeit loslaufen können. Ebenso wenig kann er schlagartig stehenbleiben, wenn auf einmal keine Spannung mehr anliegt.

Die Geschwindigkeit an sich wird durch das sogenannte Puls-Pause-Verhältnis bestimmt. Im Oszillogramm ist das sehr gut zu sehen. Dieses Puls-Pause-Verhältnis wird auch als Duty-Cycle bezeichnet und in Prozent angegeben. Bei 10 % Duty-Cycle wird der Motor also sehr langsam laufen, 90 % bedeuten schnelle Fahrt.

Im Prinzip könnte das schon alles gewesen sein,

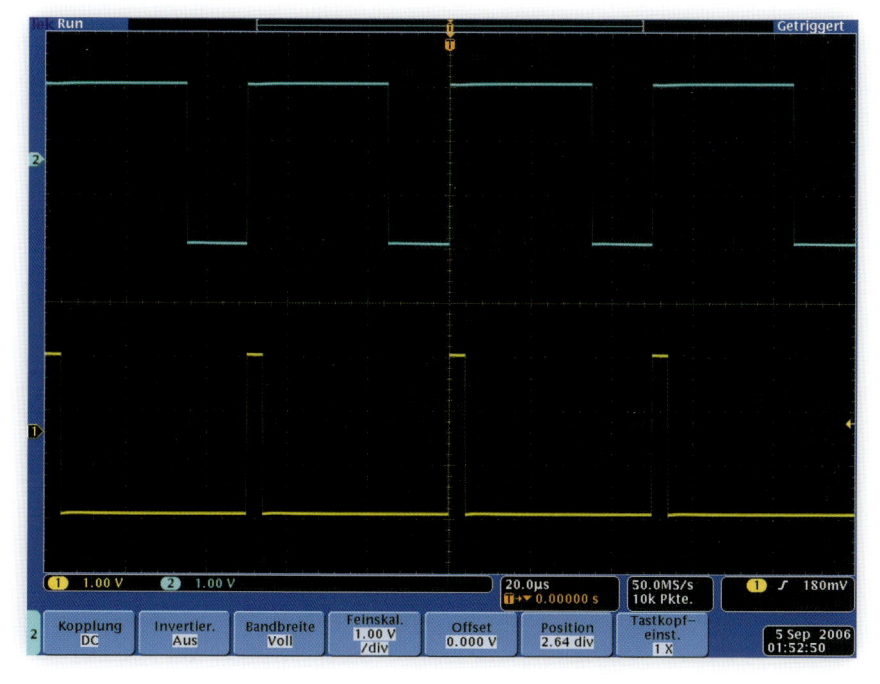

Die gelbe Linie zeigt eine Motoransteuerung bei Langsamfahrt, die blaue Linie den Spannungsverlauf bei schneller Fahrt. Deutlich ist zu sehen, dass der Motor viel länger Spannung erhält als bei langsamer Fahrt.

DECODER-WISSEN

was es zur Motoransteuerung zu sagen gibt, wäre da nicht Herr Maxwell mit seinen Gleichungen respektive die Physik. Das ständige An-Aus der Spannung bewirkt nämlich in der Motorwicklung ein ständiges Auf und Ab des erzeugten Magnetfeldes. Zum einen erzeugt das Geräusche (die einzelnen Drähte der Wicklung sind eben nicht wirklich fest), zum anderen stellt die Motorwicklung der wechselnden Spannung einen Widerstand entgegen, der umso höher ist, je schneller die Wechsel erfolgen (hier ist er, der Herr Maxwell). Während das erste Problem störend ist (pfeifende Geräusche), hindert das zweite den Motor daran, sich zu drehen. Dieser Zusammenhang ist wieder ganz einfach: je höher der Widerstand des Motors, desto weniger Strom durchfließt ihn und er wird „kraftlos".

Als Lösung gilt es eine Wechselfrequenz zu finden, bei der das Pfeifen der Motorwicklungen im unhörbaren Bereich liegt, also etwas größer als 16 000 Hz. Auf der anderen Seite darf die Frequenz nicht so hoch werden, dass der Motorwiderstand über die Maßen wächst.

Mit diesem Wissen ist auch der Marketinggag mancher Decoderhersteller entlarvt, die extrem hohe Ansteuerungsfrequenzen anbieten (32 000 oder sogar 64 000 Hz). Es reicht, dass man nichts mehr hört – mehr ist für eine gute Motoransteuerung eher schädlich!

Wer misst, misst Mist

Dieser Spruch aus der Ingenieurspraxis bewahrheitet sich zwar öfter, als einem lieb sein kann, aber damit man eben „Mist" messen kann, ist es wichtig, überhaupt zu messen. Dabei interessiert natürlich die aktuelle Drehzahl des Motors. Digitaldecoder wenden hierbei eine Methode an, die eigentlich als genial zu bezeichnen ist. Ziel ist es ja, die Drehzahl des Motors messen zu können, ohne dass man zusätzliche Messeinrichtungen, wie etwa Drehzahlmesser oder sonstige Sensoren, benötigt. In der Tat reicht es, den Decoder einfach an den Motor anzuschließen und der Decoder kann den Motor regeln.

Hierzu benutzen die Decoder den Motor selbst als Messinstrument. Dabei macht man sich das Prinzip zunutze, dass die meisten Motoren auch als Generatoren verwendet werden können. Ganz ähnlich wie ein Fahrraddynamo erzeugt der Motor in der Lok also eine Spannung, wenn an ihm gedreht wird. Und jetzt kommt quasi der Trick: Während des Erzeugens der Pulse für die Motoransteuerung wird ja immer die Spannung an- und wieder ausgeschaltet. In der Zeit, in der der Decoder die Spannung zum Motor hin ausgeschaltet hat, bleibt ja der Motor nicht stehen, der Motor ist viel zu träge. Und genau dieses Trägheitsmoment ist es, das den Motor während der Pause antreibt. Sie ahnen es. Während der Pause arbeitet der Motor als Generator (mit dem vorhandenen

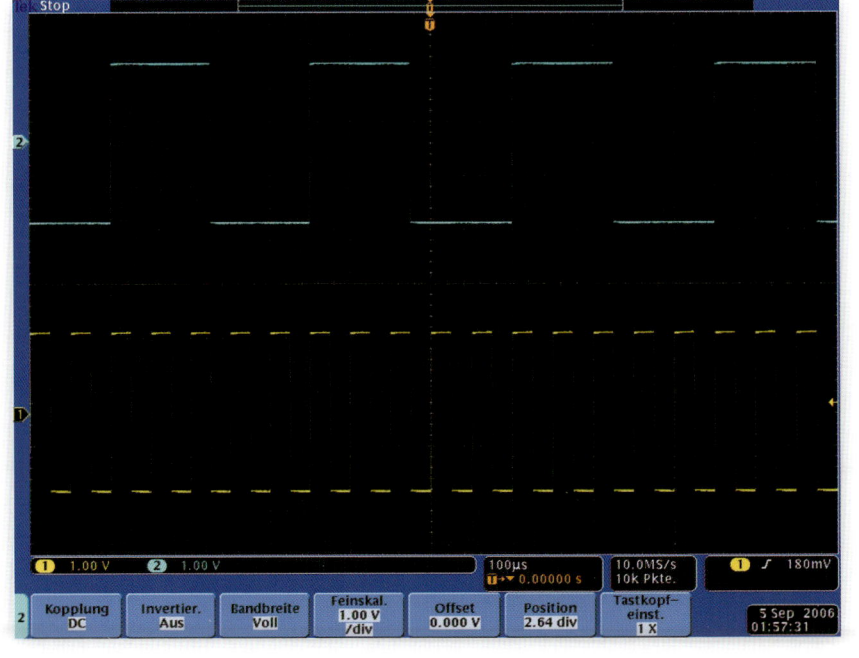

Das Oszillogramm zeigt die Unterschiede zwischen schneller und langsamer Motoransteuerung. Beide Linien zeigen eine Duty-Cycle von 50 %, die Frequenz bei der gelben Linie ist sehr viel höher als bei der blauen Linie.

Alles geregelt

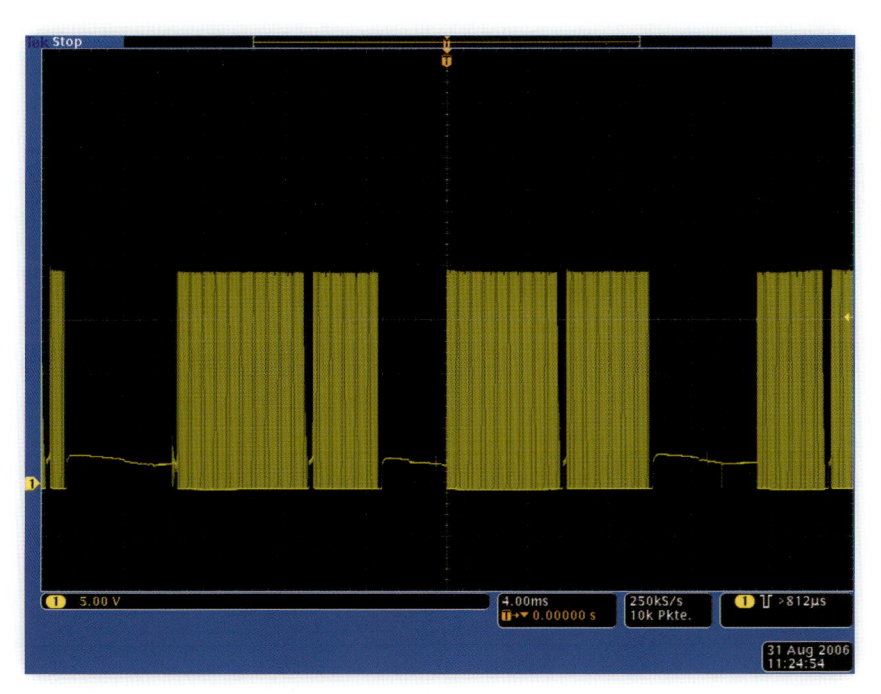

An den rotmarkierten Stellen ist die Back-EMF-Spannung des Motors in der Messpause zu sehen. Die einzelnen Pulse der PWM sind bei dieser Darstellung nur noch als Block zu sehen, da die Pulse zeitlich sehr eng beieinander liegen. Offensichtlich fährt die gemessene Lok hier schon recht schnell.

Schwung) und erzeugt seinerseits eine Spannung.

Also muss man lediglich während der Pause die Spannung messen, die vom Motor selbst erzeugt wird, und hat damit einen gemessenen Wert für die Drehzahl desselben. Je höher also die Drehzahl, desto höher die vom Motor erzeugte Spannung, je kleiner die Drehzahl, desto kleiner auch die Spannung, die schließlich Null ist, wenn der Motor steht. Dieses Verfahren nennt sich neudeutsch Back-EMF (für Back Electrical Motion Feedback). Genial einfach und einfach genial eben.

In der Praxis muss leider noch etwas beachtet werden, was sich auch auf die Modellbahndecoder auswirkt, deshalb wollen wir hierauf eingehen. Leider reicht es nicht, die Messung der Back-EMF in einer normalen Pause bei der Motoransteuerung durchzuführen. Diese Pause ist so kurz, dass die gemessene Spannung von diversen Effekten überlagert wird. Insbesondere die Remanenz (Selbsthaltekraft der Motorwicklung), die für den schon erwähnten hohen Motorwiderstand bei hohen Frequenzen sorgt, spuckt uns auch hier in die Suppe. Würde man nur in der normalen Pause messen, hätte die Zwischenüberschrift absoluten Wahrheitsgehalt, wir würden nur Mist messen.

Also gilt es die Messpause so lang zu machen, dass die elektrischen Schmutzeffekte in den Hintergrund treten und nur noch die Back-EMF-Spannung des Motors in Erscheinung tritt. Diese Messpause muss im Vergleich zu einer normalen Puls-Pause sehr viel länger sein, etwa 100- bis 1 000-mal so lang. Gemessen wird dann zum Beispiel 20-mal pro Sekunde. Das hat leider auch zwei Nachteile: Das Motorengeräusch nimmt hierdurch deutlich zu, der oben beschriebene Effekt der sich bewegenden Wicklung tritt sehr stark in Erscheinung. Zum anderen kann in der Messpause der Motor nicht mit Energie versorgt werden. Dadurch erreicht er eventuell nicht seine maximale Geschwindigkeit. Bei einer Schmalspurdampflok mag das nicht weiter stören, ein ICE braucht aber alles, was „drin ist". Und der Decoder soll ja möglichst für alle Loks gleich gut funktionieren.

Der Kreis schließt sich

Nun haben wir schon alles, was wir brauchen. Wir können die Geschwindigkeit des Motors einstellen und wir wissen, wie schnell er sich dreht. Damit daraus auch vernünftige Fahreigenschaften werden, müssen wir noch eine vernünftige Regelung haben.

Regelung heißt in diesem Zusammenhang, den Ist-Wert über die Stellgröße an den Soll-Wert heranzuführen. Die aktuelle Geschwindigkeit der Lok ist hierbei der Ist-Wert, die Stellgröße ist die Energie, die dem Motor zugeführt wird und die Sollgröße ist der Geschwindigkeitswert, der vom Digitalsystem vorgegeben wird. Vom Prinzip her ist es einfach. Fährt die Lok zu langsam (Vergleich Soll- mit Ist-Wert), erhöht man die Stellgröße, gibt dem Motor also mehr Energie. Ist die Lok

DECODER-WISSEN

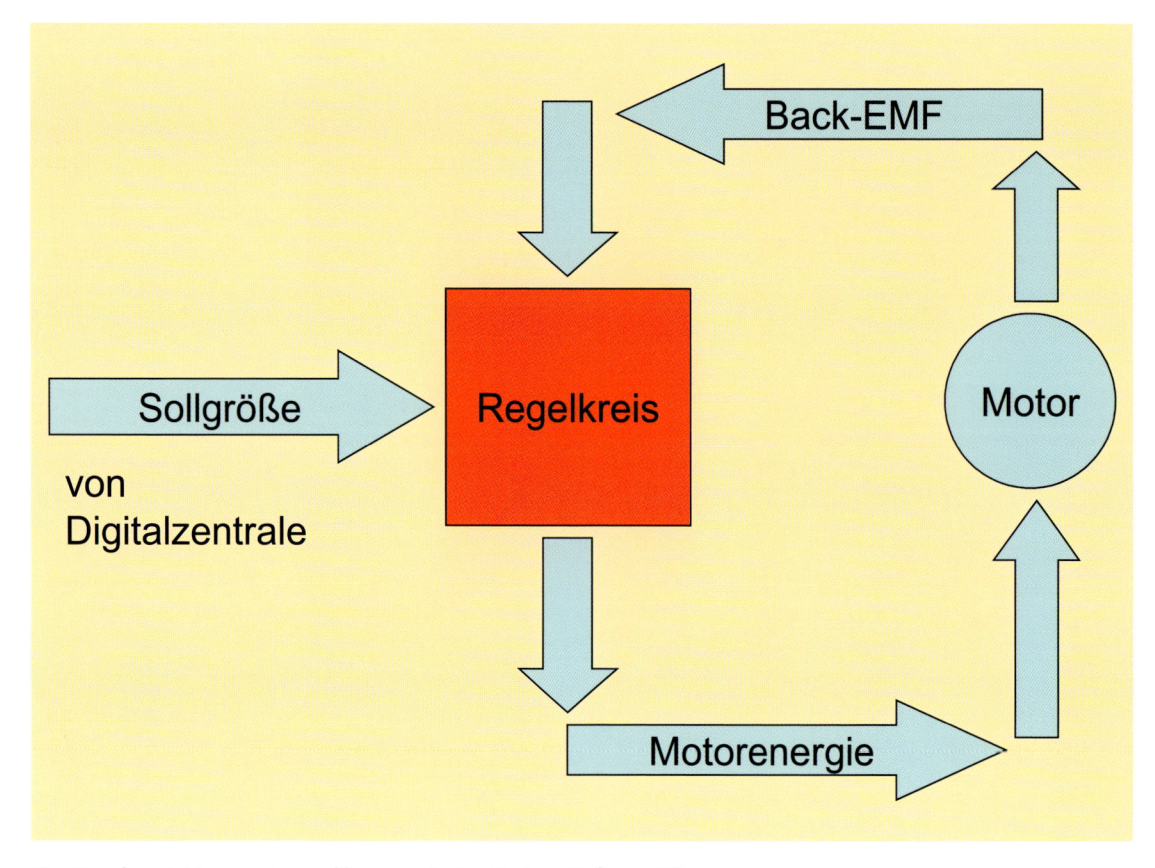

Eine Regelung ist immer ein geschlossener Kreis mit einer Einflussgröße.

zu schnell, verringert man eben die Motorenergie wieder. Schon ist der Regelkreislauf geschlossen.

Sie haben darauf gewartet, stimmts? Ganz so einfach ist es aber dann doch nicht. Nehmen wir uns ein Auto als Beispiel. Die Stellgröße für den Motor wird über das Gaspedal eingegeben und der Tacho liefert dem Fahrer die Geschwindigkeit zurück. Und doch reicht das nicht. Lassen Sie einen Fahrer eines Fiat 500 auf einen Sportwagen mit 300 und mehr PS umsteigen. Wenn der Fiat-Automobilist mit seinen gewohnten Abläufen an die Sache herangeht, dürften qualmende Reifen die ersten Anfahrversuche begleiten. Andersherum wird der Sportwagenfahrer den Cinquecento vermutlich zunächst einmal abwürgen. Und das, obwohl beide Autos fahren und beide Fahrer mit ihren eigentlichen Autos gut zurechtkommen.

Einem Digitaldecoder geht es ähnlich. Er soll gleichermaßen für eine Köf wie auch für den Rekord-Taurus geeignet sein. Also muss das Regelverhalten auf jede denkbare Lok angepasst sein. Und jetzt kommt ein wenig das, was die Decoderregelung in den Ruf gebracht hat, kompliziert zu sein. Zunächst hat jeder Decoderhersteller seine

Strategie, wie er die Regelung aufbaut. Es gibt zwar „klassische" Verfahren wie die sogenannte PID-Regelung (Proportional-, Integral- und Differentialregelung), man kann eine Regelung aber auch völlig anders durchführen. Ein Patentrezept gibt es hier nicht, weswegen funktionierende Regelungen viel Erfahrung seitens der Decoderhersteller bedingen und daher gutgehütete Geheimnisse sind.

Es gibt aber deutliche Anzeichen dafür, falls eine Regelung nicht gut arbeitet. Das „Schwingen" oder „Ruckeln" einer Lok beim Fahren dürfte jedem bekannt sein. Das entsteht dadurch, dass die Regelung ständig über das Ziel hinausschießt. Ist die Lok zu langsam, gibt die Regelung mehr Gas, aber so viel mehr, dass die Lok zu schnell wird. Die Regelung lässt nach, die Lok wird langsam, aber zu langsam und endlos so weiter.

Auch hier gilt wieder, ein guter Kompromiss ist das Optimum. Eine Regelung kann man optimal auf eine spezifische Lok abstimmen (und nur die eine Lok), der Decoder wird mit allen anderen Loks schlechte Fahreigenschaften haben. Andererseits lässt sich eine Regelung so aufbauen, dass

Alles geregelt

sie mit den meisten Loks recht gut zurechtkommt, aber nie wirklich optimal arbeitet. Wer es kann und die Zeit hat, ist mit einem Decoder gut bedient, bei dem sich die Regelung komplett parametrieren lässt; wer sich das nicht antun will und auf das letzte Quäntchen Perfektion verzichten kann, spart eine Menge unnötiger Arbeit.

Tipps zur Einstellung des Motormanagements in Lokdecodern

- **Motoransteuerung:**
  Sofern möglich, sollten Sie die Frequenz des Motors so wählen, dass kein störendes Pfeifen mehr wahrnehmbar ist. Höher zu gehen macht keinen Sinn und verschlechtert die Regeleigenschaften gewöhnlich. Auch bei Glockenankermotoren sind 16 kHz völlig ausreichend für eine gute Regelung. Empfindliche Ohren mögen 20 kHz bevorzugen, alles darüber hinaus ergibt keinen Sinn mehr.

- **Back-EMF:**
  Wenn man es einstellen kann, sollte man die Abtastlücke so kurz wie möglich wählen. Glockenankermotoren brauchen nur eine sehr kurze Lücke, normale Motoren eine längere. Auch ohne Oszilloskop ist eine Einstellung möglich. Wenn die Regelung „weicher" wird, ist die Lücke zu kurz oder viel zu lang. Ein wenig Probieren vermittelt schnell das richtige Gefühl. Einige Decoder gestatten es festzulegen, wie häufig gemessen wird. Auch hier gilt der Zusammenhang: Je öfter, desto bessere Regelung, aber lauteres und störenderes Geräusch.

- **Regelung:**
  Parametrierbare Decoder haben einige Vorteile, man sollte sich aber Zeit nehmen und die Änderungen notieren. Sind die Regelparameter so verstellt, dass die Lok nur noch bockspringend über die Gleise hüpft, hilft oft nur ein Reset auf die Werkswerte und ein Neuanfang. Besser ist es übrigens, ein schwingendes Fahrverhalten zu haben als Bocksprünge. Das „Schwingen" der Lok lässt sich dann durch Ändern eines einzelnen Parameters sehr gut beeinflussen, hier gilt es zu experimentieren, welcher das ist. Ohnehin ist es immer eine gute Idee, nur mit einem einzigen Parameter zu arbeiten, da sich die Änderungen mehrerer Parameter immer gegenseitig beeinflussen und dann oft nur noch der Reset bleibt. Die einzustellenden CVs sind je nach Hersteller unterschiedlich.

DECODER-WISSEN

Standarddecoder

Vielkönner

Der Funktionsumfang neuerer Decodergenerationen ist bemerkenswert. Aber die Kompatibilität der Vielkönner ist eingeschränkt, will man spezielle Funktionen wie Energiespeicher oder RailCom nutzen.

Die vorliegende Marktübersicht der Lokdecoder bietet interessante Informationen: Das Thema der bidirektionalen Kommunikation zwischen Lok und Anwender übt gewisse Reize aus, wenn man von reiner Adressrückmeldung und dem automatischen Anmelden an der Zentrale mal absieht. Das Zurückmelden der Geschwindigkeit ist für den manuellen und automatischen Zugbetrieb gleichermaßen wichtig, ebenso wie das Registrieren von Kontaktproblemen (Dirty Track).

Zur Verbesserung der Betriebssicherheit gewinnt der Anschluss von Energiespeichern zunehmend an Bedeutung. Zumindest bei Decodern für kleinere Fahrzeuge könnte dies kaufentscheidend sein.

Erklärungen

- **Bremsstrecken**
  ABC = Lenz-Diodenbremsstrecke
  DCC = DCC-Bremsgenerator
  MM = Bremsstrecke per DC-Einspeisung
  SX = Selectrix-Diodenbremsstrecke
  HLU = Spezielle Zimo-Bremsstrecke

- **RailCom**
  X = RailCom-Channel 1 und 2 werden unterstützt, ACK oder Nachricht sind immer da.
  – = keine RailCom-Unterstützung
  O = nur Channel 1 und PoM

- **RailCom-Extras**
  PoM = PoM auf Adresse
  V = Speed

Typ/Art.-Nr.	DCX51D bzw. D/S	DCX70D bzw. D/S	DH16A
Hersteller	CT-Elektronik	CT-Elektronik	Doehler & H
Datenformat	DCC, MM oder SX	DCC/MM	DCC/SX1/S
Adressumfang	10 240/255/103	10 240/255	9999/99/99
Analogbetrieb	DC	DC	DC
Schnittstelle/Anschl.	NEM 652	Kabel	Pads/NEM 652
21MTC	–	–	–
PluX	–	–	X
Größe (L x B x H/mm)	25 x 15 x 3,7	17 x 11 x 2,6	16,7 x 10,9
Gesamtstrom (mA)	1500	1000	1500
Motor			
Fahrstufen	14, 28, 128	14, 28, 128	14, 28, 126/3
Motortyp [1]	DC/= Glockenanker	DC/= Glockenanker	DC/= Glockenan
Motoransteuerung	30-150 Hz, 16/32 kHz	30-150 Hz, 16/32 kHz	16 kHz/32
Motorstrom (mA)	1500	1000	1500
Lastregelung	X	X	X
Rangiergang	X	X	X
Konst. Bremsweg	–	–	–
Überlastschutz	ÜL	ÜL	ÜL/Therm
Funktionen			
Lichtwechsel	X	X	2 (je 150 m
Rangierlicht [2]	–	–	X
Einseitiger Lichtw. [3]	–	–	X
Funktionsausgänge	4	8	2 x je 300 / 2 x je 1000
Function Mapping	X	X	X
Dimmbare Ausgang	X	X	X
Rangierkupplung	X (getrennt)	X (getrennt)	X
Pulskettensteuerung	X	X	–
Lichteffekte	X	X	–
SUSI-Ausgang	X	X	X (Lötpads/Pl
Spezielles			
PoM	X	X	X / – / X
RailCom	X	X	X
RailCom-Extras	–	–	PoM, V
Bremsstrecken	DCC, HLU	DCC, HLU	ABC, DCC,
Adresserkennung	Zimo	Zimo	SX
Pendelbetrieb	–	–	–
Updatefähig	X	X	X
Energiesp.-Anschluss	–	–	–
Sonstiges	wahlweise MM- oder SX-Format	wahlweise MM- oder SX-Format	
Erhältlich	Fachhandel/direkt	F/direkt	Fachhandel/
empf. Preis in €	ab 30,–	30,–	ab 29,9

[1] DC/=: Gleichstrom- und Glockenankermotore [2] Nur weißes Spitzenlicht [3] Einseitig abschaltbarer Lichtw

Vielkönner

Übersicht aktueller Standarddecoder (Stand: August 2014)

	LokPilot Standard V1.0/V 1.0MTC	LokPilot V4.0	LokPilot V4.0 DCC	LokPilot V3.0 M4	687303 687403	687501 687503	T125-P/T145-P (Viessmann 5246)	T65-P
(Hersteller)	ESU	ESU	ESU	ESU	Fleischmann	Fleischmann	Kühn	Kühn
(Formate)	DCC	DCC, MM, SX	DCC	mfx, MM	DCC, MM	DCC, MM	DCC/MM	DCC/MM
	9999	9999/255/112	9999	16 384/255	9999, 80	9999, 80	10 239/254	10 239/254
	DC	AC/DC	AC/DC	AC	DC/AC	DC/AC	DC	DC/AC
	NEM 652	NEM 651/652	NEM 651/652	NEM 652	NEM 651	NEM 652/Kabel	Kabel/NEM 652	Kabel/NEM 652
	X	X	X	X	–	–	–	–
	PluX12 (14,5 x 8,3 x 2,4)	X	X	PluX12, PluX 22	–	–	–	–
	25,5 x 15,5 x 4,5	21,5 x 15,8 x 4,5	21,5 x 15,8 x 4,5	23 x 15,5 x 5	20,0 x 11,0 x 3,5	20,0 x 11,0 x 3,5	24,6 x 13,9 x 2,9	22 x 13,9 x 2,4
	1900	2000	2000	2000	1000	1000	1100	1400
	14, 28, 128	14-128/14, 28/31	14-128/14	128/14, 28	14, 28, 128	14, 28, 128	14, 28, 128/14	14, 28, 128/14
	DC Glockenanker	DC Glockenanker	DC Glockenanker	DC Glockenanker	DC Glockenanker	DC Glockenanker	DC/= Glockenanker	DC/= Glockenanker
	20 kHz	40 kHz	40 kHz	40 kHz	20 kHz/40 kHz	20 kHz/40 kHz	16 kHz/120 Hz	16/32 kHz, 120 Hz
	900	1100	1100	1100	1000	1000	1100	1100
	X	X	X	X	X	X	X	X
	X	X	X	X	X	X	X	X
	–	X	X	X	X	X	–	–
	X	X	X	X	ÜL/Thermo	ÜL/Thermo	ÜL	ÜL/Thermo
	X	X	X	X	X (je 800 mA)	X (je 800 mA)	X (je 150 mA)	X (je 300 mA)
	X	X	X	X	X	X	X	X
	–	X	X	X	X	X	X	X
	4 (250 mA)	4 (je 250 mA)	4 (je 250 mA)	4 (je 250 mA) 9 (PluX22)	4 (je 250 mA) 9 (PluX22)	2 (je 800 mA)	2 (je 300 mA)	2 (je 300 mA)
	X (F0-F20)	X (F0-F28)	X (F0-F28)	X (F0-F28)	X (F0-F28)	X	X	X
	X (separat)	X (separat)	X (separat)	X (separat)	X	X	X	X
	X	X	X	–	X	X	X	X
	–	X	X	–	X	X	–	–
	X	X	X	X	X	X	X	X
	–	X	X	–	X	X	X	X
	X	X *	X	DCC/mfx	X	X	X	X
	X	X *	X	X	X	o	–	o
	–	X *	X	–	X	–	–	–
	–	ABC, DCC, M M, SX, HLU	ABC, DCC, HLU	Märklin	ABC, DCC	ABC, DCC	DCC	ABC, DCC
	–	–	–	mfx	X	–	–	–
	X	X	X	X	X	X	X	X
	–	X	X	–	–	–	–	–
		*) nur DCC			NEM 651 (direkt / Kabel)			
	Fachhandel	Fachhandel	Fachhandel	Fachhandel	Fachhandel	Fachhandel	Fachhandel	Fachhandel
	24,90	34,90/31,90	34,90/31,90	36,90	34,90	34,90	ab 24,90/26,90	ab 28,90

DECODER-WISSEN

Typ/Art.-Nr.	Standard+	Silver+	Silver+ PluX12	Silver+ direct	Silver+ 21	Gold+	Gold max
Hersteller	Lenz	Lenz	Lenz	Lenz	Lenz	Lenz	Lenz
Datenformat	DCC	DCC	DCC	DCC	DCC	DCC	DCC
Adressumfang	9999	9999	9999	9999	9999	9999	9999
Analogbetrieb	DC	DC	DC	DC	DC	DC	DC
Schnittstelle/Anschl.	NEM 652	NEM 652	NEM 658	NEM 652	NEM 660	NEM 652	Schraubklem
21MTC	–	–	–	–	X	–	–
PluX	–	–	X	–	–	–	–
Größe (L x B x H/mm)	25 x 15,4 x 3,3	23 x 16,5 x 3,0	20 x 11 x 4,0	19,2 x 13 x 3,5	20,5 x 15,5 x 4,0	22,9 x 17 x 4,9	70 x 29 x ¹
Gesamtstrom (mA)	1000	1000	750	1000	1000	1000	3000
Motor							
Fahrstufen	14, 27, 28, 128	14, 27, 28, 128	14, 27, 28, 128	14, 27, 28, 128	14, 27, 28, 128	14, 27, 28, 128	14, 27, 28, ¹
Motortyp [1]	DC/= Glockenanker	DC/= Glockenanker	DC/= Glockenanker	DC/= Glockenanker	DC/= Glockenanker	DC/= Glockenanker	DC/= Glockenan
Motoransteuerung	23 kHz	23 kHz	23 kHz	23 kHz	23 kHz	23 kHz	23 kHz
Motorstrom (mA)	1000	1000	750	1000	1000	1000	1000
Lastregelung	X	X	X	X	X	X	X
Rangiergang	X	X	X	X	X	X	X
Konst. Bremsweg	X	X	X	X	X	X	X
Überlastschutz	ÜL/Thermo	ÜL/Thermo	ÜL/Thermo	ÜL/Thermo	ÜL/Thermo	ÜL/Thermo	ÜL/Therm
Funktionen							
Lichtwechsel	2 (je 300 mA)	2 (je 500 mA)	2 (je 500 mA)	2 (je 500 mA)	2 (je 500 mA)	2 (je 500 mA)	2 (je 1000 r
Rangierlicht [2]	X	X	X	X	X	X	X
Einseitiger Lichtw. [3]	X	X	X	X	X	X	X
Funktionsausgänge	1 (300 mA)	3 (500 mA)	3 (je 500 mA)	3 (500 mA)	3 (je 500 mA)	3 (500 mA)	6 (je 1000 r
Function Mapping	X	X	X	X	X	X	X
Dimmbare Ausg.	X	X	X	X	X	X	X
Rangierkupplung	X	X	X	X	X	X	X
Pulskettensteuerung	–	–	–	–	–	–	–
Lichteffekte	X	X	X	X	X	X	X
SUSI-Ausgang	–	–	X	–	X	X	X
Spezielles							
PoM	X	X	X	X	X	X	X
RailCom	X	X	X	X	X	X	X
RailCom-Extras	PoM	PoM	PoM	PoM	PoM	PoM	PoM
Bremsstrecken	DCC	ABC, DCC	ABC, DCC	ABC, DCC	ABC, DCC	ABC, DCC	ABC, DC
Adresserkennung	–	–	–	–	–	–	–
Pendelbetrieb	–	X	X	X	X	X	X
Updatefähig	X	X	X	X	X	X	X
Energiesp.-Anschluss	–	–	–	–	–	X	X
Sonstiges							
Erhältlich	Fachhandel	Fachhandel	Fachhandel	Fachhandel	Fachhandel	Fachhandel	Fachhand
empf. Preis in €	ca. 21,–	ca. 25,–	ca. 25,–	ca. 26,–	ca. 26,–	ca. 30,–	ca. 65,–

1 DC/=: Gleichstrom- und Glockenankermotore   2 Nur weißes Spitzenlicht   3 Einseitig abschaltbarer Lichtwechsel

Vielkönner

Übersicht aktueller Standarddecoder (Stand: August 2014)

Motion M	XL-II PluG	XL-M1	60942	60962	Loco-1	Loco-2	RMX992
Massoth	Massoth	Massoth	Märklin	Märklin	Rampino	Rampino	rautenhaus digital
DCC	DCC	DCC	mfx, MM, DCC	mfx, MM, DCC	DCC/MM	DCC/MM	DCC/SX/SX2
10 239	10 239	10 239	16 384, 254, 10 239	16 384, 254, 10 239	9999/80	9999/80	9999/111/9999
X	DC	DC	AC/DC	AC/DC	DC, AC	DC, AC	DC
bel/Stecker	PluG20	Spur 1, 28-polig	NEM 660	Kabel	–	–	Kabel
–	–	–	X	–	–	–	–
–	–	–	–	–	–	–	–
x 14 x 6,5	43 x 25 x 20	48 x 32 x 14	23,0 x 15,5 x 5,6	23,0 x 16 x 6	19 x 16 x 3	19 x 16 x 3	24,8 x 12,7 x 3,8
2000	4000	4000	1600	1600	1500	1500	1500
4, 28, 128	14, 28, 128	14, 28, 128	14/28/127/128	4/28/127/128	14, 28, 128/14, 27	14, 28, 128	128/31/127
DC/=	DC/=	DC/=	DC/=	DC/=	DC/=, Allstrom	DC/=	DC/=
ockenanker	Glockenanker	Glockenanker	Glockenanker	Glockenanker	Glockenanker	Glockenanker	Glockenanker
Hz/16 kHz	16 kHz	16 kHz	HF	HF	120 Hz, 16/32 kHz	120 Hz, 16/32 kHz	32 kHz
1200	3000	3000	1100	1100	1000	1000	1500
X	X	X	X	X	nur DC-Motor	nur DC-Motor	X
X	X	X	X	X	X	X	X
–	–	–	–	–	–	–	–
L/Thermo	ÜL/Thermo	ÜL/Thermo	ÜL, Thermo	ÜL, Thermo	ÜL, Thermo	ÜL, Thermo	ÜL, Thermo
je 300 mA)	2 (je 300 mA)	2 (je 300 mA)	2 (je 250 mA)	2 (je 250 mA)	X	X	2 (je 300 mA)
–	–	–	X	X	X	X	X
–	–	–	X	X	X	X	X
10 mA/5 V 50 mA/22 V	2 x 1000 mA, 3 x 300 mA, 3 x unverst.	6 x 600 mA 2 x unverst.	4	2	4	4	3 (1000 mA)
X	F0–F28	F0–F28	X	X	X	X	X
X	X	X	X	X	X	X	X
–	–	–	X	X	–	–	–
X	–	X	–	–	–	–	–
X	X	X	X	X	X	X	–
X	X	X	X	X	–	–	X
X	X	X	X	X	X	X	X
–	–	–	–	–	O	–	–
DC, DCC	DC, DCC	DC, DCC	MM, DCC	Märklin, DCC	ABC, MM	Märklin	DCC, SX
–	–	–	mfx	mfx	–	–	SX
–	X	–	–	–	–	–	–
X	X	X	X	X	X	X	X
X	X	X	–	–	–	–	–
vo-Ausgang	2 Servo-Ausgänge	2 Servo-Ausgänge	MTC-Platine				Adressdynamik
chhandel	Fachhandel	Fachhandel	Fachhandel	Fachhandel	direkt	direkt	Fachhandel/direkt
39,90	ca. 60,–	ca. 60,–	39,99	39,99	14,50	13,50	ab 31,90

DECODER-WISSEN

Typ/Art.-Nr.	RMX992	RMX996	10882	10883	10884	LD-1M	LD-1L
Hersteller	rautenhaus digital	rautenhaus digital	Roco	Roco	Roco	T4T	T4T
Datenformat	DCC/SX/SX2	DCC/SX/SX2	DCC/MM	DCC/MM	DCC/MM	DCC	DCC
Adressumfang	9999/111/9999	9999/111/9999	9999/80	9999/80	9999/80	9999	9999
Analogbetrieb	DC	DC	DC, AC	DC, AC	DC, AC	DC	DC
Schnittstelle/Anschl.	Kabel	NEM 660	PluX16	PluX22	NEM 652 m. Kabel	Kabel/NEM 651/652	Kabel/NEM 65
21MTC	–	X	–	–	–	–	–
PluX	–	–	–	–	–	–	–
Größe (L x B x H/mm)	24,8 x 12,7 x 3,8	22,2 x 15,7 x 5,7	20,0 x 11,0 x 3,5	22,0 x 15,0 x 3,8	20 x 11 x 3,5	30 x 16 x 5	34,5 x 17 x
Gesamtstrom (mA)	1500	1500	1000	1000	1000	1500	2000
Motor							
Fahrstufen	128/31/127	128/31/127	14, 28, 128	14, 28, 128	14, 28, 128	14, 28, 128	14, 28, 12
Motortyp [1]	DC/= Glockenanker	DC/= Glockenanker	DC/= Glockenanker	DC/= Glockenanker	DC/= Glockenanker	DC, Glockenanker Allstrom	DC, Glockenan Allstrom
Motoransteuerung	32 kHz	32 kHz	20/40 kHz	20/40 kHz	20/40 kHz	31,25 kHz	31,25 kH
Motorstrom (mA)	1500	1500	1000	1000	1000	1000	1500
Lastregelung	X	X	X	X	X	X	X
Rangiergang	X	X	X	X	X	X	X
Konst. Bremsweg	–	–	X	X	X	X	X
Überlastschutz	ÜL, Thermo	ÜL, Thermo	ÜL, Thermo	ÜL, Thermo	ÜL, Thermo	ÜL, Thermo	ÜL, Therm
Funktionen							
Lichtwechsel	2 (je 300 mA)	2 (je 300 mA)	2 (je 800 mA)	2 (je 800 mA)	2 (je 800 mA)	6 (Summe 500 mA)	8 (Summe 50
Rangierlicht [2]	X	X	X	X	X	X	X
Einseitiger Lichtw. [3]	X	X	X	X	X	X	X
Funktionsausgänge	3 (1000 mA)	3 (1000 mA)	2 (250 mA)	2 (250 mA)	2 (800 mA)	2 (500 mA)	4 (500 m
Function Mapping	X	X	X	X	X	X	X
Dimmbare Ausg.	X	X	X	X	X	X	X
Rangierkupplung	–	–	X	X	X	X	X
Pulskettensteuerung	–	–	X	X	X	X (TCCS)	X (TCCS
Lichteffekte	–	–	X	X	X	autom. Zugbel.	autom. Zug
SUSI-Ausgang	X	X	X	X	X	–	–
Spezielles							
PoM	X	X	X	X	X	X	X
RailCom	–	–	O	O	O	–	–
RailCom-Extras	–	–	–	–	–	–	–
Bremsstrecken	DCC, SX	DCC, SX	ABC, DCC	ABC, DCC	ABC, DCC	ABC, DCC, MM	ABC, DCC,
Adresserkennung	SX	SX	–	–	–	X	X
Pendelbetrieb	–	–	X	X	X	–	–
Updatefähig	X	X	–	–	–	X	X
Energiesp.-Anschluss	–	–	–	–	–	X	X
Sonstiges	Adressdynamik	Adressdynamik				TCCS (integr. Zugbus), 2 Lissy-Sender	TCCS (integr. Z 2 Lissy-Sen
Erhältlich	Fachhandel/direkt	Fachhandel/direkt	Fachhandel	Fachhandel	Fachhandel	Fachhandel/direkt	Fachhandel/
empf. Preis in €	ab 31,90	ab 31,90	34,90	39,90	34,90	69,– bis 99,–	69,– bis 9

1 DC/=: Gleichstrom- und Glockenankermotore **2** Nur weißes Spitzenlicht **3** Einseitig abschaltbarer Lichtwechsel

Übersicht aktueller Standarddecoder (Stand: August 2014)

Vielkönner

	LD-1S	LD-1MTC	LD-1Pl22	LD-G-31 plus	LD-G-32/ LD-W-32	LD-G-33 plus	LD-G-34 plus	TM-56231
	T4T	T4T	T4T	Tams	Tams	Tams	Tams	TrainModules
	DCC	DCC	DCC	DCC/MM	DCC/MM	DCC/MM	DCC/MM	DCC
	9999	9999	9999	127, 10239/255	127, 10239/255	10239/255	10239/255	127, 10239
	DC	DC	DC	DC/AC	DC/AC	DC/AC	DC/AC	DC
	NEM 651/652	NEM 660	–	Kabel/NEM 652	Kabel/NEM 652	Kabel/NEM 652	Kabel/NEM 652	Kabel/NEM 652
	–	X	–	–	–	X	–	–
	–	–	X	12-pol.	–	PluX22	–	–
	14 x 5	29 x 15 x 5	29 x 15 x 5	19,5 x 9,0 x 4,5	22 x 17 x 6	25 x 15 x 5	27 x 17 x 6,5	22 x 15 x ?
	1500	2000	2000	1200	1500	1500	3000	1500
	14, 28, 128	14, 28, 128	14, 28, 128	14, 28, 128/14, 27	14, 28, 128/14, 27	14, 28, 128/14, 27	14, 28, 128/14, 27	14, 27, 28, 128
	Glockenanker Allstrom	DC, Glockenanker Allstrom	DC, Glockenanker Allstrom	DC/= Glockenanker	DC, Glockenanker/ AC	DC/= Glockenanker	DC/= Glockenanker	DC/= Glockenanker
	31,25 kHz	31,25 kHz	31,25 kHz	60 Hz-32 kHz	32 kHz, 60/480 Hz	60 Hz-30 kHz	60 Hz-32 kHz	32 kHz
	1000	1500	1500	600	1000	1000	3000	500
	X	X	X	X	DC = X/AC = –	X	X	X
	X	X	X	X	X	–	–	–
	X	X	X	–	–	–	–	–
	ÜL, Thermo	ÜL, Thermo	ÜL, Thermo	–	–	ÜL	ÜL, Thermo	ÜL
	Summe 500 mA	8 (Summe 500 mA)	8 (Summe 500 mA)	2 (je 300 mA)	2 (je 300 mA)	2 (je 500 mA)	2 (je 500 mA)	2
	X	X	X	X	X	X	X	X
	X	X	X	X	X	X	X	X
	(500 mA)	4 (500 mA)	4 (500 mA)	2 (je 300 mA)	–	7 (je 500 mA/PluX) 6 (je 500 mA/MTC)	6 (je 500 mA)	4
	X	X	X	X	X	X	X	X
	X	X	X	X	X	X	X	X
	X	X	X	X	–	X	X	X
	X (TCCS)	X (TCCS)	X (TCCS)	–	–	–	–	–
	autom. Zugbel.	autom. Zugbel.	autom. Zugbel.	X	X	X	X	X
	–	–	–	–	–	X	X	–
				Glocke, Horn, Lokpfiff	–	Glocke, Horn, Lokpfiff	Glocke, Horn, Lokpfiff	–
	X	X	X	X	X	X	X	X
	–	–	–	X + RailComPlus	X	X + RailComPlus	X + RailComPlus	X
				Dirty Track	–	Dirty Track	Dirty Track	–
	DCC, MM	ABC, DCC, MM	ABC, DCC, MM	DCC	DCC	DCC	DCC	–
	X	X	X	–	–	–	–	–
	–	–	–	X	–	X	X	–
	X	X	X	–	–	–	–	–
	X	X	X	X	X	X	X	X
	integr. Zugbus, Lissy-Sender	TCCS (integr. Zugbus), 2 Lissy-Sender	TCCS (integr. Zugbus), 2 Lissy-Sender	Anfahr-Kick 2 Schalteingänge	Anfahr-Kick	Anfahr-Kick, Servo, 2 Schalteingänge	Anfahr-Kick, Servo, 2 Schalteingänge	www.trainmodules.hu
	Fachhandel/direkt	Fachhandel/direkt	Fachhandel/direkt	Fachhandel/direkt	Fachhandel/direkt	Fachhandel/direkt	Fachhandel/direkt	direkt
	bis 104,–	73,– bis 99,–	79,– bis 99,–	22,95-25,95	14,95-17,95	29,95-33,95	34,95-38,95	k.A.

DECODER-WISSEN

Typ/Art.-Nr.	75 000	76 150	76 200 (Viessmann 5247)	76 320	76 330	76 425	76 560
Hersteller	Uhlenbrock	Uhlenbrock	Uhlenbrock	Uhlenbrock	Uhlenbrock	Uhlenbrock	Uhlenbrock
Datenformat	MM	DCC/MM	DCC/MM	DCC/MM	DCC/MM	DCC/MM	DCC/MM
Adressumfang	80/255	9999/255	9999/255	9999/255	9999/255	9999/255	9999/255
Analogbetrieb	AC	DC/AC	DC/AC	DC/AC	DC/AC	DC/AC	DC/AC
Schnittstelle/Anschl.	Kabel	NEM 658	Kabel	NEM 652	–	NEM 652	Kabel/NEM
21mtc	–	–	–	–	X	–	–
PluX	–	PluX16	–	–	–	–	PluX22
Größe (L x B x H/mm)	35 x 19 x 3,2	20 x 11 x 3,8	33,5 x 19 x 5,5	19 x 15,4 x 5	20,5 x 15,5 x 5	22 x 12,5 x 5	22 x 15 x 3
Gesamtstrom (mA)	950/1500*	1000/2000*	1400/2000*	650/1000*	650/1000*	1400/2000*	1200/2000
Motor							
Fahrstufen	14	14, 27, 28, 128/14	14, 27, 28, 128/14	14, 27, 28, 128/14	14, 27, 28, 128/14	14, 27, 28, 128/14	14, 27, 28, 12
Motortyp [1]	Allstrom	DC/= Glockenanker	Allstrom	DC Glockenanker	DC Glockenanker	DC Glockenanker	DC Glockenan
Motoransteuerung	70 Hz	18,75 kHz	18,75 KHz	18,75 KHz	18,75 KHz	18,75 KHz	18,75 KH
Motorstrom (mA)	950/1000*	1000/2000*	1400/2000*	650/1000*	650/1000*	1400/2000*	1200/2000
Lastregelung	–	X	X	X	X	X	X
Rangiergang	–	X	X	X	X	X	X
Konst. Bremsweg	–	–	–	–	–	–	–
Überlastschutz	–	ÜL, Thermo	ÜL, Thermo	ÜL	ÜL, Thermo	ÜL, Thermo	ÜL, Therm
Funktionen							
Lichtwechsel	2 (max. 900 mA)	2 (max. 200 mA)	2 (max. 1000 mA)	2 (max. 650 mA)	2 (max. 650 mA)	2 (max. 1000 mA)	2 (max. 400
Rangierlicht [2]	–	–	–	–	–	X	X
Einseitiger Lichtw. [3]	–	–	–	–	–	X	X
Funktionsausgänge	–	2 (max. 200 mA)	2 (max. 1000 mA)	–	2 (max. 650 mA)	2 (max. 1000 mA)	2 (max. 400
Function Mapping	–	–	X	–	–	X	X
Dimmbare Ausg.	–	X	X	X	X	X	X
Rangierkupplung	–	–	–	–	–	X	X
Pulskettensteuerung	–	–	–	–	–	–	–
Lichteffekte	–	–	–	–	–	–	–
SUSI-Ausgang	–	X (über PluX)	X + LISSY	–	SUSI oder LISSY	X + LISSY	X + LISSY (übe
Spezielles							
PoM	–	X	X	X	X	X	X
RailCom	–	–	–	–	–	X	X
RailCom-Extras	–	–	–	–	–	–	–
Bremsstrecken	–	DCC, MM	DCC/MM	DCC/MM	DCC/MM	DCC/MM	DCC/MM
Adresserkennung	–	–	–	–	–	–	–
Pendelbetrieb	–	–	–	–	–	–	–
Updatefähig	–	–	–	–	–	–	–
Energiesp.-Anschluss	–	–	–	–	–	–	–
Sonstiges	–	Fehlerspeicher, Schleiferumschalter	–	–	–	Fehlerspeicher	Fehlerspeic
Erhältlich	Fachhandel	Fachhandel	Fachhandel	Fachhandel	Fachhandel	Fachhandel	Fachhandel
empf. Preis in €	23,90	32,90	35,90	21,90	29,90	29,90	39,90

1 DC/=: Gleichstrom- und Glockenankermotore **2** Nur weißes Spitzenlicht **3** Einseitig abschaltbarer Lichtwechsel * Spitzenbelastung

Vielkönner

Übersicht aktueller Standarddecoder (Stand: August 2014)

5244/45	5248	5256 (DHS251)	MX623	MX630	MX632 MX632V*, W*	MX633	MX634
Viessmann	Viessmann	Viessmann	Zimo	Zimo	Zimo	Zimo	Zimo
DCC/MM	DCC/MM	DCC	DCC/MM	DCC/MM	DCC/MM	DCC/MM	DCC/MM
10239/255	10239/255	9999	10239/80	10239/80	10239/80	10239/80	10239/80
DC/AC	DC/AC	X	DC, AC	DC, AC	DC, AC	DC, AC	DC, AC
Kabel/NEM 652	Kabel/NEM 652	Kabel/NEM 652	Kabel, NEM 651/652	Kabel, NEM 651/652	Kabel, NEM 651/652	Kabel, NEM 651/652	Kabel, NEM 651/652
–	–	–	–	–	X	–	X
–	–	–	PluX 12	PluX 16	–	PluX 22	–
x 15,4 x 3,3	24,6 x 14 x 2,9	25 x 12,5 x 3,4	20 x 8,5 x 3,5	20 x 11 x 3,7	28 x 15,5 x 4	28 x 15,5 x 4	20,5 x 15,5 x 3,5
1500	1500	2000	800	1200	1600	1200	1200
28, 128/14, 27	14, 28, 128/14, 27	14, 28, 128	14, 28, 128/14	14, 28, 128/14	14, 28, 128/14	14, 28, 128/14	14, 28, 128/14
DC Glockenanker	DC Glockenanker	DC/ Glockenanker	DC Glockenanker	DC Glockenanker	DC Glockenanker	DC Glockenanker	DC Glockenanker
kHz/32 kHz	17 kHz/32 kHz	HF	30-150 Hz/40 kHz	30-150 Hz/40 kHz	30-150 Hz/40 kHz	30-150 Hz/40 kHz	30-150 Hz/40 kHz
00/1800*	1000	2000	800	1200	1600	1200	1200
X	X	X	X	X	X	X	X
X	X	–	X	X	X	X	X
–	–	–	X	X	X	X	X
L, Thermo	ÜL, Thermo	ÜL (Motor), Thermo	ÜL, Thermo	ÜL, Thermo	ÜL, Thermo	ÜL, Thermo	ÜL, Thermo
max. 500 mA)	X (je 500 mA)	2 (je 150 mA)	2 (je 400 mA)	2 (je 400 mA)	2 (je 400 mA)	2 (je 400 mA)	2 (je 400 mA)
–	–	–	X	X	X	X	X
–	–	–	X	X	X	X	X
2	4 (je 500 mA) (3 über Lötpads)	2	2 + 2 Servos oder 2 Logikpegel	4 + 2 Servos oder 2 Logikpegel	6 + 2 Servos oder 2 Logikpegel	8 + 2 Servos oder 2 Logikpegel	6 + 2 Servos oder 2 Logikpegel
X	X	X	X	X	X	X	X
X	X	X	X	X	X	X	X
X	X	–	X	X	X	X	X
–	X	–	X	X	X	X	X
X	X	–	X	X	X	X	X
(Lötpads)	X (Lötpads)	X (F1-F8)	X	X	X	X	X
nur DCC	nur DCC	X	X	X	X	X	X
–	X	–	X	X	X	X	X
–	–	–	PoM, V	PoM, V	PoM, V	PoM, V	PoM, V
–	–	–	ABC, DCC, HLU, MM	ABC, DCC, HLU, MM	ABC, DCC, HLU, MM	ABC, DCC, HLU, MM	ABC, DCC, HLU, MM
–	–	–	X	X	X	X	X
–	–	–	–	–	–	–	–
–	–	–	X	X	X	X	X
X	X	–	–	–	X	X (auch Goldcaps)	X
					* Niedervoltausg.		
Fachhandel	Fachhandel	Fachhandel	Fachhandel	Fachhandel	Fachhandel	Fachhandel	Fachhandel
29,95	29,95	45,85	ab 26,–	ab 31,–	41,–/49,–	ab 39,–	ab 36,–

DECODER-WISSEN

Miniatur-Lokdecoder

Minimax

Bei minimalen Abmessungen bieten die Minidecoder ein Maximum an Funktionsvielfalt und Leistung. Kleine Prozessoren und große Speicher erlauben viele programmierbare Möglichkeiten.

Längst dienen Decoder nicht nur als digitale Empfänger, um eine Lok vorwärts oder rückwärts fahren zu lassen und um das Licht einzuschalten. Die Lastregelung gehört schon lange zum guten Ton und regelt in der x-ten Generation feinfühlig die Motoren. Viele verfügen mittlerweile über vier Funktionsausgänge, um z.B. den weiß-roten Lichtwechsel für jede Lokseite getrennt schalten zu können. Auch steht die SUSI-Schnittstelle mit herausgeführten Lötpads zur Verfügung – was allerdings nur den „Hardcore-Bastlern" dienlich ist.

Auch die Funktionalität um RailCom ist nicht abhängig von der Decodergröße. Der eine oder andere Hersteller gibt seinen Decodern nicht nur die Möglichkeit, über RailCom zu senden, sondern auch definitiv Informationen zu übermitteln. Dank Updatefähigkeit einiger Decoder lassen sich solche Eigenschaften auch „nachrüsten".

Erklärungen

- **Bremsstrecken**
  ABC = Lenz-Diodenbremsstrecke
  DCC = DCC-Bremsgenerator
  MM = Bremsstrecke per DC-Einspeisung
  SX = Selectrix-Diodenbremsstrecke
  HLU = Spezielle Zimo-Bremsstrecke

- **RailCom**
  X = RailCom-Channel 1 und 2 werden unterstützt, ACK oder Nachricht sind immer da.
  – = keine RailCom-Unterstützung
  O = nur Channel 1 und PoM

- **RailCom-Extras**
  PoM = PoM auf Adresse
  V = Speed

Typ/Art.-Nr.	DCX74 bzw. 74SX	DCX74z bzw. 74zSX	DCX75 / DCX
Hersteller	CT-Elektronik	CT-Elektronik	CT-Elektro
Datenformat	DCC, MM oder SX	DCC, MM oder SX	DCC bzw.
Adressumfang	9999, 80 oder 112	9999, 80 oder 112	10 240 bzw.
Analogbetrieb	DC	DC	DC
Schnittstelle/Anschl.	Kabel/NEM 652	Kabel/NEM 652	Kabel/NEM
Größe (L x B x H/mm)	13 x 9 x 1,5	9 x 7 x 2,6	11 x 7,2 x
Gesamtstrom (mA)	800	1000	1000
Gleisspannung (V)	8-18	8-18	8-18
Motor			
Fahrstufen	14, 28, 128	14, 28, 128	14, 28, 12
Motortyp [1]	DC/= Glockenanker	DC/= Glockenanker	DC/= Glockenan
Motoransteuerung	30-150 Hz, 16 kHz/32 kHz	30-150 Hz, 16 kHz/32 kHz	30-150 H 16 kHz/32
Motorstrom (mA)	800	1000	1000
Lastregelung	X	X	X
Rangiergang	X	X	X
Konst. Bremsweg	–	–	–
Überlastschutz	X	X	X
Thermischer Schutz	–	–	–
Funktionen			
Lichtwechsel	X	X	X
Rangierlicht [2]	–	–	–
Einseitiger Lichtw. [3]	–	–	–
Funktionsausgänge	2 bzw. 4 (wahlw.)	4	2
Function Mapping	X	X	X
Dimmbare Ausgang	X (getrennt)	X (getrennt)	X (getrenn
Rangierkupplung	X	X	X
Pulskettensteuerung	X	X	X
Lichteffekte	X	X	X
SUSI-Ausgang	–	–	–
Spezielles			
PoM	X	X	X
RailCom	X	X	X
RailCom-Extras			
Bremsstrecken	ABC, HLU, SX (74SX)	ABC, HLU, SX (74zSX)	ABC, HLU, SX (beim 75
Adresserkennung	Zimo	Zimo	Zimo
Pendelbetrieb	–	–	–
Updatefähig	X	X	X
Energiesp.-Anschluss	–	–	–
Sonstiges			
Erhältlich	Fachhandel/direkt	Fachhandel/direkt	Fachhandel/d
empf. Preis in €	ab 30,–	ab 32,–	ab 32,–

[1] DC/=: Gleichstrom- und Glockenankermotore [2] Nur weißes Spitzenlicht [3] Einseitig abschaltbarer Lichtw

Minimax

Übersicht aktueller Miniaturdecoder (Stand: August 2014)

	DCX76z	DH05C	DH10C	DH18A	LokPilot micro V4.0	LokPilot micro V4.0 DCC	685301/401/501	685303/403/503	695403
...T-Elektronik	Doehler & Haass	Doehler & Haass	Doehler & Haass	ESU	ESU	Fleischmann	Fleischmann	Fleischmann
...CC bzw. SX1	DCC, SX, SX2	DCC, SX, SX2	DCC, SX, SX2	DCC, MM, SX	DCC	DCC	DCC	DCC
240 bzw. 112	9999, 99, 9999	9999, 99, 9999	9999, 99, 9999	9999, 255, 112	9999	9999	9999	9999
DC	X	X	X	DC	DC	DC	DC	DC
...bel/NEM 652	NEM 651 (Kabel oder direkt)	NEM 651 (Kabel oder direkt)	Next18	NEM 651*/ NEM 652/Next18	NEM 651 (Kabel oder direkt) Next18	NEM 651 (Kabel oder direkt)	NEM 651 (Kabel oder direkt)	Kabel (11)
..0 x 6,1 x 1,7	13,2 x 6,8 x 1,4	14,2 x 9,3 x 1,5	13,8 x 8,9 x 2,8	10,5 x 8,1 x 2,8 15,0 x 9,5 x 2,8	10,5 x 8,1 x 2,8 15,0 x 9,5 x 2,8	13 x 9 x 3,4	12,9 x 9 x 3,4	12,9 x 9 x 3,4
800	500	1000	1000	1000	1000	1000	1000	1000
8-18	18	30	30	k.A.	k.A.	k.A.	k.A.	k.A.
14, 28, 128	14, 28, 126/31, 127	14, 28, 126/31, 127	14, 28, 126/31, 127	14, 28, 128	14, 28, 128	14, 28, 128	14, 28, 128	14, 28, 128
DC/= ...lockenanker	DC/= Glockenanker	DC/= Glockenanker	DC/= Glockenanker	DC/= Glockenanker	DC/= Glockenanker	DC/= Glockenanker	DC/= Glockenanker	DC/= Glockenanker
30-150 Hz, ..kHz/32 kHz	16 kHz/32 kHz	16 kHz/32 kHz	16 kHz/32 kHz	20 kHz/40 kHz	20 kHz/40 kHz	15-22 kHz	15-22 kHz	15-22 kHz
1000	500	1000	500	750	750	1000	1000	1000
X	X	X	X	X	X	X	X	X
X	X	X	X	X	X	X	X	X
–	–	–	–	X	X	–	–	–
X	X (Motor)	X (Motor)	X (Motor)	X	X	X	X	X
–	X	X	X	–	–	X	X	X
X	X (je 150 mA)	X (je 150 mA)	X (je 150 mA)	X (je 140 mA)	X (je 140 mA)	X (je 200 mA)	X (je 200 mA)	X (je 200 mA)
X	X	X	X	–	–	–	–	–
X	X	X	X	–	–	–	–	–
2	2 (je 300 mA)	2 (je 300 mA)	2 (je 300 mA)	2	2	–	–	–
X	X	X	X	X	X	–	X	X
X (getrennt)	X	X	X	X	X	–	X	X
X	X	X	X	X	X	–	X	X
X	–	–	–	X	X	X	X	X
X	–	–	–	X	X	–	X	X
–	X (Lötpads)	X (Lötpads)	X (Lötpads)	–	–	–	–	–
X	X/–/X	X/–/X	X/–/X	X	X	X	X	X
X	X	X	X	–	X	–	X	X
–	PoM, V	PoM, V	PoM, V	–	PoM	–	–	–
ABC, HLU, X (beim 76SX)	ABC, DC, SX	ABC, DC, SX	ABC, DC, SX	ABC, DCC, MM, HLU	ABC, DCC	X	X	X
Zimo	SX	SX	SX	–	–	–	X	X
–	–	–	–	–	–	–	–	–
X	X	X	X	X	X	–	X	X
–	–	–	–	X	X	–	–	–
				*) 651 auch direkt				
...hhandel/direkt	Fachhandel/direkt	Fachhandel/direkt	Fachhandel/direkt	Fachhandel	Fachhandel	Fachhandel	Fachhandel	Fachhandel
ab 32,–	ab 29,90	ab 27,90	ab 30,90	36,50	35,–	18,90	34,90	34,90

51

DECODER-WISSEN

Typ/Art.-Nr.	N025-P	N045-P	Gold mini+	Silver mini+ SUSI	SILVER Next18	RMX990A	RMX991A	DH10C3
Hersteller	Kühn	Kühn	Lenz	Lenz	Lenz	rautenhaus	rautenhaus	rautenhaus
Datenformat	DCC, MM	DCC, MM	DCC	DCC	DCC	SX, SX2, DCC	SX, SX2, DCC	SX, SX2, D
Adressumfang	10 239, 255	10 239, 255	9999	9999	10000	111, 9999, 9999	111, 9999, 9999	111, 9999,
Analogbetrieb	DC	DC	DC	DC	DC	DC	DC	DC
Schnittstelle/Anschl.	Kabel/NEM 651	Kabel/NEM 651	Kabel/NEM 651	NEM 651 (Kabel oder direkt)	NEM662	NEM 651 (Kabel oder direkt)	NEM 651 (Kabel oder direkt)	Diverse
Größe (L x B x H/mm)	11,5 x 8,8 x 3,3	11,6 x 8,9 x 2,3	11 x 9 x 2,6 / 11 x 9 x 3,3 (St.)	11 x 7,5 x 2,6 / 13 x 7,5 x 2,6 (St.)	15 x 9,5 x 2,9	14,3 x 9,2 x 1,8	13,2 x 6,8 x 1,4	14,3 x 9,2
Gesamtstrom (mA)	700	800	500	500	1000	1000	500	1000
Gleisspannung (V)	k.A.	k.A.	k.A.	k.A.	k.A.	30	18	30
Motor								
Fahrstufen	14, 28, 128/14	14, 28, 128/14	14, 27, 28, 128	14, 27, 28, 128	14, 27, 28, 128	31, 127/28, 126	31, 127/28, 126	31, 127/28,
Motortyp [1]	DC/= Glockenanker	DC/= Glockenanker	DC/= Glockenanker	DC/= Glockenanker	DC/= Glockenanker	DC/= Glockenanker	DC/= Glockenanker	DC/= Glockenar
Motoransteuerung	16 kHz/120 Hz	16 + 32 kHz/120 Hz	23 kHz	23 kHz	23 kHz	16/32 kHz	16/32 kHz	16/32 k
Motorstrom (mA)	700	800	500	500	500	1000	500	1000
Lastregelung	X	X	X	X	X	X	X	X
Rangiergang	X	X	X	X	X	X	X	X
Konst. Bremsweg	–	–	X	X	X	–	–	–
Überlastschutz	X	X	X	X	X	X	X	X
Thermischer Schutz	–	X	X	X	X	–	–	–
Funktionen								
Lichtwechsel	X (je 150 mA)	X (je 200 mA)	2 (je 300 mA)	2 (je 300 mA)	2 (je 100 mA)	X (je 150 mA)	X (je 150 mA)	X (je 150 r
Rangierlicht [2]	X	X	X	X	X	X	X	X
Einseitiger Lichtw. [3]	X	X	X	X	X	X	X	X
Funktionsausgänge	–	2 (je 200 mA)	–	–	2 (je 100 mA)	2	2	2
Function Mapping	X	X	X	X	X	X (je 300 mA)	X (je 300 mA)	X (je 300 r
Dimmbare Ausgang	X	X	X	X	X	X	X	X
Rangierkupplung	–	X	X	X	X	X	X	X
Pulskettensteuerung	–	–	–	–	–	–	–	–
Lichteffekte	X	X	X	X	X	X	X	X
SUSI-Ausgang	–	X	–	X	–	–	–	–
Spezielles								
PoM	X	X	X	X	X	X	X	X
RailCom	–	O	X	X	X	–	–	–
RailCom-Extras	–	–	PoM	PoM	PoM	–	–	–
Bremsstrecken	DCC	DCC	ABC, DCC	ABC, DCC	ABC, DCC	DCC, SX	DCC, SX	SX/DCC
Adresserkennung	–	X	–	–	–	SX	SX	SX
Pendelbetrieb	–	–	X	X	X	–	–	–
Updatefähig	–	–	X	X	X	X	X	X
Energiesp.-Anschluss	–	–	–	–	–	–	–	–
Sonstiges			USP		Neu 2014, Auslieferung Herbst 2014	Dynamische Adressverwaltung	Dynamische Adressverwaltung	Dynamische Adressverwal
Erhältlich	Fachhandel	Fachhandel	Fachhandel	Fachhandel	Fachhandel	Fachhandel	Fachhandel	Fachhandel
empf. Preis in €	ab 26,90	ab 28,90	ca. 38,–	ca. 33,–	k.A.	31,90	34,90	30,50

[1] DC/=: Gleichstrom- und Glockenankermotore [2] Nur weißes Spitzenlicht [3] Einseitig abschaltbarer Lichtwechsel

Minimax

Übersicht aktueller Miniaturdecoder (Stand: August 2014)

85/10886	DH12A	LD-G-30	73100, 73110, 73140	73400 73410	5240/5241	MX618	MX621	MX622	
Roco	Stärz	Tams	Uhlenbrock	Uhlenbrock	Viessmann	Zimo	Zimo	Zimo	
DCC	SX, SX2, DCC	DCC, MM	DCC, MM	DCC, MM	DCC, MM	DCC, MM	DCC, MM	DCC, MM	
9999	111, 9999, 9999	127, 10 239/255	9999, 255	9999, 255	10 239, 255	10 239, 255	10 239, 255	10239, 255	
DC	DC	DC/AC	DC	DC	DC	DC	DC	DC	
651 (Kabel oder direkt)	PluX12	NEM 651 (Kabel oder direkt)	Kab./NEM 651/ P12	NEM 651 (Kabel oder direkt)	NEM 651 (Kabel oder direkt)	Next18	NEM 651 (Kabel oder direkt), NEM 652		
9 x 3,4	14,5 x 8 x 1,8	12,5 x 9,3 x 2,8	14,7 x 8,6 x 2,4	10,8 x 7,5 x 2,4	11,5 x 9,5 x 2,6	15 x 9,5 x 2,8	12 x 8,5 x 2,2	14 x 9 x 2,5	
1000	1500	700	700	500	800	700	700	800	
k.A.	30	k.A.	k.A.	k.A.	24	35	35	35	
28, 128	14, 28, 128	14, 28, 127/14, 27	14-128/14, 28	14, 28, 128/14	14, 27, 28, 128/14	14, 28, 128/14	14, 28, 128/14	14, 28, 128/14	
DC/= kenanker	DC/= Glocken- anker	DC/= Glockenanker	DC/= Glockenanker	DC/= Glockenanker	DC/= Glockenanker	DC/= Glockenanker	DC/= Glockenanker	DC/= Glockenanker	
-22 kHz	15-22 kHz	32 kHz	18,75 kHz	18,75 kHz	ca. 32 kHz	30-150 Hz/ 40 kHz	30-150 Hz/ 40 kHz	30-150 Hz/40 kHz	
1000	1500	500	700	500	750	700	700	800	
X	x	X	X	X	X	X	X	X	
X	x	X	X	X	ohne Verzöger.	X	X	X	
–	–	–	–	–	–	X	X	X	
X	X (Motor)	X	X	X	X	X	X	X	
X	X	–	–	–	X	X	X	X	
200 mA)	X (je 150 mA)	2 (je 100 mA)	2 (max. 400 mA)	2 (max. 250 mA)	X (300 mA)	2 (je 200 mA)	2 (je 200 mA)	2 (je 200 mA)	
–	X	X	–	–	–	X	X	X	
–	X	X	X	–	–	X	X	X	
–	2 (je 300 mA)	2 (je 100 mA)	2 (max. 400 mA)	–	–	2 (je 200 mA)	2 (je 200 mA)	2 (je 200 mA)	
X	X	X	X	–	X	X	X	X	
X	X	X	X	X	–	X	X	X	
–	X	–	–	–	–	X	–	X	
–	–	–	–	–	–	X	–	X	
X	–	X	X	–	X	X	X	X	
–	X (Lötpads)	–	SUSI oder LISSY	SUSI oder LISSY	X (Lötpads)	X	X	X	
X	X/–/X	X	X	X	X	X	X	X	
0	X	X	–	–	X	X	X	X	
–	PoM,V	–	–	–	PoM	PoM, V	PoM, V	PoM, V	
DCC	ABC/DC/SX	DCC	DCC/MM	DCC/MM	–	ABC, DCC, MM, HLU	ABC, DCC, MM, HLU	ABC, DCC, MM, HLU	
X	SX	–	–	–	–	X	X	X	
–	–	–	–	–	–	–	–	–	
–	X	–	–	–	–	X	X	X	
–	–	–	–	–	–	–	–	–	
		Anfahr-Kick	P12 = PLuX-12			2 Servos alternativ zu SUSI		2 Servos alternativ zu SUSI	
:hhandel	Fachhandel/direkt	Fachhandel/direkt	Fachhandel	Fachhandel	Fachhandel	Fachhandel	Fachhandel	Fachhandel	
34,90	30,5	29,90	29,90	34,90	34,80	ab 26,–	ab 35,–	ab 31,–	

DECODER-WISSEN

Sounddecoder und -module

Hörgenuss

Triebfahrzeuge, die sich mit einer realistischen Geräuschkulisse über die Anlage bewegen, sind bei vielen Modellbahnern beliebt. Zunehmend bieten daher Hersteller – auch in den Baugrößen N und TT – Lokomotiven mit serienmäßig installierten Geräuschen an. Unabhängig von dem Angebot ist der Bedarf am Nach- und auch Umrüsten ungebrochen.

Diese Marktübersicht zeigt Lokdecoder mit integrierter Geräuschelektronik und Soundmodule. Die stete Weiterentwicklung von Mikroprozessoren und Speichern hat den Modellbahnern in den letzten Jahren immer kleiner und besser werdende Sounddecoder und -module beschert. Das hat sich hinsichtlich der Spieldauer der Geräusche bemerkbar gemacht. Sehr willkommen ist auch die Eigenschaft, statt bisher vier nun acht Geräusche gleichzeitig abspielen zu können. Diese Eigenschaft ist hinsichtlich der vielfältigen akustischen Eindrücke, die ein Triebfahrzeug seiner unmittelbaren Umgebung vermittelt, positiv zu bewerten.

Für die kleinen Lokomotiven kommt selbstverständlich noch die Entwicklung der Mini-lautsprecher aus dem Smartphonesektor positiv zum Tragen. Die Kleinlautsprecher können zwar nicht die physikalischen Gesetze umgehen, jedoch kann man durch Ausnutzung von Resonanzen die akustische Abstrahlung beeinflussen. Das geht entweder mithilfe von speziell berechneten Resonanzkörpern oder durch Einbeziehung des Lokgehäuses.

Die Qualität der Wiedergabe lässt sich verbessern, indem man die Lautstärke reduziert. Was man beim Vorbild in 90 m Entfernung hört, sollte man in H0 auch nur in einem Meter Abstand hören – so werden die Geräuschkulissen vieler Loks nicht zu einer Kakophonie und damit lästig.

Baustein-Art	Lokdecoder mit Sound	Lokdecoder mit Sound	Lokdecoder mit Sound
Typ/Art.-Nr.	SL51-4	SL51-MTC, -P16, -P22	SL76
Hersteller	CT-Elektronik	CT-Elektronik	CT-Elektronik
Eigenschaften			
Datenformat	DCC	DCC	DCC
Adressumfang	10240	10240	10240
Analogbetrieb	DC	DC	DC
Schnittstelle/Anschl.	Kabel	21MTC, PluX16 u. 22	Kabel
Größe (L x B x H/mm)	21 x 15 x 3,7	30 x 15 x 4	16,7 x 7,7 x
Gesamtstrom (mA)	1500	1500	800
Motor			
Fahrstufen	14, 28, 128	14, 28, 128	14, 28, 12
Motortyp [1]	DC/=/AC	DC/=/AC	DC/=/AC
Motoransteuerung	30–150 Hz, 16–32 kHz	30–150 Hz, 16–32 kHz	30–150 Hz, 16–
Motorstrom (mA)	1500	1500	800
Lastregelung	•	•	•
Rangiergang	•	•	•
Konst. Bremsweg	–	–	–
Überlastschutz	•	•	•
Funktionen			
Lichtwechsel	•	•	•
Rangierlicht [2]	•	•	–
Einseitiger Lichtw. [3]	•	•	–
Funktionsausgänge	8 x 250 mA	8 x 250 mA	4 x 250 m
Function Mapping	•	•	•
Dimmbare Ausgang	• (getrennt)	• (getrennt)	• (getrennt)
Rangierkupplung	•	•	•
Pulskettensteuerung	•	•	•
Lichteffekte	•	•	•
SUSI-Ausgang	–	–	–
Sound			
Kanäle/Speicher	3/16 MBit	3/16 MBit	3/16 MBit
Updatefähig	•	•	•
Leistung/Impedanz	1 W/8 Ω	1 W/8 Ω	1 W/8 Ω
Lastabhängigkeit	•	•	•
Radsynchron	per Kontakt	per Kontakt	per Kontakt
Zufallsgeräusche			
Zubehör	LS + Schallkapsel	LS + Schallkapsel	LS + Schallka
Spezielles			
PoM	•	•	•
RailCom	vorbereitet	vorbereitet	vorbereitet
Bremsstrecken [4]	ABC, HLU	ABC, HLU	ABC, HLU
Adresserkennung	Zimo	Zimo	Zimo
Pendelbetrieb	–	–	–
Sonstiges			Energiesp.-ans
Erhältlich	Fachhandel/direkt	Fachhandel/direkt	Fachhandel/d
empf. Preis in €	79,–	k.A.	85,–

1 DC/=: Gleichstrom- und Glockenankermotore **2** Nur weißes Spitzenlicht

Hörgenuss

Übersicht Sound-Decoder und -Module (Stand August 2014)

ohne Abb.	ohne Abb.	ohne Abb.	ohne Abb.	ohne Abb.	ohne Abb.	ohne Abb.		
ecoder mit Sound	Lokdecoder mit Sound	Lokdecoder mit Sound	Decoder mit Sound	Soundmodul	Soundmodul	Soundmodul	Soundmodul	Soundmodul
SL76Next18S	SL80-3	SL82/4A bzw. 2,5A	GE75	X-clusive S V4/ S V5	X-clusive PROFI	XLC	S2	
CT-Elektronik	CT-Elektronik	CT-Elektronik	CT-Elektronik	Dietz	Dietz	Dietz	Dietz	
DCC	DCC	DCC	DCC	–	–	–	–	
10 240	10 240	10 240	10 240	–	–	–	–	
DC	DC	DC	–	–	–	•	•	
Next18S	Schraubkl.	Schraubkl.	Kabel	div. Steckkon./ SUSI	div. Steckkon./ SUSI	Stiftleiste 10-polig	Stiftleiste 10-polig	
5 x 9,5 x 2,7	50 x 30 x 18	65 x 50 x 20/46 x 26 x 15	24 x 9 x 3,5	40 x 24 x 8	56 (43) x 25 x 11	84 x 34 x 16	66 (56) x 35 x 16	
1000	3000	4000/2500	800	500	500			
14, 28, 128	14, 28, 128	14, 28, 128	–	–	–	–	–	
DC/=/AC	DC/=	DC/=	–	–	–	–	–	
60 Hz, 16–32 kHz	30–150 Hz, 16–32 kHz	30–150 Hz, 16–32 kHz	–	–	–	–	–	
1000	3000	4000/2500	–	–	–	–	–	
•	•	•	–	–	–	–	–	
•	•	•	–	–	–	–	–	
–	–	–	–	–	–	–	–	
•	•	•	–	–	–	–	–	
•	•	•	•	–	–	–	–	
–	–	–	–	–	–	–	–	
–	–	–	–	–	–	–	–	
4 x 250 mA	4 x 1000 mA	9 x 1000 mA	–	4 x 500 mA	4 x 500 mA	–	–	
•	•	•	•	F 0 bis F 28	F 0 bis F 28	–	–	
• (getrennt)	• (getrennt)	• (getrennt)	• (getrennt)	–	–	–	–	
•	•	•	–	–	–	•	•	
•	•	•	–	über „Turbogenerator"	über „Turbogenerator"	–	–	
–	–	–	–	–	gepulster Verdampf.	–	–	
3/16 MBit	3/16 MBit	3/16 MBit	3/16 MBit	6/320 sec	9/380 sec	5/180 sec	3/40 sec	
•	•	•	•	•	•	•	•	
1 W/8 Ω	2 x 1,4 W/8 Ω	2 x 6 W/8 Ω	1 W/8 Ω	1 W/4–8 Ω	1 W/8 Ω	1 W/4–8 Ω	1 W/8 Ω	
•	•	•	•	•	• + Neigungsauswert.	–	–	
per Kontakt	per Kontakt	per Kontakt	per Kontakt	per Kontakt	per Kontakt	per Kontakt	per Kontakt	
•	•	•	•	•	•	•	•	
LS	LS	LS	LS + Schallkapsel	Kabelsatz	Kabelsatz	Kabelsatz	Kabelsatz	
•	•	•	•	über Dec. via SUSI	über Dec. via SUSI	–	–	
vorbereitet	vorbereitet	–	vorbereitet	–	–	–	–	
HLU	HLU	HLU	ABC, HLU	–	–	–	–	
Zimo	Zimo	Zimo	Zimo	–	–	–	–	
–	–	–	–	–	–	–	–	
				Schalteingänge	Schalteingänge			
Fachhandel/direkt	Fachhandel/direkt	Fachhandel/direkt	Fachhandel/direkt	Fachhandel/direkt	Fachhandel/direkt	Fachhandel/direkt	Fachhandel/direkt	
87,–	120,–	125,–/115,–	49,–	149,–	179,–	129,–	45,–	

DECODER-WISSEN

Baustein-Art	Soundmodul	Lokdecoder mit Sound	Lokdecoder mit Sound	Soundmodul	Lokdecoder mit Sound	Lokdecoder mit Sound	Lokdecoder mit Sound
Typ/Art.-Nr.	micro-X3 / X4	SD18A	SD21A	SH10A	LokSound micro V 4.0	LokSound V 4.0	LokSound V 4.0 M
Hersteller	Dietz	Doehler & Haass	Doehler & Haass	Doehler & Haass	ESU	ESU	ESU
Eigenschaften							
Datenformat	–	DCC, SX1 + 2	DCC, SX1 + 2	–	DCC, MM, SX	DCC, MM	DCC, mfx', MM, S
Adressumfang	–	9999/100/9999	9999/100/9999	–	9999/255/112	9999/80	9999/16 384/80/1
Analogbetrieb	nein	DC	DC	–	DC	AC/DC	AC/DC
Schnittstelle/Anschl.	div. Steckkon./ SUSI	Next18S	21MTC	SUSI	NEM 651/652/ PluX12/21	NEM 651/652, 21MTC, PluX12, PluX21	31 x 15,5 x 6,5
Größe (L x B x H/mm)	18 x 11 x 5 / 4	25 x 9,5 x 2,8	30,2 x 15,8 x 5,2	20 x 12 x 1,9	28 x 10 x 5	31 x 15,5 x 6,5	31 x 15,5 x 6,5
Gesamtstrom (mA)	–	1000	2000	–	1470	2000	2000
Motor							
Fahrstufen	–	14, 28, 126 / 31 / 127	14, 28, 126 / 31 / 127	127 (intern)	14, 28, 128	14, 28, 128	14, 28, 128
Motortyp [1]	–	DC	DC	–	DC/=	DC/=	DC/=
Motoransteuerung	–	niederfreq., 16–32 kHz	niederfreq., 16–32 kHz	–	40 kHz	40 kHz	40 kHz
Motorstrom (mA)	–	1000	2000	–	750	1100	1100
Lastregelung	–	•	•	–	•	•	•
Rangiergang	–	•	•	–	•	•	•
Konst. Bremsweg	–	–	–	–	–	–	–
Überlastschutz	–	•	•	–	•	•	•
Funktionen							
Lichtwechsel	–	•	•	–	•	•	•
Rangierlicht [2]	–	•	•	–	•	•	•
Einseitiger Lichtw. [3]	–	•	•	–	•	•	•
Funktionsausgänge	2 x 100 mA	je 2 x 150 + 300 mA	je 2 x 0,15, 0,3 + 1 A	2 x 20 mA	4 x 180 mA	4 x 250 mA	6 x 250 mA
Function Mapping	F0 – F28	•	•	•	F0 – F28	F0 – F28	F0 – F28
Dimmbare Ausgang	–	•	•	–	• (getrennt)	• (getrennt)	• (getrennt)
Rangierkupplung	–	•	•	–	•	•	•
Pulskettensteuerung	–	–	–	–	•	•	–
Lichteffekte	–	•	•	–	•	•	•
SUSI-Ausgang	–	• (Next18)	• (21MTC)	–	–	•	•
Sound							
Kanäle/Speicher	4/320 sec	8/32 MBit (190 sec)	8/32 MBit (190 sec)	8/32 MBit (190 sec)	8/32MBit	8/32 MBit	8/32 MBit
Updatefähig	•	•	•	•	•	•	•
Leistung/Impedanz	1 W/8 Ω / 2 W/8 Ω	1,4 W/4 Ω	1,4 W/4 Ω	1,4 W/4 Ω	1,8 W/4-8 Ω	1,8 W/4-8 Ω	1,8 W/4-8 Ω
Lastabhängigkeit	–	•	•	–	•	•	•
Radsynchron	per Kontakt	per Kontakt	per Kontakt	per Kontakt	per Kontakt	per Kontakt	per Kontakt
Zufallsgeräusche	•	•	•	–	Zufallsgenerator	Zufallsgenerator	Zufallsgenerator
Zubehör	–	LS, Adapter	LS, Adapter	LS	LS + Schallkapsel	LS + Schallkapsel	LS + Schallkapsel
Spezielles							
PoM	über Dec. via SUSI	•/–/•	•/–/•	•	•	•	mfx
RailCom	–	•	•	–	–	–	–
Bremsstrecken [4]	–	ABC, DC, SX	ABC, DC, SX	–	ABC, DCC, MM, SX, HLU	ABC, DCC, MM, SX, HLU	ABC, DCC, MM, SX,
Adresserkennung	–	RailCom, SX	RailCom, SX	–	–	–	mfx
Pendelbetrieb	–	–	–	–	–	–	–
Sonstiges							
Erhältlich	Fachhandel/direkt	Fachhandel/direkt	Fachhandel/direkt	Fachhandel/direkt	Fachhandel	Fachhandel	Fachhandel
empf. Preis in €	45,– / 69,–	59,90	62,90	29,90 bis 31,40	119,50	119,50	129,50

1 DC/=: Gleichstrom- und Glockenankermotore **2** Nur weißes Spitzenlicht **3** Lichtwechsel auf einer Lokseite, andere Seite dunkel **4** ABC = Lenz-System, HLU = Zimo-System, SX = Selectrix

Hörgenuss

Übersicht Sound-Decoder und -Module (Stand August 2014)

	Lokdecoder mit Sound	Lokdecoder mit Sound	Lokdecoder mit Sound	Lokdecoder mit Sound	Soundmodul	Lokdecoder mit Sound	Lokdecoder mit Sound
...ound XL V 4.0	eMotion LS	eMotion XLS	eMotion XLS M1	eMotion XLSpro	eMotion S	60940	60945/-46/-47
ESU	Massoth	Massoth	Massoth	Massoth	Massoth	Märklin	Märklin
...mfx, MM, SX	DCC	DCC	DCC	DCC	–	DCC, mfx, MM1 + 2	DCC, mfx, MM1 + 2
16 384/80/112	10 239	10 239	10 239	10 239	–	10 239, UID, 80, 255	10 239, UID, 80, 255
AC/DC	DC	DC	DC	DC	–	AC/DC	AC/DC
...aubklemmen	Kabel	Schraubklemmen	Spur-1-Schnittstelle	Spur-1-Schnittstelle	SUSI	21MTC	21MTC
... x 40 x 14	54 x 25 x 15	55 x 32 x 15	48 x 32 x 14	53,5 x 25 x 15	35 x 20 x 14	30 x 15,5 x 6,2	30 x 15,5 x 6,2
5000	2500	4000	3000	4500	–	1600	1600
14, 28, 128	14, 28, 128	14, 28, 128	14, 28, 128	14, 28, 128	–	14/28/126, 14/27	14/28/126, 14/27
DC/=	DC/=	DC/=	DC/=	DC/=	–	DC, „Glocke", Sinus	DC, „Glocke", Sinus
40 kHz	16 kHz	16 kHz	16 kHz	16 kHz	–	HF	HF
3000	1800	3000	3000	3500	–	1100	1100
•	•	•	•	•	–	•	•
•	•	•	•	•	–	•	•
–	–	–	–	–	–	–	–
•	•	•	•	•	–	•	•
•	•	•	•	•	–	•	•
•	–	–	–	–	–	•	•
...x 600 mA	3 x 500/3 x 10 mA	4 x 500/4 x 10 mA	3 + 8/2 unverstärkt	11	1 x 50 mA, 2 x 10 mA	4 x 250 mA	6 x 250 mA
•	F0 bis F16	F0 bis F16	F0 bis F28	F0 bis F28	F0 bis F16	•	•
(getrennt)	–	–	•	•	–	–	–
•	–	•	•	•	•	–	–
–	–	–	•	•	–	•	•
–	–	–	•	•	–	•	•
–	–	–	•	•	–	–	–
...32 MBit	6/150 Sekunden	6/200 Sekunden	6/200 Sekunden	x/64 MBit	6/> 120 Sekunden	k.A.	k.A.
•	•	•	•	•	•	•	•
3 W 4-8 Ω	1 W/8 Ω	1 W/8 Ω	2 W/8 Ω	2 W/8 Ω	3 W/8 Ω	2,3 W/4 Ω	2,3 W/4 Ω
•	•	•	•	•	•	•	•
...er Kontakt	per Kontakt	per Kontakt	per Kontakt	per Kontakt	per Kontakt	–	–
...llsgenerator	Zufallsgenerator	Zufallsgenerator	Zufallsgenerator	Zufallsgenerator	Zufallsgenerator	•	•
–	–	LS	LS	–	LS	LS + Schallkapsel	LS + Schallkapsel
•	•	•	•	•	–	•	•
–	–	–	–	–	–	–	–
C, MM, SX, HLU	DC	DC	DC	DC	–	DC	DC
–	–	–	–	–	–	mfx	mfx
–	–	–	–	–	–	–	–
				2 Taktgeber, 2 Kontakteingänge	2 Kontakteingänge Pads für Energiesp.	2 Logikausgänge mit je 20 mA	2 verstärkte Ausgänge, max. 1,1 A
...achhandel	Fachhandel	Fachhandel	Fachhandel	Fachhandel	Fachhandel	Fachhandel	Fachhandel
199,95	129,–	179,–	k.A.	k.A.	k.A.	99,–	99,–

57

DECODER-WISSEN

Baustein-Art	Lokdecoder mit Sound	Soundmodul	Lokdecoder mit Sound	Lokdecoder mit Sound	Soundmodul	Lokdecoder mit Sound	Lokdecoder mit Sound
Typ/Art.-Nr.	LD-G-36 plus	EasySound mini	33100/33104	35330/36360/36320	32500/32504	ATL2066	ATL2066
Hersteller	Tams	Tams	Uhlenbrock	Uhlenbrock	Uhlenbrock	Umelec	Umelec
Eigenschaften							
Datenformat	DCC, MM	–	DCC, MM	DCC, MM	–	DCC	DCC
Adressumfang	10 239/255	–	9999/255	9999/255	–	10 239	10 239
Analogbetrieb	AC/DC	–	DC/AC	DC/AC	–	DC	DC
Schnittstelle/Anschl.	21MTC, PluX22, NEM 652	SUSI	NEM 651/PluX16	21MTC, PluX22, NEM 652	SUSI	NEM 652	NEM 652
Größe (L x B x H/mm)	35 x 16 x 6,5	22 x 13,5 x 5,5	25 x 11 x 4,3	30 x 15 x 4,4	18,7 x 11,1 x 3,8	24 x 10,5 x 4	37 x 10,5 x
Gesamtstrom (mA)	1500	–	700	1200	–	1500	3000
Motor							
Fahrstufen	14, 28, 128/14, 27	–	14, 28, 128/14	14, 28, 128/14	–	14, 28, 128	14, 28, 12
Motortyp [1]	DC/=	–	DC/=	DC/=	–	DC/=	DC
Motoransteuerung	60 Hz – 30 kHz	–	18,75 kHz	18,75 kHz	–	16,75–24 kHz	16,75–24 k
Motorstrom (mA)	1000	–	700	1200	–	1500	3000
Lastregelung	•	–	•	•	–	•	•
Rangiergang	•	–	•	•	–	•	•
Konst. Bremsweg	–	–	•	•	–	•	•
Überlastschutz	•	–	•	•	–	•	•
Funktionen							
Lichtwechsel	•	–	•	•	–	•	•
Rangierlicht [2]	•	–	•	•	–	–	–
Einseitiger Lichtw. [3]	•	–	–	–	–	–	–
Funktionsausgänge	9 (PluX22), 8 (21MTC)	–	2 x 400 mA	6 (21MTC), 7 (PluX22)	–	2 x 500 mA, 2 x CMOS	2 x 500 mA, 2 x
Function Mapping	•	–	•	•	–	F0 – F8	F0 – F8
Dimmbare Ausgang	•	–	•	•	–	•	•
Rangierkupplung	•	–	–	–	–	•	•
Pulskettensteuerung	–	–	–	–	–	–	–
Lichteffekte	•	–	–	–	–	•	•
SUSI-Ausgang	•	–	SUSI	über 21MTC bzw. PluX	–	–	–
Sound							
Kanäle/Speicher	4	micro-SD-Karte	4/320 sec.	4/320 sec	4/320 sec	2/synthetischer Sound	2/synthetischer
Updatefähig	–	–	•	•	•	–	–
Leistung/Impedanz	0,5 W/4-8 Ω	32 Ω	0,5 W/4–8 Ω	0,5 W/4–8 Ω	0,5 W/4–8 Ω	0,5 W/8 Ω	k.A./8 Ω
Lastabhängigkeit	•	–	•	•	–	•	•
Radsynchron	–	–	per Kontakt	per Kontakt	per Kontakt	per Kontakt	per Konta
Zufallsgeräusche	•	–	•	•	–	•	•
Zubehör	–	LS + Schallkapsel	LS + Schallkapsel	LS + Schallkapsel	LS + Schallkapsel	–	–
Spezielles							
PoM	•	–	•	•	(•)	•	•
RailCom	• + RailComPlus	–	–	–	–	–	–
Bremsstrecken [4]	ABC, DC	–	DCC, MM	DCC, MM	–	ABC, Umelec	ABC, Ume
Adresserkennung	–	–	–	–	–	–	–
Pendelbetrieb	•	–	–	–	–	•	•
Sonstiges	1 x Servoausgang, 2 x Eingänge	Bis zu 13 Sounds auf SD-Karte	Preisangaben leer/mit Sound	Preisangaben leer/mit Sound	Preisangaben leer/mit Sound		
Erhältlich	Fachhandel/direkt	Fachhandel/direkt	Fachhandel/direkt	Fachhandel/direkt	Fachhandel/direkt	direkt	direkt
empf. Preis in €	69,– bis 75,–	49,–	79,90/89,90	79,90/89,90	39,90/49,90	43,–	72,–

[1] DC/=: Gleichstrom- und Glockenankermotore [2] Nur weißes Spitzenlicht [3] Lichtwechsel auf einer Lokseite, andere Seite dunkel [4] ABC = Lenz-System, HLU = Zimo-System, SX = Selectrix

Hörgenuss

Übersicht Sound-Decoder und -Module (Stand August 2014)

Lokdecoder mit Sound	Lokdecoder mit Sound	Lokdecoder mit Sound	Lokdecoder mit Sound	Lokdecoder mit Sound	Lokdecoder mit Sound	Lokdecoder mit Sound	Lokdecoder mit Sound	Lokdecoder mit Sound
MX644	MX645	MX646	MX648	MX658	MX695KV/MX695KS	MX696S/MX696KV	MX697S/MX697V
Zimo	Zimo	Zimo	Zimo	Zimo	Zimo	Zimo	Zimo
DCC/MM	DCC/MM	DCC/MM	DCC/MM	DCC/MM	DCC/MM	DCC/MM	DCC/MM
10 239/80	10 239/80	10 239/80	10 239/80	10 239/80	10 239/255	10 239/255	10 239/255
DC, AC	DC, AC	DC, AC	DC, AC	DC	DC, AC	DC, AC	DC, AC
21MTC	PluX16, PluX21	Kabel, NEM 651/652	NEM 651/652, PluX16	Next18	Stiftleisten/Schraubklemmen	Stiftleisten/Schraubklemmen	Stiftleisten
30 x 15 x 4	30 x 15 x 4	28 x 10 x 4	20 x 11 x 4	25 x 10,5 x 4	50 x 40 x 14	55 x 29 x 18	56 x 32 x 21
1200	1200	1000	800	800	6000	4000	4000
14, 28, 128	14, 28, 128	14, 28, 128/14	14, 28, 128	14, 28, 128	14, 28, 128	14, 28, 128	14, 28, 128
DC/=	DC/=	DC/=	DC/=	DC/=	DC/=	DC/=	DC/=
30–150 Hz/20–40 kHz	30–150 Hz/20–40 kHz	30–150 Hz/20–40 kHz	30–150 Hz/20–40 kHz	30–150 Hz/20–40 kHz	30–150 Hz/20–40 kHz	30–150 Hz/20–40 kHz	30–150 Hz/20–40 kHz
1200	1200	1000	800	800	6000	4000	4000
•	•	•	•	•	•	•	•
•	•	•	•	•	•	•	•
•	•	•	•	•	•	•	•
			•	•			
			•	•			
			•	•			
10 + 2 Logikpegel	4 + 2 Logikpegel	6	4 + 2 Logikpegel	14 (KV, ..LV), 8 (KS, ..LS)	14 (V), 8 (S)	10
4/32 MBit	4/32 MBit	4/32 MBit	4/32 MBit	4/32 MBit	5/32 MBit	5/32 MBit	5/32 MBit
•		•			•	•	•
3 W/4-8 Ω	1 W/8 Ω	1 W/8 Ω	1 W/8 Ω	5 W/4-8 Ω	5 W/4-8 Ω	5 W/4-8 Ω
•		•			•	•	•
per Kontakt/simuliert	per Kontakt/simuliert	per Kontakt/simuliert	per Kontakt/simuliert	per Kontakt/simuliert	per Kontakt/simuliert	per Kontakt/simuliert	per Kontakt/simuliert
•		•			•	•	•
–	–	–	–	–	–	–	–
•	•	•	•	•	•	•	•
•	•	•	•	•	•	•	•
ABC, DCC, MM, HLU	ABC, DCC, MM, HLU	ABC, DCC, MM, HLU	ABC, DCC, MM, HLU	ABC, DCC, MM, HLU	ABC, DCC, MM, HLU	ABC, DCC, MM, HLU
Zimo	Zimo	Zimo	Zimo	Zimo	Zimo	Zimo	Zimo
–	–	–	–	–	–	–	–
Energiespeicheranschluss 2 Servo-Anschl., 1 Eingang	NEM 651 direkt, gerade oder abgewinkelt			Niedervolt; USV, Neigungss. 4 Servo-Anschl., 3 Eingänge	USV, 4 Servo-Anschl., 3 Eingänge	USV, 4 Servo-Anschl., 3 Eingänge, US-Schnittst.
Fachhandel	Fachhandel	Fachhandel	Fachhandel	Fachhandel	Fachhandel	Fachhandel	Fachhandel
ab 92,–	ab 99,–	99,–	89,–	ab 168,–	ab 158,–	ab 168,–

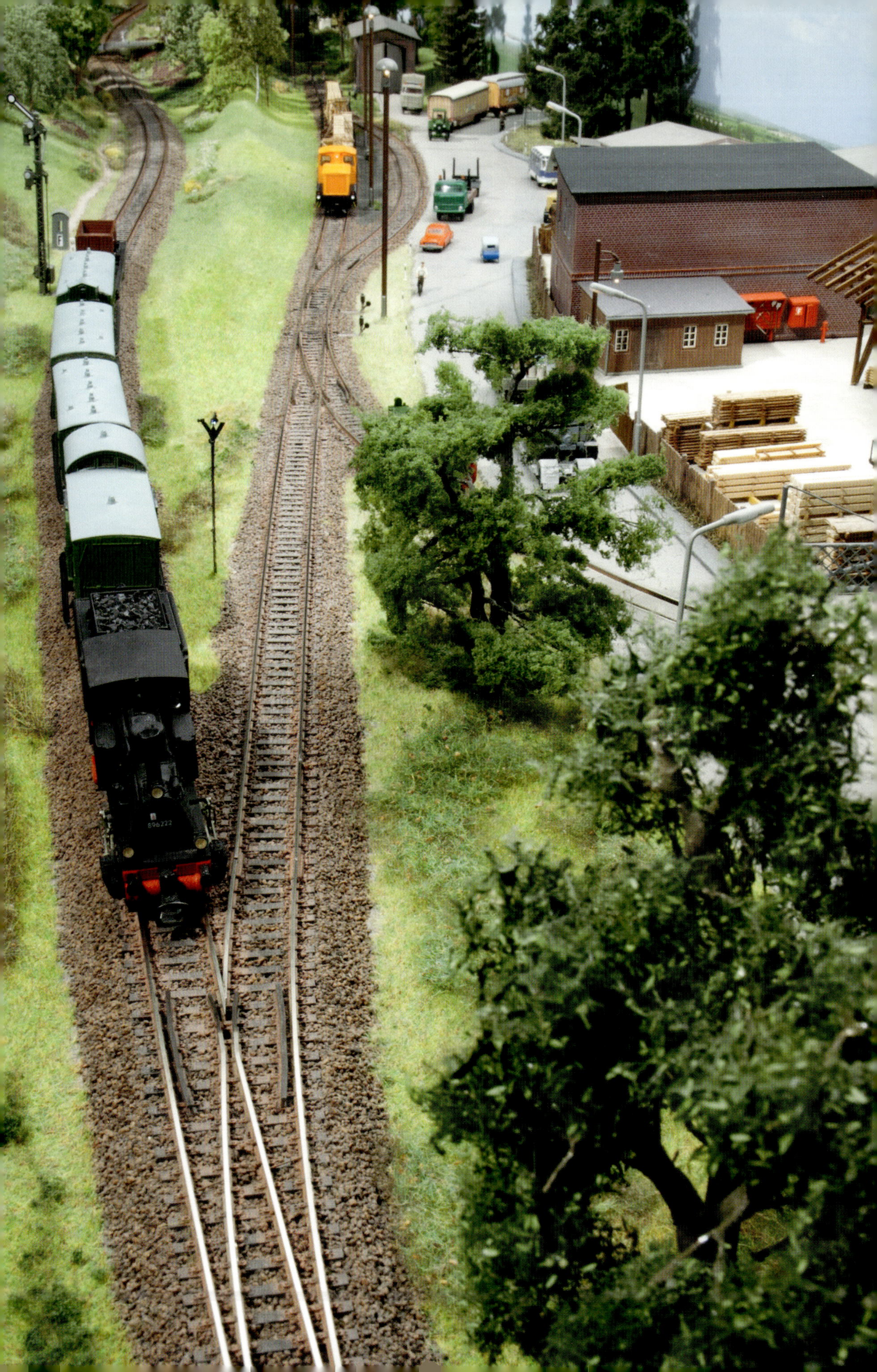

Kapitel 2:
Fahrzeuge umrüsten

Keine Angst vorm Digitalisieren 62
Kleiner roter Brummer. 70
Hochleistungsantrieb 76
Das Mallet-Projekt 80
Preußischer Walzer 86
Dampf, Kardan und Sound 90

FAHRZEUGE UMRÜSTEN

Nachträglicher Decoder-Einbau in H0-Lokomotiven

Keine Angst vorm Digitalisieren

Der digitale Betrieb mit der Modellbahn bietet viele Vorteile, natürlich erst dann, wenn der Modellbahner digitalisierte Lokmodelle einsetzen kann. Ein Decodereinbau ist dabei gar nicht so schwierig, wenn man weiß, worauf zu achten ist. Dieter Ruhland zeigt, wie's gemacht wird.

Digital – ein Begriff, der in den letzten Jahren nicht einmal mehr vor alten Dampfloks haltmacht, zumindest im Modelleisenbahnbau. Ein Begriff aber auch, bei dem viele Eisenbahnfreunde sofort auf Distanz gehen: „Digital, damit fange ich nicht mehr an. Ich habe schon viel zu viele Lokomotiven, die ich umbauen lassen müsste!"

„Richtig!" sagt dazu der wenig engagierte und auf das schnelle Geschäft schielende Verkäufer. „Sparen Sie sich das Umbauen und kaufen Sie sich lieber eine neue Lok."

„Falsch!" sagen wir, denn mit einer Digitalanlage werden Sie die Freude an dieser neuen Lok in Verbindung mit den nun vielfältigeren Möglichkeiten ihrer Anlage um ein Vielfaches aufwiegen. Lassen Sie uns doch als Allererstes die zahlreichen Vorteile, die eine Digitalisierung mit sich bringt, näher betrachten.

Vorteile

Der größte Vorteil ist sicherlich, dass man zu jeder Zeit von seinem „Führerstand" aus Zugriff zu jeder auf der Anlage platzierten Lok hat. Nur die programmierte Nummer aufrufen und schon setzt die entsprechende Lok die ihr gegebenen Aufträge in die Tat um. Sie kann zwar noch keinen Kaffee kochen, aber sie kann mittlerweile schon eine ganze Menge mehr als jede herkömmliche Analoglok.

Da wären zum Beispiel die Anfahr- und Bremsverzögerung, die Maximalgeschwindigkeit, der Lastausgleich, die automatische Kupplung (wird

Keine Angst vorm Digitalisieren

Digitalisierung einer Dampflok am Beispiel der Fleischmann-03.10, deren Motor im Tender untergebracht ist. Nach einigen Vorarbeiten findet der Decoder im Tender, ohne Fräsarbeiten seinen Platz.

inzwischen von vielen Herstellern angeboten) zu nennen. Ein positiver Nebeneffekt ist, dass alle Wagen, die mit Licht ausgerüstet sind, gleichmäßig und konstant ausgeleuchtet werden und auch deren Licht per Decoder schaltbar ist.

Dass Sie auch Weichen und Signale in einer Digitalanlage steuern können, ist selbstverständlich, genauso wie Sie im Blockstellenbetrieb fahren. Und das alles mit minimalem Verdrahtungsaufwand.

Digital – ein Begriff, den jeder kennt und den jeder benutzt, doch was bedeutet er eigentlich? Das wollten Sie doch schon immer mal wissen, oder?

Das Fremdwort digital, ein Ausdruck aus dem Lateinischen, bedeutet:
- „Mit dem Finger" (ein medizinischer Begriff, den wir an dieser Stelle schnell wieder vergessen dürfen).
- „Daten und Informationen in Ziffern darstellend" (ein technischer Begriff bei Computern, der uns schon etwas weiterhilft), dessen Gegenteil analog bedeutet.

Übrigens nicht zu verwechseln mit Digitalis, ein aus dem Fingerhut gewonnenes starkes Herzmittel, das Sie, wenn Sie alle unsere Anregungen und Anleitungen befolgen, nicht benötigen werden. Eine Lok digitalisieren bedeutet demnach, das Analogsignal in ein Digitalsignal umzusetzen.

Zu technisch? Aber nein! Schließlich müssen Sie ja nicht verstehen, wie es funktioniert, sondern nur mit den richtigen Handgriffen dafür sorgen, dass es funktioniert. Das heißt, es geht lediglich darum, die Lok mit einem Decoder auszurüsten. Dass dies kein Hexenwerk ist, werden wir Ihnen auf den nächsten Seiten nahebringen. Am Ende des Artikels hoffen wir, dass Sie jegliche Scheu vor Drähten, Stromkreisen und Pinzetten verloren haben und mit Enthusiasmus zum Lötkolben greifen.

Allgemeine Tipps

Die Industrie geht gegenwärtig dazu über, neben den angebotenen Loks mit Schnittstelle auch Fahrzeuge anzubieten, die schon mit einem Decoder

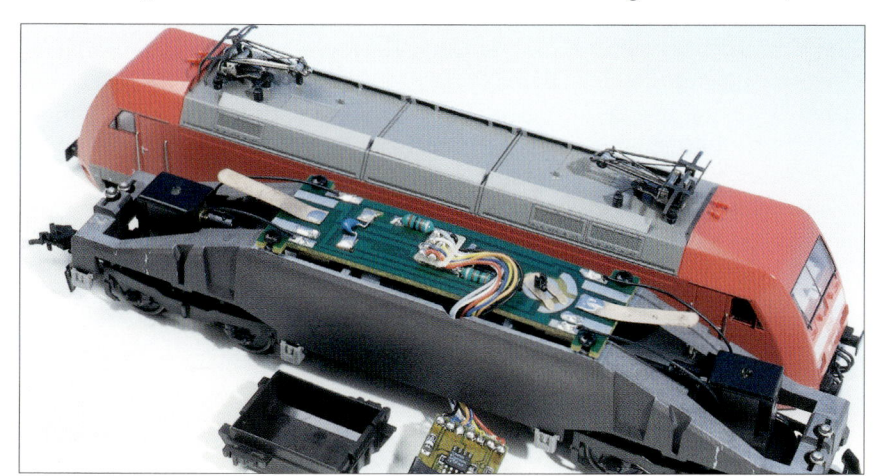

Ein Einbaubeispiel für eine H0-Lok (Roco-101) mit Schnittstelle. Der Trafobehälter wartet schon auf den Decoder.

FAHRZEUGE UMRÜSTEN

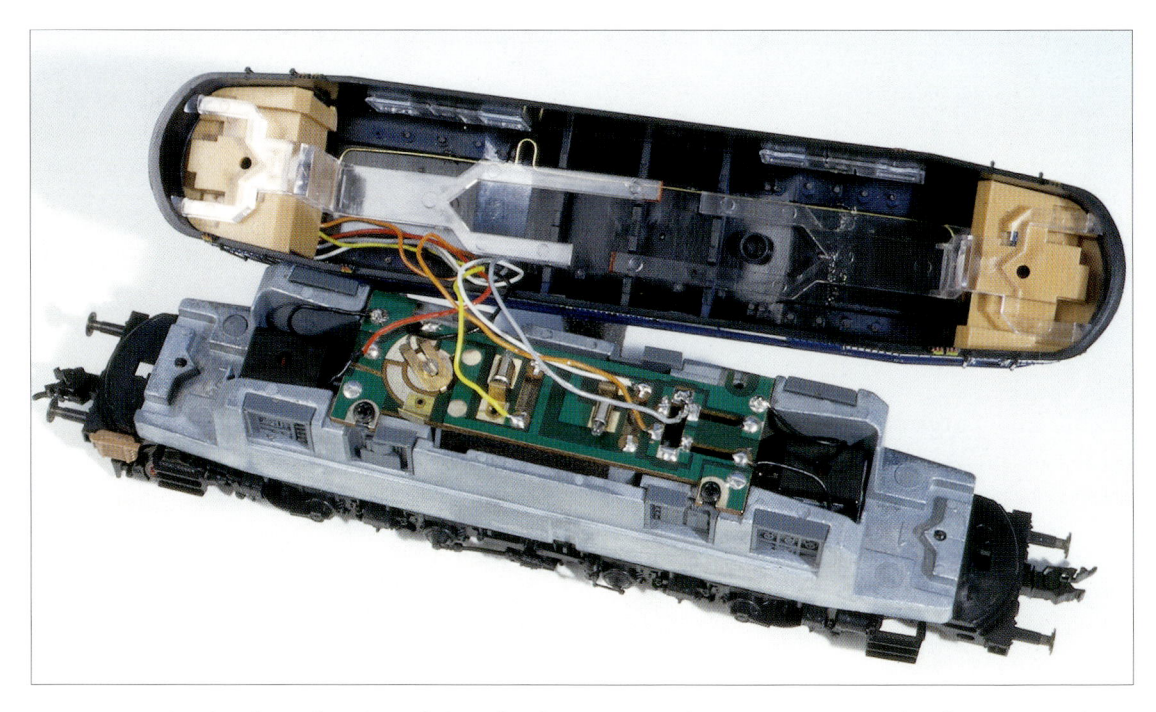

Rocos E 18 – mit Leiterplatte, aber ohne Schnittstelle – bietet trotz großem Lokkasten wenig Platz für einen Decoder.

ausgerüstet sind. Märklin bietet schon seit Jahren seine Lokomotiven im Wechselstromsystem auch mit bereits eingebautem Decoder an und ist somit wie Arnold, die Gleiches im N-Maßstab praktiziert, als Vorreiter im Digitalbereich anzusehen. Diese Praxis wird nun auch immer mehr im Gleichstrombereich Einzug halten. In der Baugröße H0 war Roco der erste Anbieter, der Lokomotiven im Gleichstrombetrieb mit eingebautem DCC-Decoder lieferte.

Was aber macht man mit den Lokomotiven, die man schon sein Eigen nennt, oder die es mit eingebautem Decoder nicht zu kaufen gibt?

Ganz einfach: Man lässt entweder gegen reichlich Obolus umbauen oder legt kostensparend und abenteuerlustig selbst Hand an. Selbstverständlich ist ein gewisses handwerkliches Geschick vonnöten, damit Lok und Besitzer solch einen Umbau problemlos überstehen. Darüber hinaus sollte man geübt sein im Umgang mit dem Lötkolben. Fehlen diese Grundkenntnisse, sollte man sich in Vernunft üben und nur auf Loks mit Schnittstelle zurückgreifen.

Sie sollten bei allen Umbauten immer daran denken, dass der Decoder ein elektronisches Bauteil ist. Ein unachtsamer Umgang mit ihm kann zur völligen Zerstörung führen. Steigt einmal eine kleine Rauchfahne von Ihrem Decoder auf, können Sie ihn leider nur noch wegwerfen. Oftmals weist die Industrie extra darauf hin, dass der Einbau nur an einem antistatischen Arbeitsplatz durchgeführt werden sollte, der vor statischen Aufladungen schützt. Doch wer hat schon so einen Bastelarbeitsplatz?

Daher sollten Sie sich vor dem Einbau zumindest von irgendwelchen Aufladungen – der Teppich in Verbindung mit entsprechendem Schuhwerk ist oft so ein Übeltäter – befreien. Dies geht z.B. ganz einfach, indem sie mit der Hand einen Zentralheizkörper an einer blanken Stelle berühren.

Beim Einbau hält man den Decoder am besten seitlich und vermeidet damit ein Berühren der Elektronikbauteile. Auch der Lötkolben sollte sehr vorsichtig angewendet werden. Vergessen Sie nie, dass zu lange Lötzeiten zum Erhitzen des Decoders führen. Am besten eignet sich für die Lötarbeiten eine Lötstation, bei der sich die Temperatur einstellen lässt.

Am Decoder selbst sollten Sie niemals löten. Bricht trotzdem einmal ein Kabel ab, lassen Sie es lieber wieder von einem Fachmann anbringen. Das Anlöten der feinen Litze an ein winziges Lötpad erfordert neben ruhiger Hand und scharfem Blick auch ein gutes Maß an Erfahrung im Umgang von Lötkolben und Lötzinn.

Ein Werkzeug für den Decodereinbau, der Lötkolben, wurde oben schon erwähnt. Darüber hinaus benötigen Sie eine dünne Pinzette, diverse

Keine Angst vorm Digitalisieren

Ein interessanter Blick ins „Innenleben" der E 18. Im Bereich der Leiterplatte hat der Decoder keinen Platz. Achten Sie unbedingt auf die Massefreiheit des Motors (links – im gelben Kreis – ist die Leiterplatte aufgetrennt!) und stellen Sie den Umschalter auf Gleisbetrieb!

Der Einbau des Decoders erfolgte – wegen des leidigen Platzproblems bei diesem Modell – in einem der Führerstände. Den „elektronischen Lokführer" erkennt man aber nur bei genauem Hinsehen!

Uhrmacherschraubendreher, eine Abisolierzange, ein scharfes Messer, Schrumpfschlauch, doppeltes Klebeband, Isolierband und eine dritte Hand (entweder die der Ehefrau oder entsprechendes Werkzeug).

Decoderbauarten

Wie schon erwähnt, gibt es eine Vielzahl von Decodern. Welcher Decoder am besten geeignet ist, richtet sich danach, ob die Lok eine Schnittstelle hat, wieviel Platz für den Decoder vorhanden ist und wie groß die Stromaufnahme des Motors ist. Eine zu große Stromaufnahme kann einen Decoder (Rauchfahne!) vernichten. Deshalb sollten Sie, wenn Sie unsicher sind, unbedingt im Fachgeschäft nachfragen oder die Stromaufnahme messen. Wieviel Strom der Decoder liefern kann, steht in der jeweiligen Beschreibung. Ein großer Vorteil der Decoder neuerer Bauart ist, dass sie kurzschlussfest sind und überdies meistens mehr als eine Funktion, die überwiegend für den Lichtwechsel benötigt wird, besitzen.

Im Gegensatz zu den Märklin-Decodern, die früher alle (Ausnahme ist der „Glaskastendecoder", der gelötet wird) über ein „Mäuseklavier" codiert werden müssen, können die Gleichstromdecoder mittels Programmiergleisanschluss auf eine neue Adresse eingestellt werden. Dies hat den nicht zu unterschätzenden Vorteil, dass die Lok nicht geöffnet werden muss. Oft ist man nämlich nur noch froh, wenn man nach dem Decodereinbau die Lok endlich wieder verschließen kann.

Der Einbau

Vor jedem Umbau sollten Sie die Lokomotive im Analogbetrieb auf einwandfreie Funktion prüfen, sonst suchen Sie nach dem Einbau einen Fehler bei der Decoderverkabelung, den die Lokomotive bereits zuvor schon hatte. Die Erfahrung zeigt, dass das viel Zeit und Nerven spart.

Im Gegensatz zu früher hat man sich zwischenzeitlich bei der Verkabelung auf einen Standard geeinigt. So sind die schwarzen und roten Kabel an die Radschleifer anzuschließen. Die orangen und grauen Kabel müssen am Motor befestigt werden. Weißes und gelbes Kabel sind Funktionsausgänge und werden meistens für den Lichtwechsel verwendet. Bei Lokomotiven mit potenzialfreien (keine Masseverbindung zum Lokchassis) Lampen werden diese mit dem blauen Kabel verbunden. Ein weiteres Kabel ist in der Regel zum Schalten einer weiteren Funktion, wie Rauchentwickler, Signalhorn oder Fernscheinwerfer vorgesehen.

Wenn Sie ein Kabel nicht benötigen, dann kürzen Sie es vor dem Einbau und verschließen Sie die Schnittstelle mit einem Stück Schrumpfschlauch oder Isolierband. So stört das Kabel nicht, verursacht keinen Kurzschluss und kann bei Bedarf wieder aktiviert werden. Vor dem Einbau müssen Sie gewisse Voraussetzungen schaffen. Diese vor-

FAHRZEUGE UMRÜSTEN

bereitenden Arbeiten sind genauso gewissenhaft auszuführen wie der Decodereinbau selbst. Als erstes werden sämtliche nicht benötigten Dioden (z.B. zu den Lampen), Kondensatoren, Siliziumscheiben und Entstördrosseln entfernt.

Prüfen Sie sehr sorgsam, ob der Motor massefrei ist, das heißt, keine Masseverbindung zum Chassis hat. Eventuell benötigen Sie dazu ein neues Motorschild (Fleischmann) oder ein Isolierplättchen (Roco), welches Sie als Ersatzteil über den Fachhandel erhalten. Auf den Leiterplatten sind die Leiterbahnen zu prüfen und eventuell mit einem scharfen Messer zu durchtrennen, da hier oft eine Stromverbindung zum Motor besteht. Dazu ist es unbedingt notwendig, die Leiterplatte auszubauen und auch die Rückseite zu begutachten, da sich heimtückischerweise auch manchmal auf der Rückseite Leiterbahnen befinden, die dann einen Kurzschluss verursachen können.

Nachdem Sie in der Lok Platz für den Decoder geschaffen haben, kleben Sie diesen mithilfe eines Doppelklebebandes in der Lok fest. Nach dem obigen Anschlussschema werden nun die Kabel, die Sie vorher auf das notwendige Maß gekürzt haben, angeschlossen. Dabei kommt dann die Abisolierzange zum Einsatz. Vermeiden Sie allerdings den Fehler, die Kabel zu stark zu kürzen, denn Drehgestelle schwenken aus und benötigen somit etwas Spielraum. Prüfen Sie jede Lötstelle nochmals, ob nicht irgendwo ein Lötpunkt zwei benachbarte Kontakte versehentlich verbindet.

Erst dann, wenn alle Kabel verbunden sind, stellen Sie die Lok erstmals auf das Gleis und versuchen Sie zu programmieren. Die Programmierung sollte ohne Probleme möglich sein, ansonsten ist beim Decodereinbau irgend etwas falsch gelaufen. Nun zur ersten Probefahrt, bei der Sie die Funktionstaste zuerst noch nicht aktivieren sollten. Fährt die Lok einwandfrei und reagiert beim Richtungswechsel richtig, kann auch die Funktionstaste in Betrieb genommen werden. Hören Sie aber bei der Probefahrt einen sehr hohen Pfeifton, dann sofort die Stopptaste drücken, denn dann haben Sie einen Kurzschluss am Decoder, der aber nicht ausreicht, die Anlage auszuschalten, den Decoder aber zerstören könnte. Erst wenn die Probefahrt erfolgreich ist, können Sie die Lok verschließen und danach das Prozedere mit der verschlossenen Lok nochmals durchführen. Beim Aufsetzen des Gehäuses auf die Lok können Kabel gequetscht oder der Decoder verschoben werden, sodass der Vorgang mittels Programmer und Probefahrt unbedingt wiederholt werden muss. Dann erst können Sie sicher sein, dass alles in Ordnung ist und Sie in Zukunft auf die Zuverlässigkeit der umgebauten Lok vertrauen können.

Bei der Gleichstromversion von Märklins 96 ist genügend Platz an der Stelle, die vorher die Platine (mit den Dioden) beherbergte. Achten Sie auf korrekte Kabelführung, um die Gelenkigkeit der „Drehgestelle" zu erhalten.

Keine Angst vorm Digitalisieren

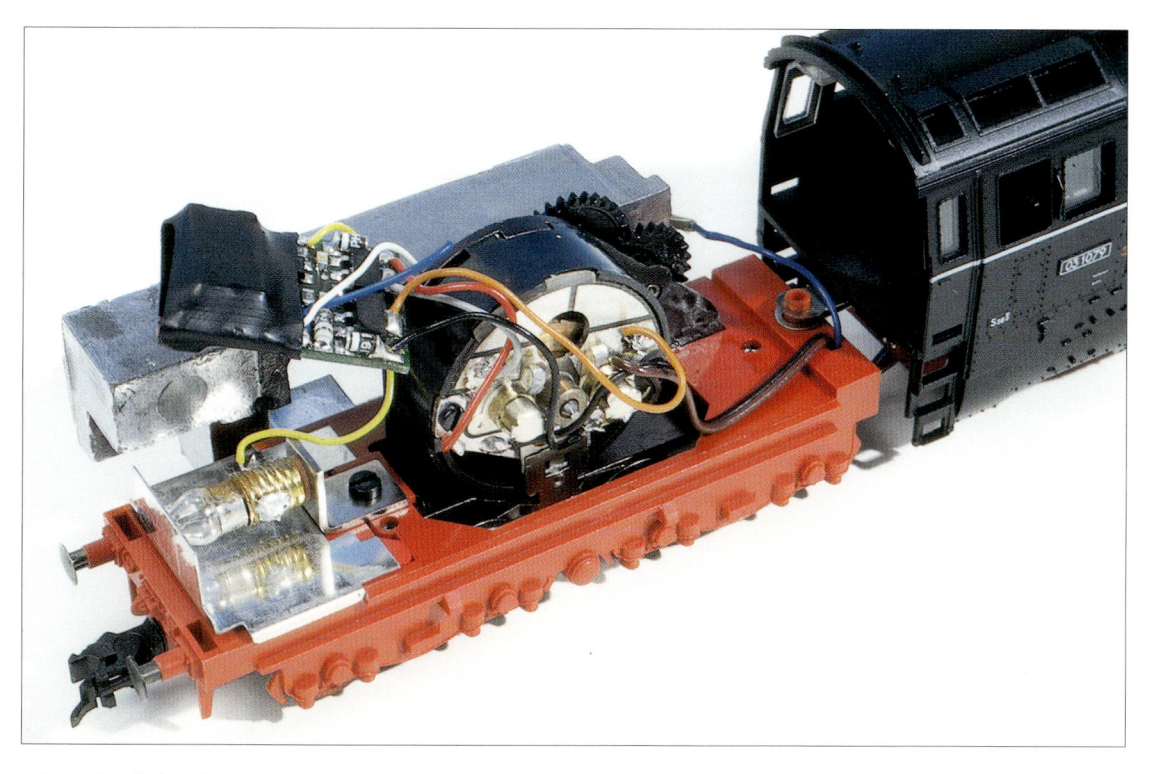

Beim „alten" Fleischmann-Rundmotor ist besonders auf das Motorschild zu achten. Hat es Masseverbindung zu den Kohlen, wird ein neues massefreies Motorschild (als Ersatzteil) benötigt. Hier wird die Masseverbindung zur linken Schraube mithilfe eines Messers unterbrochen.

Im nächsten Kapitel werden wir uns mit ein paar Einbaubeispielen mit unterschiedlichem Schwierigkeitsgrad beschäftigen, um Ihnen zu zeigen, wie einfach und diffizil gleichermaßen so ein Einbau sein kann.

Einbaubeispiele

• Roco E 18:
Diese Lok ist ein Beispiel für den Einbau ohne Schnittstelle, aber mit Leiterplatte und eigentlich ohne Platz für einen Decoder.

Zuallererst werden die nicht benötigten Teile auf der Leiterplatte ausgebaut und diese geprüft. Die Kabel von den Radschleifern müssen so aufgelötet sein, dass keine Masseverbindung zum Chassis besteht. Nun gilt es Platz für den Decoder zu suchen. Da der Motor beide Drehgestelle antreibt, ist in diesem Bereich kein Platz, auch vor den Drehgestellen nicht, weil dort die Lichtleiter entlangführen, und auf das Licht sollte nicht verzichtet werden. Die einzige Möglichkeit bietet sich in einem der Führerstände. Dazu werden die Lichtleiter vorsichtig entfernt und der Einsatz für den hinteren Führerstand ausgebaut. Nun kann die Kabellänge abgeschätzt und der Decoder relativ einfach (Anschlussfarben wurden oben erklärt) eingelötet werden, da der Motor massefrei ist. Auch der Anschluss der Lampen ist relativ einfach zu handhaben, da in diesem Fall die Lampen über die Leiterplatte schon eine Masseverbindung haben. Nach Programmierung und Testfahrt wird der Decoder vorsichtig mittels Führerstand in das Lokgehäuse eingebaut. Es ist darauf zu achten, dass die Kabel nicht gequetscht werden. Eventuell kann beim Führerstand eine kleine Aussparung für die Kabel mithilfe des Messers ausgeschnitten werden. Zum Schluss wird der Lichtleiter eingesteckt und die Lok wieder zusammengebaut, wobei die Kabel möglichst nicht die Lampen berühren sollten, und schon ist der Einbau vollendet. Wen der Decoder im Führerstand stört, der kann die Fenster von innen mit schwarzem Isolierband abdecken.

Es ist empfehlenswert, sich bei der Vergabe der Lokadresse an der Baureihenbezeichnung zu orientieren. So verliert man nicht so schnell den Überblick.

• Märklin 96 Gleichstrom
Nach der Demontage des Gehäuses wird die Platine mit den Dioden entfernt, an deren Stelle dann

FAHRZEUGE UMRÜSTEN

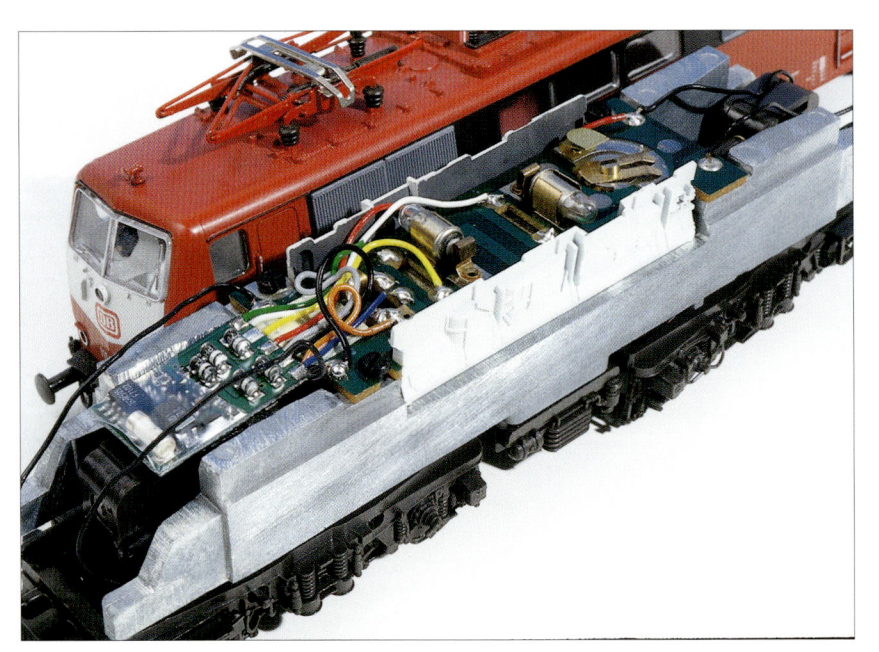

Bei der Roco 111 muss ein relativ schmaler Decoder eingebaut werden, z.B. von Kühn oder Lenz. Da wenig Platz ist, wird der Decoder „freischwebend", oberhalb eines der Drehgestelle, eingebaut. Leider ist hier kein Platz für einen elektronischen Lokführer vorhanden.

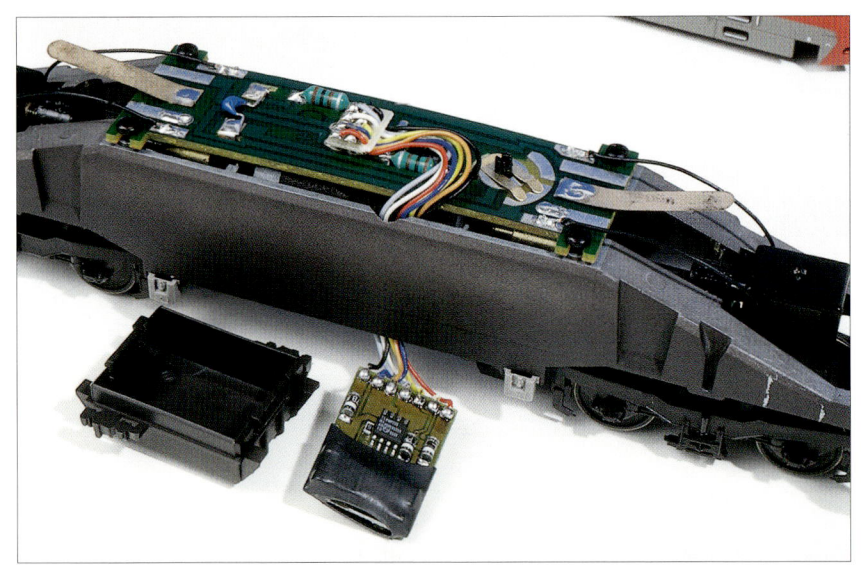

Bei Loks mit Schnittstelle wird der Brückenstecker vorsichtig abgezogen und der Stecker des Decoders mit Gefühl aufgesteckt. Vorher muss oft der Motor ausgebaut werden, um die Kabel nach unten führen zu können.

Auch Rocos 101 hat eine Schnittstelle, aber wenig Raum! Deshalb findet der Decoder auf der Unterseite der Lok im sogenannten Trafobehälter Platz.

später der Decoder Platz finden wird. Die Drähte müssen dabei so verlegt werden, dass die Gelenkigkeit der beiden Drehgestelle erhalten bleibt. Links vom eingebauten Decoder ist eine kleine Platine, auf der sich die Anschlüsse der Radschleifer befinden. Dort werden die roten und schwarzen Kabel angebracht. Eine Masseverbindung wird danach zu den Lampen geführt.

Die Anschlüsse des Motors werden direkt am Motorschild angelötet. Dabei ist darauf zu achten, dass die Andruckfedern der Kohlen nicht mit angelötet werden. Anschließend brauchen Sie nur noch die Verbindung des Decoders zu den Lampen herzustellen. Weil das Märklin-Modell der BR 96 größtenteils aus Metall besteht, ist auf größte Sorgfalt bei der Verkabelung und den Lötpunkten zu achten, um unerwünschte Kontakte zu Gehäuse und Chassis zu vermeiden.

Da in dieser Lokomotive ausreichend Platz vorhanden ist, haben Sie die Möglichkeit, alle Decoderbauarten, die für H0 vorgesehen sind, einzubauen.

- Fleischmann 03.10

Nach der Demontage des Tendergehäuses und Ausbau des Ballastgewichtes werden alle Drosseln und Kondensatoren vom Motorschild entfernt und dieses gewissenhaft auf Massefreiheit geprüft. Das Lager des Ankers auf dem Motorschild darf keine Verbindung zu den Kohlen haben. Ansonsten müssen Sie sich ein massefreies Motorschild besorgen. Die zweite Masseverbindung kann zur linken Befestigungsschraube des Motorschildes bestehen. In diesem Fall muss die Leiterbahn mit einem Messer durchtrennt werden. Dabei sollte ein Spalt von mindestens 2 mm entstehen und das abgeschnittene Material entfernt werden.

Die Radschleiferkabel der Lokomotive werden zum Radschleifer des Tenders und zur Befestigung des Motorschildes geführt. Hierbei ist auf die Polarität zu achten. Die Verbindung des vorderen Lichts zu den Radschleifern wird durchtrennt, die Masseverbindung bleibt jedoch erhalten, und dann wird ein Kabel nach hinten zum Tender geführt. Das Kabel kann parallel zu den Radschleiferkabeln geführt werden.

Nach Abschluss dieser Vorbereitungen wird der Decoder nach bekanntem Muster eingelötet und anschließend auf dem Ballaststück mittels Doppelklebeband fixiert. Achten Sie beim Aufsetzen des Tendergehäuses darauf, dass der Decoder weder verrutscht noch gegen den Motor gedrückt wird.

- Roco 111

Nach dem Entfernen aller Dioden, Entstördrosseln und Kondensatoren wird die Leiterplatte auf Massefreiheit geprüft. Das Anlöten der Decoderkabel erfolgt wie bei der E 18. Problematisch ist auch bei dieser Lokomotive die Unterbringung des Decoders. Hier muss man sich mit einem kleinen Trick behelfen. Da, wie bei Roco üblich, beide Drehgestelle angetrieben werden und aufgrund der Konstruktion des Lokkastens kein Platz vorhanden ist, müssen Sie den Decoder „schwebend" oberhalb eines Drehgestells einbauen. In dieser Lokomotive muss ein relativ schmaler Decoder verwendet werden. Ein solcher ist beispielsweise von ESU, Lenz, Tams oder auch Uhlenbrock erhältlich.

Der Trick beim Einbau ist, dass der Decoder mittels seiner Kabel und einem Doppelklebeband auf der Platine fixiert wird. Sicherheitshalber kann am Rahmen ein Isolierband angebracht werden, um ein Berühren des Decoders mit dem Metallrahmen auszuschließen.

Beachten Sie beim Zusammenbau, dass der Lokkasten senkrecht aufgesetzt wird.

- Lokomotive mit Schnittstelle am Beispiel der Roco 101

Nach Entfernen des Lokkastens wird der Brückenstecker von der Platine entfernt. Anschließend wird der mit Stecker versehene Decoder vorsichtig in die Platine eingesteckt, wobei darauf zu achten ist, dass die Polarität stimmt. Ein falsch gesteckter Decoder führt zwar nicht zur Zerstörung, doch man hat dann keine einwandfreie Funktion der Lokomotive. In der Regel ist der Anschluss 1, in den das orangefarbene Kabel (Motoranschluss) des Decoders gesteckt wird, gekennzeichnet.

Da bei der 101, wie auch bei zahlreichen anderen Roco-Lokomotiven, in der Lok selbst kein Platz vorhanden ist, findet der Decoder am Boden im Trafobehälter Platz. Hierfür werden die Kabel durch die im Rahmen vorhandenen Kabelschächte nach unten geführt, der Trafodeckel abgehoben und der Decoder darin befestigt.

Sollte wider Erwarten eine Lok mit Schnittstelle nicht richtig funktionieren, sollten Sie einen Fachhändler aufsuchen, da dann eine Fehlfunktion in der Platine vorhanden sein könnte.

Die gegebenen Hinweise und die hier beschriebenen Tipps aus dem Jahre 1998 bleiben für ältere, noch zu digitalisierenden Schätzchen ohne Schnittstelle weiterhin gültig, auch wenn sich die Decodertechnik zwischenzeitlich weiterentwickelt hat.

FAHRZEUGE UMRÜSTEN

Sound für den kleinen Wismarer Triebwagen von LGB

Kleiner roter Brummer

Dem kleinen zweiachsigen Triebwagen Wismarer Bauart von LGB fehlt zwar das gewisse Extra an „Sexappeal", trotzdem sollte er auf einer schmalspurigen Kleinbahn mit bescheidenem Verkehrsaufkommen nicht fehlen. Und damit er schon weithin zu hören ist, darf eine zünftige „Musikanlage", sprich Sound, nicht fehlen.

Bereits in den ersten Jahren nach seiner Anschaffung sorgte der kleine Verbrennungstriebwagen ohne Motorvorbauten für Betrieb auf diversen „Wochenend-Gelegenheits-Gartenbahnen". Auf den damals noch analog betriebenen Strecken war der unter dem Wagenkasten zu findende Betriebsartenschalter sehr hilfreich. Schnell ließ sich der VT bei Bedarf ausschalten, um mit einem anderen Fahrzeug fahren zu können.

Heutzutage geht alles viel komfortabler mit einer Digitalsteuerung. Zudem können jede Menge Zusatzfunktionen im Triebfahrzeug und in Soundmodulen geschaltet werden. So musste auch irgendwann der kleine VT auf den Operationstisch, um sich elektrotechnisch ein wenig liften zu lassen.

Kleine Bestandsaufnahme

Der Wismarer von LGB ist mit einem rot-weißen Lichtwechsel und einer Innenbeleuchtung ausgestattet. Letztere setzt die Inneneinrichtung und Fahrgäste ins rechte Licht. Zudem gibt es einen Betriebsartenschalter in der Motorwanne. Dort ist auch der Motor untergebracht, der die beiden schwenkbar gelagerten Achsen antreibt. Auf der den Motor umfassenden Platine ist eine für den Laien undefinierbare Elektronik untergebracht, die sowohl für eine Konstantlichtbeleuchtung sorgt als auch für eine Motoransteuerung ab 5 V.

Der erwähnte Betriebsartenschalter ist für den Analogbetrieb wichtig. Denn mit ihm lässt sich der

Kleiner roter Brummer

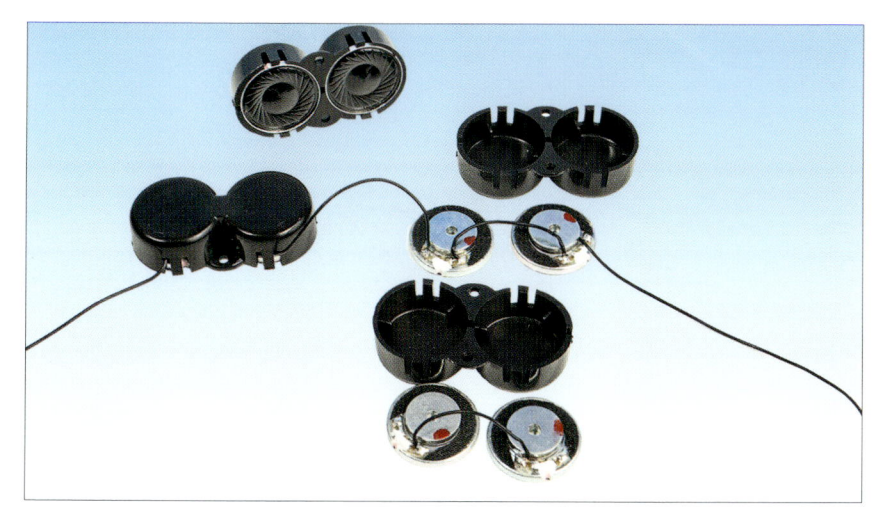

Die Lautsprecher werden mit einer feinen schwarzen Litze verbunden: jeweils vier in Reihe und diese dann parallel.

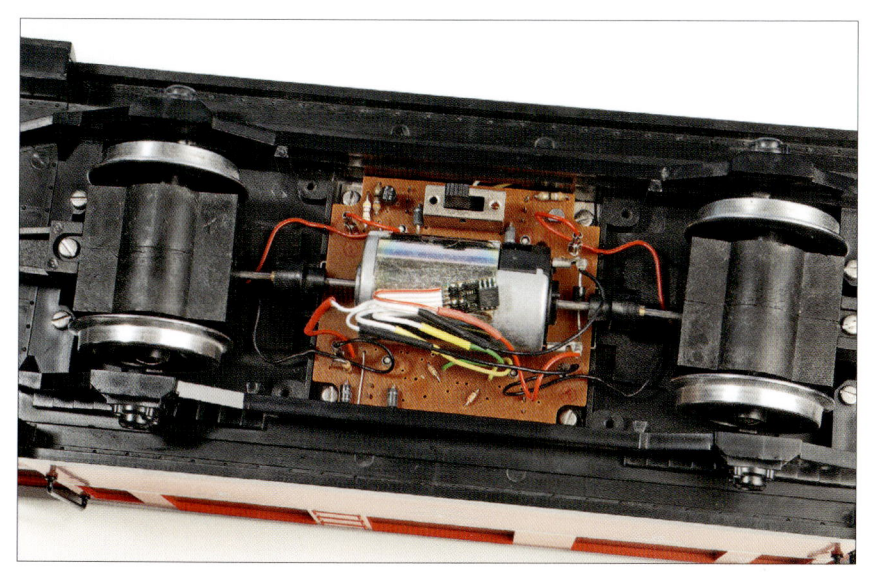

Erste Digitalisierungsmaßnahme mit einem Spur-N-Decoder (!) von Doehler & Haass, die zur vollen Zufriedenheit verlief. Er musste jedoch der Ausstattung mit Sound weichen.

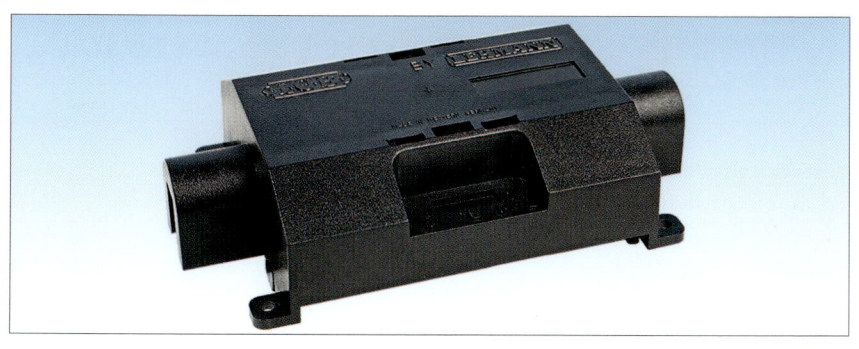

An die Stelle der Einbuchtung des Schalters wird eine Öffnung für die Lautsprecher gesägt und später mit einem Gitter abgedeckt.

VT entweder komplett stromlos schalten oder mit Licht abstellen. Diese Funktionalität ist für den Digitalbetrieb nicht erforderlich. Es sein denn, man benötigt sie für den gelegentlichen Analogbetrieb. Hier muss jeder selbst entscheiden, was wichtig ist. Für meinen Bedarf benötige ich ihn nicht mehr, was den Umbau etwas vereinfacht.

Ursprünglich wollte ich die Stirnbeleuchtung auf jeder Seite fahrtrichtungsabhängig ausschalten können. Zudem sollte noch die Innenbeleuchtung schaltbar ausgeführt werden. Zusammen mit der gewünschten Soundausstattung hätte ich einen kleinen Loksounddecoder mit mindestens fünf Funktionsausgängen benötigt. Alternativ

71

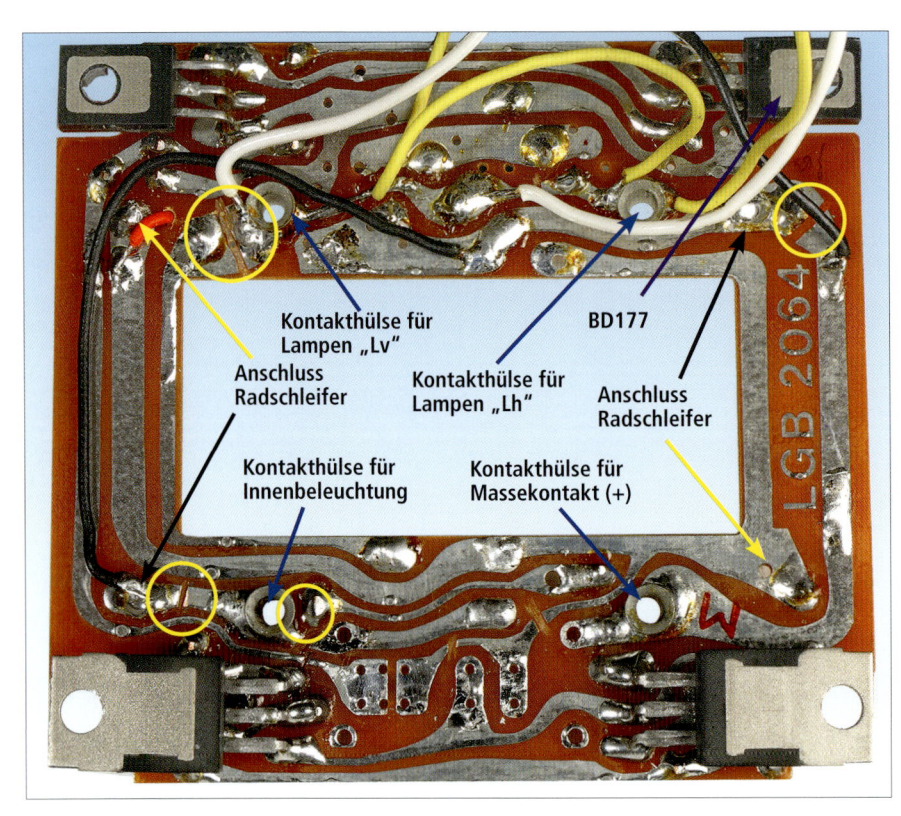

FAHRZEUGE UMRÜSTEN

Kontakthülse für Lampen „Lv"
Anschluss Radschleifer
Kontakthülse für Lampen „Lh"
BD177
Anschluss Radschleifer
Kontakthülse für Innenbeleuchtung
Kontakthülse für Massekontakt (+)

Nach dem Herunterlöten der elektronischen Bauteile dient die Platine nur als Verteilerplatine. Dazu müssen aber einige Leiterbahnen (gelbe Kreise) unterbrochen werden. Die Leistungstransistoren in den Ecken dienen der Befestigung der Platinen. Beim Auftrennen der Leiterbahnen ist eigentlich nur darauf zu achten, dass die Anschlüsse der Radschleifer und die der Lampen keine unerwünschten Verbindungen haben.

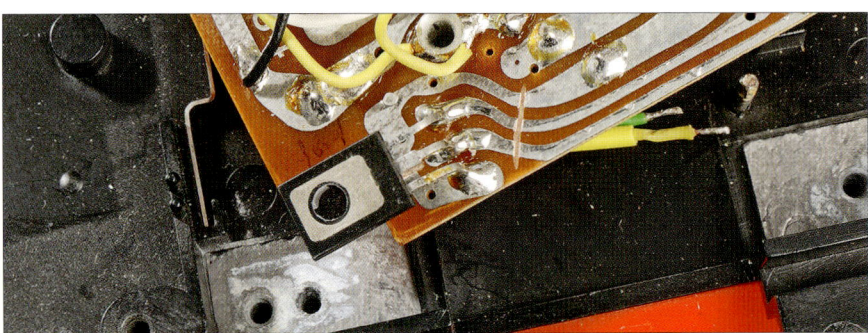

Die Leiterbahnen des noch zu nutzenden Transistors werden unterbrochen. Dann kann der BD177 entsprechend der nebenstehenden Zeichnung angeschlossen werden.

stand noch ein Lokdecoder mit SUSI-Schnittstellen und Soundmodul auf der Liste.

Da der Fahrgastraum von jeglicher Elektronik und Lautsprechern frei gehalten werden sollte, blieb für die Elektrotechnik nur die Motorwanne. Deren Platz war begrenzt. Es stellt sich auch die Frage nach dem zu verwendenden Lautsprecher. Die Platzverhältnisse schränkten die Wahl auf kleine Chassis ein. Als optimal erwiesen sich die Doppellautsprecher von ESU. Ein Doppellautsprecher in einem LGB-Triebwagen macht aber im Freien wohl nicht viel her. Zwei Doppellautsprecher hätten einer Anpassung der Lautsprecherimpedanz bedurft. Bei vier (!) Lautsprechern hingegen blieb bei richtiger Beschaltung die Impedanz im richtigen Bereich. Also fiel die Entscheidung zugunsten des Loksounds V4.0 von ESU, der sich in seinem kleinen schwarzen Schrumpfschlauchkleid kurzschlussfrei unterbringen ließ. Vorausgesetzt, es ließ sich in der Motorwanne noch ein wenig Platz schaffen.

Mit der Wahl des Loksounddecoders ging jedoch eine Einschränkung der gewünschten schaltbaren Funktionen einher. Der Decoder besaß nur vier statt der benötigten fünf Ausgänge. Eigentlich machte es bei dem Triebwagen keinen Sinn, die Beleuchtung auf jeder Seite komplett abschalten zu können. Der kleine VT wurde ja nicht im Wendezugdienst eingesetzt, sondern einzeln oder als Schlepptriebwagen. Als Einzelfahrzeug war der rot-weiße Lichtwechsel gewünscht und als Schlepptriebwagen musste ja nur das zum Zug zeigende rote Schlusslicht aus-

Kleiner roter Brummer

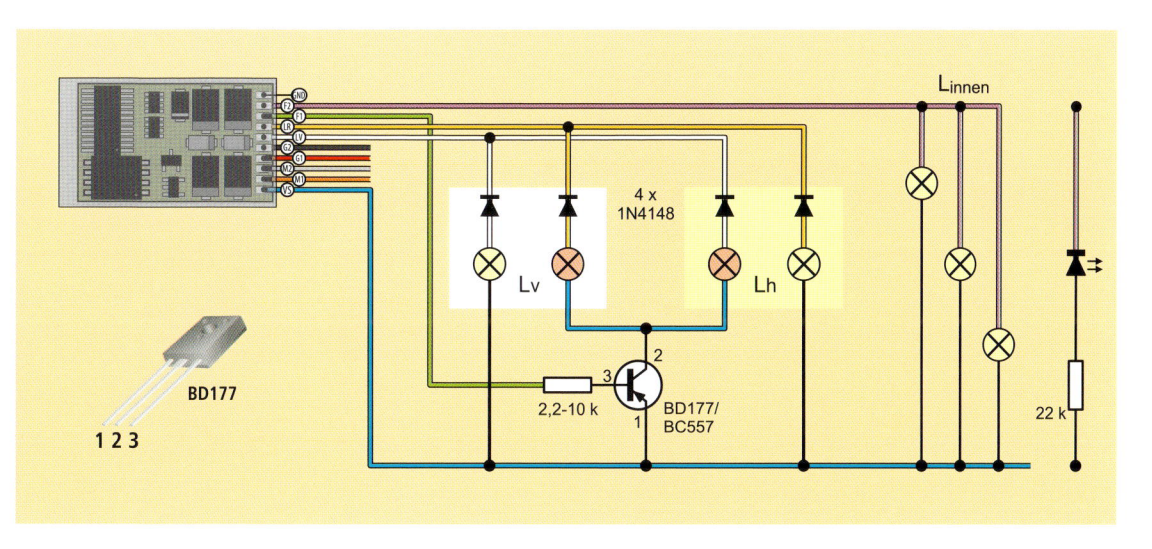

Die Zeichnung zeigt die relativ einfache Verschaltung der Beleuchtung. Der Transistor BD177 (wahlweise auch BC5577) schaltet die gemeinsame Plus-Leitung der roten Lampen auf die Plus-Leitung des Decoders. Die Dioden 1N4148 dienen der Entkopplung der beiden roten Lampen, da sie elektrisch in Reihe liegen. Bei Einbau von LEDs sind sie nicht erforderlich. Ganz rechts das Schaltbild einer LED mit Vorwiderstand als Ersatz für die Glühbirnchen.

schaltbar sein. Für diese Funktion und die schaltbare Innenbeleuchtung reichten vier Schaltausgänge. Dazu später mehr.

Überlegungen, die Glühlampen durch LEDs zu ersetzen, verwarf ich wieder. Versuche mit 3-mm-LEDs haben nicht das gewünschte Lichtergebnis gebracht. Die vormals installierten 5-Volt-Glühlampen tauschte ich gegen 24-Volt-Versionen aus.

Erste Maßnahmen

Da mir für die in dem Triebwagen installierte Elektronik keine Dokumentation zur Verfügung stand und diese für den Digitalbetrieb nicht benötigt wird, konnte sie kurzerhand entfernt werden. Aber halt! Die Platine fixiert einerseits den Motor und stellt über spezielle Kontakthülsen und Griffstangen im Fahrgastraum den elektrischen Kontakt zur Platine im Dach her. Damit stellte sich das Entfernen der Elektronik nicht so einfach dar. Zumindest sollten die Platine und die vier auf ihr installierten Leistungstransistoren, die die Platine im Chassis fixieren, erhalten bleiben.

Vor dem Entfernen der Elektronikbauteile skizzierte ich die Anschlüsse von Stromabnahme, Motor, Lampen und der Kontakte zur Platine im Dach. Denn die Anschlüsse auf der Platine sollten aus praktischen Überlegungen heraus erhalten bleiben. Das Skizzieren beinhaltet auch das Ausmessen der Anschlüsse, um z.B. für die Beleuchtung die gemeinsame Masse zu rekonstruieren. Diese

dient nach dem Umbau dem gemeinsamen Plus-Potenzial.

Die elektronischen Bauteile kann man mit einem Seitenschneider herunterzwicken. Alternativ kann man sie auch auslöten, wie es beim Entfernen des Umschalters von der Platine erforderlich ist. Ideal ist hier eine Entlötpumpe, mit der das verflüssigte Lötzinn abgesaugt werden kann.

Dachplatine

Die Dachplatine muss für die neue Konstellation etwas „umgestrickt" werden. Denn im Analogbetrieb werden für die oberen Stirnlampen und die Fahrgastraumbeleuchtung nur drei Verbindungen benötigt. Im Digitalbetrieb werden die Stirnlampen über getrennte Leitungen angesteuert. Dadurch werden auch alle vier Griffstangen als elektrische Verbindung in Beschlag genommen.

Dafür sind vier Trennungen mit einem Kugelfräser durchzuführen. Erforderliche neue Verbindungen sind rasch mit Schaltdraht verlegt. Der Kontakt über eine Griffstange ist als Plus-Potenzial definiert. Mithilfe eines konventionellen Gleichstromfahrreglers kann die Funktion der Dachplatine geprüft werden.

Stirnbeleuchtung

Für den bisherigen Analogbetrieb reichte die dreipolige Verbindung zwischen Lok- und Be-

FAHRZEUGE UMRÜSTEN

Lampenplatine im Originalzustand, das schwarze Kabel ist die gemeinsame Masse. An der gelben Linie wird die Platine aufgetrennt.

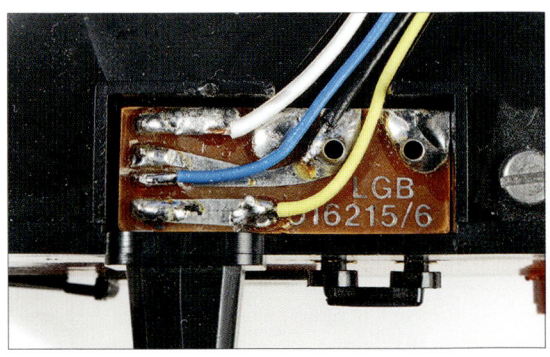

Die blaue Leitung (+) wird an den Schalttransistor geführt, über den die roten Lampen ausgeschaltet werden. Der Kabelkanal im Rahmen ist zudem etwas breiter zu fräsen.

Zum Entkoppeln der Lampenansteuerung sind noch zwei Dioden 1N4148 einzulöten (Kathode zeigt zum gelben bzw. weißen Kabel).

leuchtungsplatine der unteren Stirnlampen aus. Um die roten Schlusslampen unabhängig von den weißen ausschalten zu können, musste ein viertes Kabel für eine zusätzliche Plus-Leitung, die die roten Lampen versorgten, gezogen werden. Diese wird mit einem Schalttransistor auf der Lokplatine verbunden.

> **Kurz + knapp**
>
> - Triebwagen
>   LGB Art.-Nr. 2064
> - Loksounddecoder
>   ESU Art.-Nr. 54454, € 119,90
>
> Sonstiges:
>
> - Doppellautsprecher (4 x)
>   ESU Art.-Nr. 50447, € 6,95
> - 4 x Dioden 1N4148
> - 1 x Transistor BC557B

Um die Schlusslampen abhängig von der Fahrtrichtung zu betreiben und trotzdem abschaltbar zu machen, musste in die Plus-Leitung der roten Lampen ein Schalter eingebaut werden. Der Schalter ist in diesem Fall ein Leistungstransistor auf der Lokplatine. Dieser ist mit dem Ausgang F1 des Lokdecoders verbunden.

Abhängig von der Fahrtrichtung werden die roten Lampen auf der einen oder anderen Seite geschaltet, aber nur dann, wenn der Transistor über den Decoderausgang F1 angesteuert wird.

Lokplatine

An der Lokplatine müssen nach dem Entfernen der elektronischen Bauteile einige Veränderungen vorgenommen werden. Es müssen einige Leiterbahnen getrennt werden, um die Platine für die veränderte Verkabelung als Verteilerplatine nutzen zu können. Wichtig sind die Verbindungen der Stromabnehmeranschlüsse, die ein zusätzliches Kabel erforderlich machten. Auch

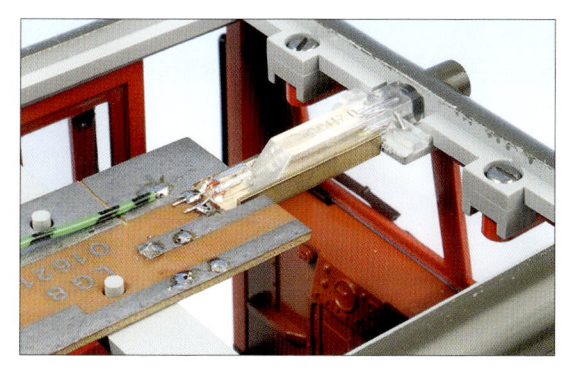

Kleiner roter Brummer

Um das obere Spitzenlicht schalten zu können, wurde die Leiterbahn durchtrennt und separat verkabelt.

Über der Schallaustrittsöffnung wurde ein Rahmen mit geätztem Messinggitter angebracht.

die Kontakthülsen sind elektrisch vom Rest zu trennen.

Einbau

Eingebaut werden müssen eigentlich nur die vier Doppellautsprecher, die in der Bodenwanne montiert werden. Allerdings ist die Öffnung des früheren Funktionsschalters im Weg. Da wir sowieso eine Schallöffnung benötigen, wird der entsprechende Bereich herausgesägt. Auf der anderen Seite der Wanne werden kleine Löcher eingebracht, um die Resonanzeigenschaft der Wanne ein wenig auszunutzen.

Die Schallöffnung wurde mit einer Lüftungsgitterattrappe abgedeckt. Dazu sägte ich ein 1,5 x 1,5 mm messendes Messingprofil auf Gehrung in vier Abschnitte und lötete diese wie einen Bilderrahmen auf einer Keramiklochplatte zusammen. Ein geätztes Gitter aus der Bastelkiste wurde noch eingelötet.

Die Lautsprecher jeweils einer Seite wurden in Reihe geschaltet und beide Gruppen anschließend parallel mit dem Lautsprecherausgang des Loksounddecoders verbunden. Nun musste nur noch der Decoder mit den entsprechenden Punkten auf der Lokplatine verbunden werden.

Der abschließende Test verlief recht positiv. Die Lautstärke musste noch auf ein angenehmes Maß reduziert werden und erfüllte bis auf die fehlende sonore Tiefe die gesetzten Erwartungen. Dreht man die Lautstärke zurück, wirkt das Geräusch authentischer. Denn so laut wie alte Feldbahndiesel waren die Triebwagen nicht. Und die Beleuchtung? Die abschaltbaren Schlusslampen sind betrieblich gesehen für den Schmalspurtriebwagen eine tolle Sache.

Fazit: Der Hauptaufwand erstreckt sich auf die Anpassung der Motorplatine. Der Rest ist Fleißarbeit, die durch die gewonnenen betrieblichen Möglichkeiten belohnt wird.

Vier Lautsprecher wurden in Reihe geschaltet und sind in der Motorabdeckung untergebracht und mit der Platine veschaltet.

FAHRZEUGE UMRÜSTEN

Opa auf Kur in Bad NEMs
Hochleistungsantrieb

Eine ältere Märklin-Lok wird unter Verwendung von Ersatzteilen mit neuem Motor und Schnittstelle für Digital-Decoder versehen.

Wer eine Sammlung älterer Märklin-Fahrzeuge besitzt, seine Anlage aber digital betreibt, wird sich immer wieder mit dem Gedanken der Digitalisierung beschäftigen. Um einen Anreiz zu geben, den Gedanken auch Taten folgen zu lassen, haben wir exemplarisch eine „typische" Märklin-Lok der 80er- und 90er-Jahre mit einer NEM-Schnittstelle versehen. Viele ältere Fahrzeuge der Firma Märklin sind technisch sehr ähnlich aufgebaut, sodass die Digitalisierung eines solchen Fahrzeugs mit einem kleinen Wissenstransfer auf verschiedene Modelle angewandt werden kann.

Bestandsaufnahme

Bei Märklin-Lokomotiven aus dem genannten Zeitraum sollten dabei die folgenden Bauteile vorhanden sein. Charakteristisch für die Fahrzeuge sind ein dreipoliger Trommelkollektor-Motor mit Feldspule und der elektromagnetische Fahrtrich-

Ein elektromagnetischer Fahrtrichtungsumschalter: Rechts ist der Sockel der Stirnbeleuchtung zu erkennen, diese Form eignet sich ohne weiteres zur Digitalisierung.

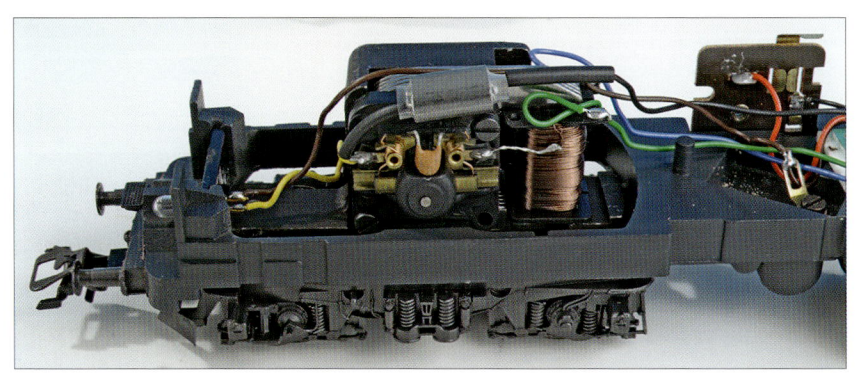

Ein klassischer Märklin-Trommelkollektormotor mit Feldspule und Entstördrossel.

Ansicht des Rahmens vor dem Umbau. Das linke Drehgestell beherbergt den kompletten Antrieb. Über dem rechten Drehgestell ist der Fahrrichtungsumschalter montiert.

Hochleistungsantrieb

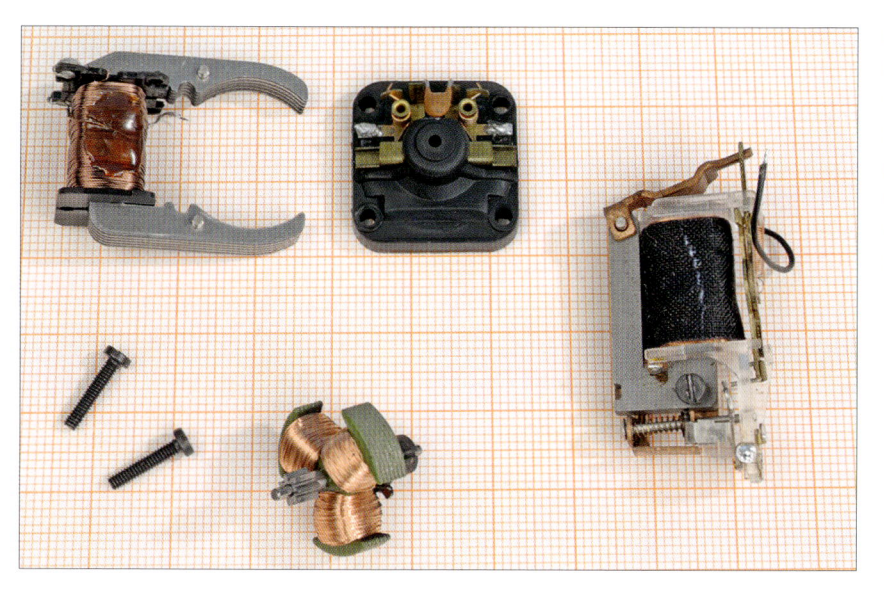

Oben die ausgebaute Feldspule und das Motorschild.; unten die alten Schrauben und der dreipolige Anker mit Trommelkollektor; rechts der analoge Fahrtrichtungsschalter.

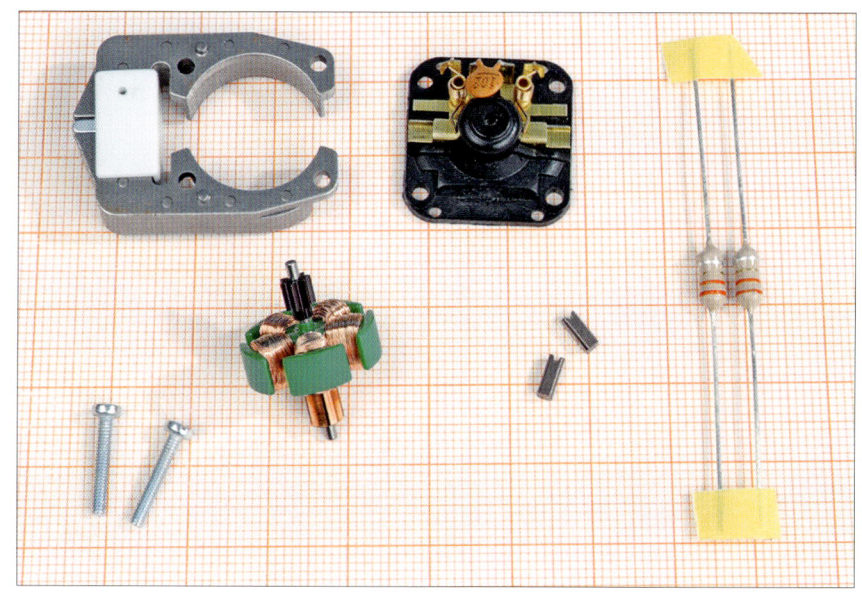

In der oberen Reihe der Permanentstator und das neue flachere Motorschild nebst Drosseln. Darunter der neue Anker mit fünf Polen und die Schleifkohlen. *Fotos: gg*

tungsumschalter. Im Gehäuse befindet sich zudem eine mehr oder weniger ausgeprägte Triebfahrzeugbeleuchtung und bei Elektroloks ein Umschalter zwischen Mittelleiter und Oberleitung. Wer ein solches Fahrzeug umbauen möchte, muss es zunächst „entkernen".

Umbaumaßnahmen

Dazu werden die Verbindungen zwischen Fahrtrichtungsumschalter und Feldspule des Motors durch Ablöten der Litzen unterbrochen. Die am Motorschild verlötete Entstördrossel wird ebenfalls entfernt. Im nächsten Schritt können die elektrischen Verbindungen der Beleuchtung und die Zuleitung des Umschalters getrennt werden. Bei der vorliegenden Maschine ist es sehr einfach, da der Umschalter nicht direkt am Schleifer, sondern über eine Verteilerplatte angeschlossen ist. Die Beleuchtung dieses Fahrzeugs ist mit Lampensockeln ausgeführt, die ohne Probleme übernommen werden können. Anders ist es bei Lokomotiven, welche die Fahrzeugmasse als Rückleiter nutzen. In diesem Fall empfiehlt sich beispielsweise die Ausrüstung mit LEDs als Leuchtmittel. Im nächsten Schritt der Demontage wird die Feldspule vom Motorschild getrennt.

Nun wird mit einem feinen Schraubendreher die Schraube gelöst, die den Umschalter und die zugehörige Isolation am Rahmen befestigt. Nach

FAHRZEUGE UMRÜSTEN

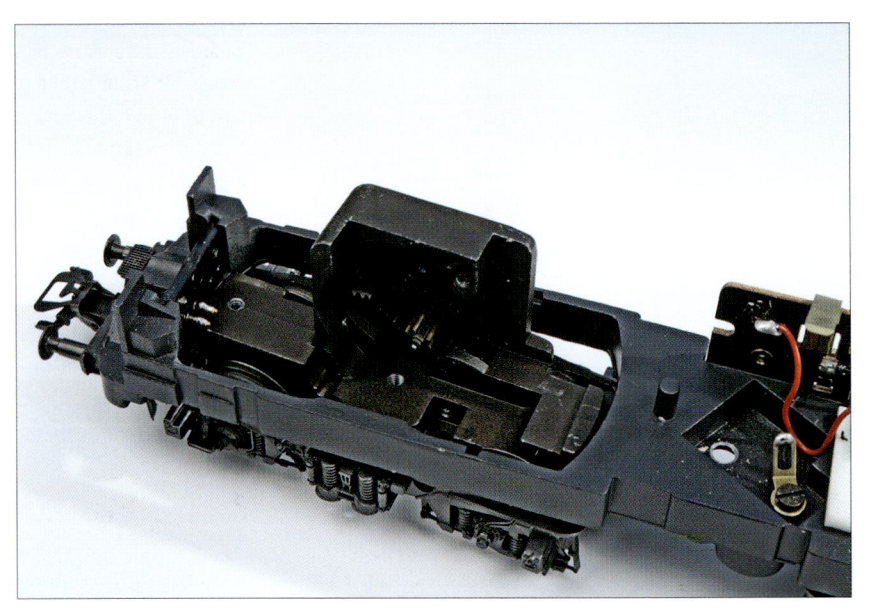

In diesem Zustand empfiehlt sich eine Reinigung des Getriebes. Zum Umbau kann das Drehgestell dem Lokrahmen entnommen werden. Das Verschrauben des Motorschildes wird so erleichtert.

Das ausgebaute Drehgestell ist mit den neuen Motorteilen versehen.

Das Drehgestell sitzt wieder im Lokrahmen. Die Drosseln sind an das Motorschild gelötet und mit dem Kabelbaum der Schnittstelle verbunden. Zur Sicherheit sollten die Lötstellen mit Schrumpfschlauch versehen werden.

Hochleistungsantrieb

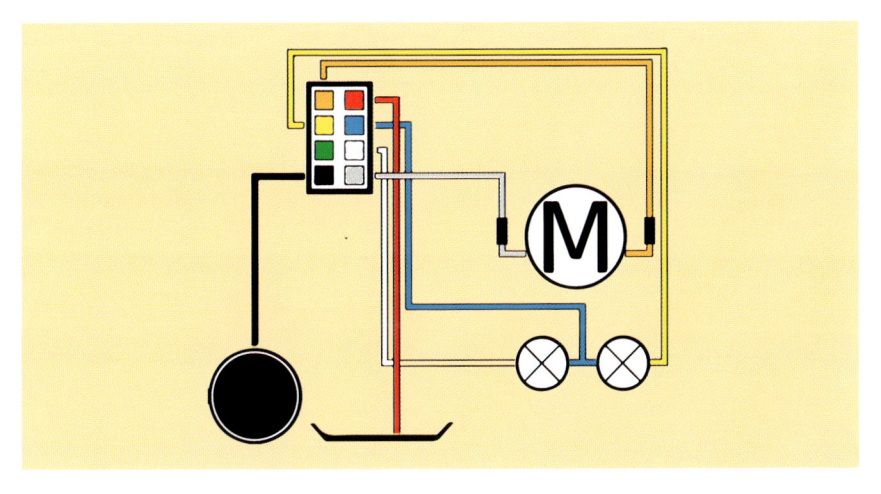

Schemazeichnung der Lokomotivelektronik nach Einbau der Schnittstelle nach NEM 652: Die Sonderfunktion (grün) bleibt ungenutzt.

diesem Schritt befindet sich – neben dem Motor – nur noch das vom Mittelschleifer kommende Kabel in der Lok.

Neue Maschine

Da analoge Märklin-Mittelleiter-Modelle häufig nur über einen dreipoligen Anker mit Trommelkollektor verfügen, empfiehlt sich der Umbau auf einen „Hochleistungsantrieb" – wie Märklin es nennt. Dabei wird der vorhandene Allstrommotor durch einen Gleichstrommotor ersetzt. Bei Letzterem gibt es keine Feldspule, an ihre Stelle rückt ein Neodym-Permanentmagnet. Zur Änderung des Motors bietet es sich in vielen Fällen an, wenn möglich das Antriebsdrehgestell aus dem Lokomotivrahmen auszubauen. Danach wird das diagonal verschraubte Motorschild entfernt, genauso wie Anker und Feldspule. An ihrer Stelle werden die passenden Neuteile eingebaut, lediglich mit dem Anlegen der Schleifkohlen sollte man noch warten. Nach Abschluss des Motorumbaus wird das Drehgestell wieder im Fahrzeugrahmen befestigt. Damit sind die mechanischen Arbeiten zum größten Teil abgeschlossen.

Acht Pole nach NEM 652

Es folgt die Verkabelung der NEM-Schnittstelle. Zunächst wird die Schnittstellenbuchse provisorisch mit Klebeband an geeigneter Position auf dem Lokrahmen befestigt. Diese Position ist verbindlich, da die Litzen zur Verdrahtung auf die entsprechende Länge gebracht werden. Die Verkabelung der Lokomotive orientiert sich trotz Mittelleitermaschine an den nach NEM 652 definierten Kabelfarben. Allerdings ist es nicht möglich, das Fahrzeug durch Einsetzen eines NEM-Blindsteckers analog zu betreiben.

Da die Lok über Lampensockel verfügt, die nicht die Gehäusemasse nutzen, muss die Beleuchtung an den Rückleiter des Decoders angeschlossen werden. In diesem Fall konnte dafür die vorhandene Lötverteilerplatte verwendet werden. Ist ein Lötverteiler nicht vorhanden, kann man ein Kupferplättchen verwenden, das gegen das Gehäuse isoliert wurde. Nach Einsetzen eines Decoders mit Schnittstellenstecker ist die Lok betriebsbereit.

Kurz und knapp

Märklin-Ersatzteile
- Motorschild
  Art-Nr. 386940
  € 9,99
- Feldmagnet
  Art.-Nr. 389000
  € 7,99
- Anker
  Art.-Nr. 386820
  € 19,95
- Bürstenpaar
  Art.-Nr. 601460
  € 1,99

ESU
- Kabelsatz
  Art.-Nr. 51950
  € 2,99

Erhältlich als Ersatzteile im Fachhandel. Im Versandhandel teils als günstiges Umbau-Set erhältlich.

FAHRZEUGE UMRÜSTEN

BR 96 mit radsynchronem Auspuffschlag
Das Mallet-Projekt

Mittlerweile sind viele aktuelle Modelle optional in digitaler Soundversion zu haben. Doch auch ältere Modelle lassen sich nachträglich mit einer Geräuschquelle versehen. Eine besondere Herausforderung stellen dabei Dampflokomotiven dar, soll doch der Auspuffschlag radsynchron erfolgen. Der Beitrag zeigt den Umbau einer Märklin-96.

Ein guter Freund bat mich, seine Märklin-96 mit passendem Sound zu versehen. Er selbst sammelte bei Dampflokomotiven eher mittelmäßige Erfahrungen und wollte daher eine echte Impulsauslösung. Diese Bitte konnte ich ihm nicht abschlagen, da es mich reizte, ein H0-Lokmodell entsprechend auszurüsten. Zudem war die Modell-96 bereits im Vorfeld mit einem fünfpoligen Motor versehen worden, der ein exzellentes Fahrverhalten versprach.

Grundüberlegungen

In einem ersten Schritt sah ich mir die Märklin-Mallet genauer an und informierte mich, welcher Hersteller Sounddecoder für eine 96 im Programm führt. Die Wahl fiel auf ESUs Loksound-V4, da hier ein entsprechendes Projekt als Download zur Verfügung steht. Vorab hatte ich mir die Anleitung heruntergeladen und mich eingelesen, welche Möglichkeiten für eine Impulsauslösung infrage kämen. Bei genauer Betrachtung der Märklin-96 dachte ich mir, dass der Platz für kleine Reedkontakte mit einer Glaskörperlänge von 7 mm ausreichend wäre. Die Überlegung, diese in den Zylinderattrappen zu verstecken, verwarf ich nach genauer Begutachtung.

Also blieb nur die Möglichkeit, einen Reedkontakt zwischen den Achsen zu platzieren und die Magnete, die für die Auslösung nötig sind, in den Rädern zwischen den Speichen zu verstecken. Der dort vorhandene Platz reicht für Magnete bis 2 x 1 mm. Als umzurüstendes Laufwerk wählte ich das antriebslose Drehgestell, da dort kein Schleifer vorhanden ist und die Platzverhältnisse für den Umbau vorteilhafter sind.

Einbau

Um die Auslösung durch einen Reedkontakt zu testen, ging es zunächst an einen Trockenaufbau. Dazu mussten zuvor jedoch einige Vorarbeiten durchgeführt werden: Zum einen war ein Rad mit den vier Magneten auszurüsten und darauf zu

Basis des Umbaus bildeten neben dem bereits vorhandenen Märklin-Modell ESUs Loksound-V4 sowie ein Zimo-Lautsprecher des Typs LS10X15.

Das Mallet-Projekt

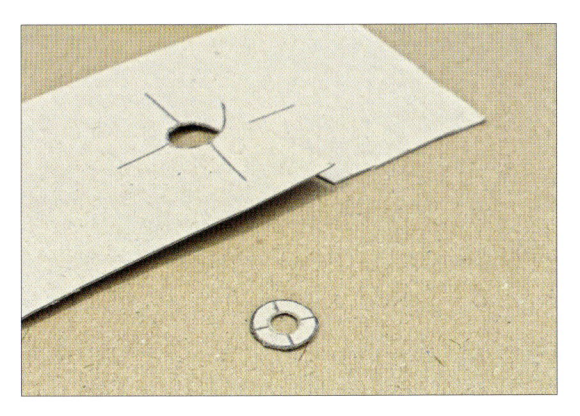

Aus dünnem Karton lässt sich eine Trägerscheibe für die Magnete herstellen.

Die Magnete werden jeweils im 90°-Winkel zueinander mit Sekundenkleber fixiert.

Oben und rechts: Die Kartonscheibe wird mit Sekundenkleber an einen Radsatz geklebt. Die nach außen gewandte Seite sollte mit schwarzem Filzstift gefärbt werden.

achten, dass sie im 90°-Winkel zueinander platziert werden. Zum anderen war ein Reedkontakt in das Drehgestell einzubauen. Das Zerlegen der Lok stellte keine größeren Probleme dar, da in der Märklin-Anleitung alle notwendigen Handgriffe ausreichend beschrieben sind.

Anschluss des Reedkontakts am Decoder. Hier ist neben einem Lötkolben mit Bleistiftspitze auch eine dritte Hand sehr hilfreich.

Nach Zusammenbau des Fahrgestells erfolgte die Positionierung des Reedkontakts.

FAHRZEUGE UMRÜSTEN

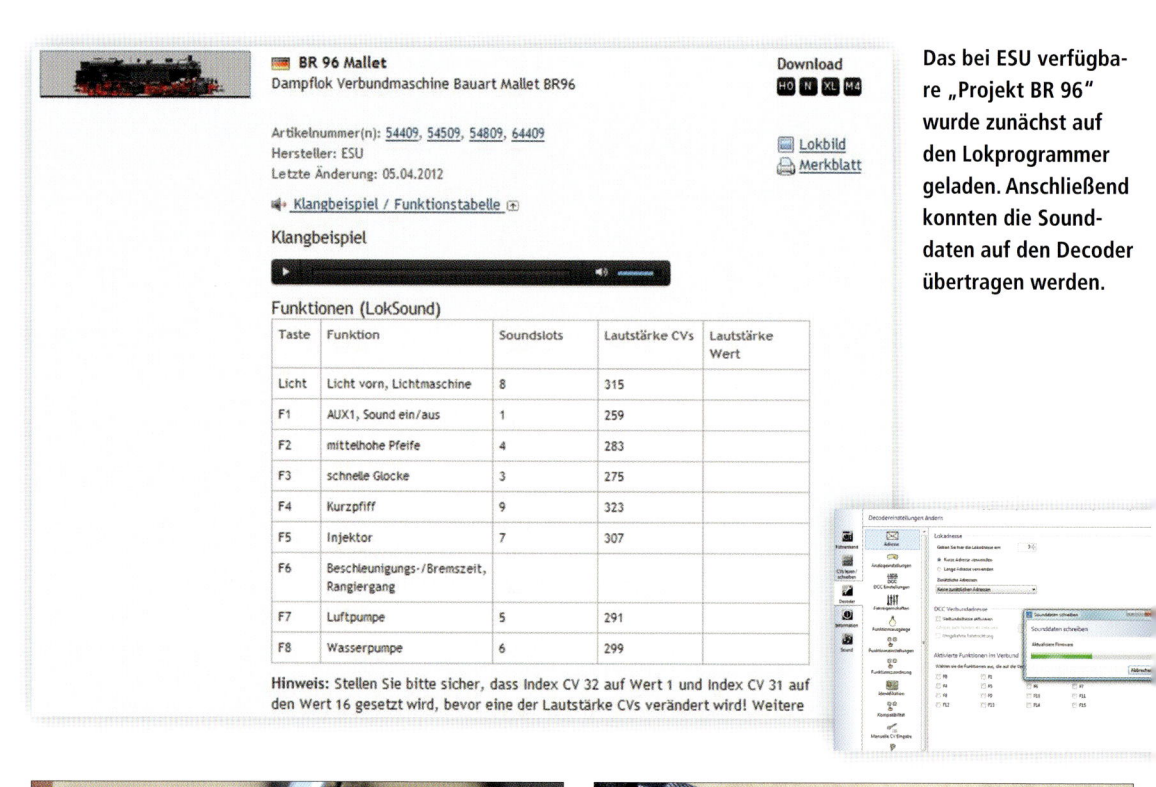

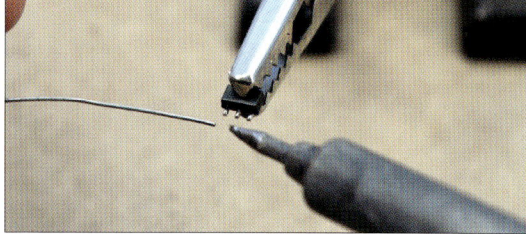

Das bei ESU verfügbare „Projekt BR 96" wurde zunächst auf den Lokprogrammer geladen. Anschließend konnten die Sounddaten auf den Decoder übertragen werden.

Da der verwendete Reedkontakt nicht die gewünschte „klare Aussprache" brachte, wurde er durch einen Siemens-Kleinsensor ersetzt.

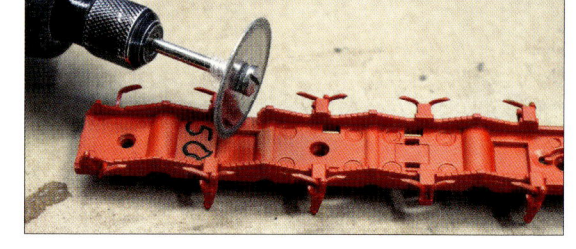

Mittels Dremel und Trennscheibe wurde am Fahrwerk für den Sensor Platz geschaffen, indem ein Federpaket z.T. entfernt wurde.

Limks: Regelmäßiges Kontrollieren verhindert, dass zu viel Material abgetragen wird.

Unten: Für eine exakte Lage des Sensors sorgt ein dünner Streifen Karton, der im 90°-Winkel auf dem Fahrwerksboden angebracht wird.

Das Mallet-Projekt

Für die Kabelführung ist in die Bodenplatte ein Loch zu bohren, wofür ein 2-mm-Bohrer vollends ausreicht.

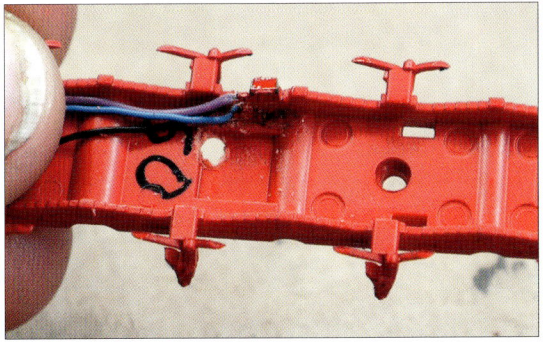

Der Sensor sollte mit passendem Lack der Farbe des Rahmens angepasst werden.

Beide Drehgestelle sind mit einer Plastikstange verbunden, die sich durch Entfernen einer Getriebebodenschraube aushängen lässt. So vorbereitet habe ich zuerst eine Scheibe aus dünnem Karton angefertigt. Sie misst 11,0 mm im Durchmesser und hat in der Mitte ein Loch von 5,0 mm. Auf sie platzierte ich alle vier 2 x 1 mm-Magnete jeweils im 90°-Winkel mit einem Tropfen Sekundenkleber.

Damit ich bei der Montage nicht das Treibrad abziehen musste, schnitt ich die Scheibe seitlich auf und konnte sie so über die Achse schieben. Zur besseren Tarnung malte ich die Außenseite zuvor mit einem schwarzen Eddingstift an. Nach dem Ausrichten mit den Treibstangen und der Zylinderschubstange wurde die Scheibe ebenfalls mit einem Tropfen Sekundenkleber fixiert.

Nun konnte ich das Drehgestell wieder zusammenbauen, den Reedkontakt positionieren und ihn an den Decodereingang anschließen. Dazu ist ein Lötkolben mit Bleistiftspitze nötig, um die kleinen Abstände nicht mit Lötzinn zu überbrücken. Vorher musste am Decoder die Schutzfolie etwas entfernt werden, um den Reedkontakt nach dem Belegungsplan von ESU an den Decoderlötstellen anlöten zu können. Anschließend wurde das Projekt der BR 96 mithilfe des Lokprogrammers auf den Decoder geladen.

Nach dem Laden stellte ich die Parameter CV 57 = 0 und CV 58 = 1 gemäß der ESU-Anleitung ein. Der Wert in CV 57 sagt dem Decoder, dass ein Impulsgeber angeschlossen ist und der Wert in CV 58, dass pro Impuls ein Auspuffschlag ausgelöst wird. Ein ESU-Prüfstand diente hierbei als Loksimulation.

Nachfolgend fädelt man die Kabel durch den Rahmen und schraubt den Getriebeboden wieder an den Drehgestellrahmen.

FAHRZEUGE UMRÜSTEN

Der Zimo-Lautsprecher wird mittels doppelseitigem Klebeband im eigentlichen Decoderfach fixiert.

Leider blieb der Erfolg zunächst jedoch aus, da der Reedkontakt flatterte. Das äußerte sich dadurch, dass der Auspuffschlag eher ein Auspuffzittern war. Bei langsamer Fahrt, die ich durch Drehen von Hand simulierte, lieferte der Reedkontakt kein sauberes Signal – was aber für die Ansteuerung zwingend erforderlich ist. Bei schneller Fahrt (schnelles Drehen von Hand) funktionierte das hingegen. Insgesamt war das Ergebnis so leider nicht brauchbar.

Also musste ich eine andere Auslösung in Betracht ziehen und recherchierte im Internet, welcher Kleinsensor verwendbar ist. Die Wahl fiel auf den Siemens TLE 4905 G 3.5 - 24 V SOT 89. Die erste Arbeit bestand darin, den Sensor von Siemens zu verkabeln.

Vor Einbau des Decoders ist der Sensor anzuschließen, da die Lötpads im eingebauten Zustand nicht zugänglich sind.

Unten: Nach Abschluss der Verkabelung sorgt man noch für Ordnung.

Das Mallet-Projekt

Leider musste die bereits verbaute Magnetscheibe noch einmal neu angefertigt werden, da die Sensoren Wechselschalter sind. Das bedeutet, dass wir wechselnde Polarität an den Magneten benötigen und das hatte ich bei der ersten Scheibe nicht berücksichtigt, es war für die Reedkontakte ja auch nicht nötig. Also fertigte ich die Scheibe nochmals an und verklebte die vier Magnete diesmal mit wechselnder Polarität. Sie fragen sich sicher, wie man das feststellen kann. Ich hatte die vier Magnete in Reihe und versah immer die obere Seite mit einem schwarzen Punkt. Beim Verkleben achtete ich dann darauf, dass sich zwei Magnete mit Punkt gegenüber befanden.

Verwenden Sie zur Positionierung der Magnete eine Kunststoffpinzette, da selbst in stahllosen Pinzetten ein wenig Stahl vorhanden ist; ausreichend für diese Magnete, um an der Pinzette hängen zu bleiben und Ihnen den letzten Nerv zu rauben.

Für die verwendeten Kleinsensoren muss trotzdem der Getriebeboden etwas ausgefräst werden. Mit einem Dremel mit Trennscheibe entfernte ich an der zweiten Achse das dargestellte Federpaket und fräste eine kleine Nut, um den Platz für den Sensor zu schaffen. Zwischendurch fand immer wieder eine kurze Kontrolle statt, damit nicht mehr als nötig entfernt wird. Für eine bessere Endlage des Sensors wurde aus Karton ein 90°-Winkel als Stütze angefertigt und mit einem Tropfen Sekundenkleber anschließend alles verklebt.

Weiter ging es mit dem Loch für die Kabeldurchführung, wofür ein 2-mm-Bohrer vollkommen ausreicht. Danach wurden die Kabel durch den Rahmen verlegt und der Getriebeboden wieder festgeschraubt.

Die Anschlussarbeit des Decoders war der nächste Punkt. Hierzu wurde zunächst der Zimo-Lautsprecher mit doppelseitigem Klebeband im Decoderfach fixiert. Daneben sollte ESUs Loksound-V4-Decoder seinen Platz finden. Zuvor musste jedoch der Sensor angeschlossen werden, da sich die entsprechenden Lötpads auf der Rückseite des Decoders befinden und im eingebauten Zustand verdeckt sind.

Weiter kürzte ich Kabel für Kabel und schloss sie nach dem NEM-Belegungsplan an. Nachdem alles verkabelt war, wurden die Kabel mit Litzenresten sauber zusammengebunden. Damit stand der Probefahrt nichts mehr im Weg. In deren Verlauf wurden die CVs für Höchstgeschwindigkeit sowie für Anfahr- und Bremsverzögerung ebenfalls korrigiert.

Nun konnte ich das Gehäuse wieder befestigen und die Lok meinem Freund übergeben. Für den gesamten Umbau benötigte ich etwa vier bis fünf Stunden, da die Justierung des Sensors ein wenig länger dauerte.

Kurz + knapp

- Lötkolben mit Bleistiftspitze, Lötzinn
- dünner Karton oder dickeres Briefpapier für die Anfertigung der Magnetscheibe
- Zirkel
- kleine Schere
- Sekundenkleber
- Dremel mit diversen Fräsköpfen und Trennscheiben
- Bohrer (Ø 2 mm)
- „Dritte Hand" als Löthilfe
- kleine Plastikpinzette
- schwarzer Edding
- vier 2 x 1 mm-Magnete, z.B. von MTS
- LokSound-Decoder V4.0 von ESU
- Zimo-Lautsprecher mit Resonanzkörper LS10X15
- Anschlusskabel dünne Litze 0,8 mm^2

FAHRZEUGE UMRÜSTEN

Mikado mit Sound
Preußischer Walzer

Die Baureihe 39 von Rivarossi als Übungsobjekt zur Digitalisierung mit Sound.

Rivarossis Präsentation der Baureihe 39.0 liegt nun schon etliche Jahre zurück. Schon deshalb fehlen dieser Lok technische Annehmlichkeiten wie beispielsweise eine NEM-Schnittstelle oder Vorbereitungen für Lautsprecher. Trotzdem ist es möglich, der Maschine mit überschaubarem Aufwand zu Digitalsound zu verhelfen.

Die Maschine mit geöffnetem Gehäuse im Ausgangszustand sowie der zerlegte Tender mit der Verteilerplatine vor dem Trennen von Leiterbahnen.

Preußischer Walzer

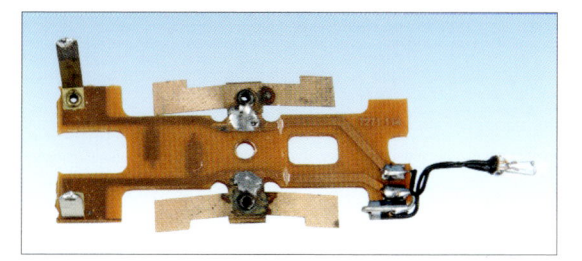

Die Platine mit an zwei Stellen getrennten Leiterbahnen.

Vor dem Verlöten der Anschlüsse müssen Schrumpfschlauchstücke über die Kabel gefädelt und nach dem Löten über die Lötstellen geschoben werden.

Der Tender mit lose aufgesetztem Ballaststück.

Im ersten Schritt muss das Modell demontiert werden. Dazu sind bei dieser Lok zwei Schrauben unter den Zylindern zu lösen. Das Gehäuse ist zudem innerhalb des Führerstandes durch eine U-förmig gebogene Klammer fixiert, die mit einem Schraubendreher nach hinten herausgehebelt werden kann. Das Tendergehäuse ist lediglich auf den Rahmen gesteckt und durch Rastnasen befestigt. Es genügt, das Tendergehäuse von unten mit leicht nach außen gedrückten Seitenwänden abzuziehen. Im geöffneten Tender befinden sich zwei Ballaststücke aus Grauguss. Eines hält mit vier Schrauben befestigt den Motor, das andere ist im Tendergehäuse unterhalb des Kohlekastens verschraubt. Dieses wird zuerst entfernt, um später dem Decoder den nötigen Platz zu bieten. Das untere Balaststück wird für den Umbau temporär entfernt.

Vorbereitungen

Der nun freigelegte Motor liegt mit seinen Antriebsschnecken lose auf den Getriebezahnrädern und kann einfach herausgenommen werden. Endlich ist die Platine zur Energieversorgung des Fahrzeuges offen zugänglich. Wer eine solche Lokomotive digital einsetzen möchte, kommt nicht umhin, die Leiterbahnen der Platine an zwei Stellen zu trennen, um später die Tenderbeleuchtung schalten zu können. Die beiden nach oben ragenden Messingstege versorgten bis dato den Motor und die Spitzenbeleuchtung der Lok mit Energie. Die Kabel für die Lokbeleuchtung werden abgelötet. Die Stege werden nicht mehr benötigt und deshalb durch Abschleifen der Nietenkrempe entfernt.

Decodereinbau

Es folgt konstruktive Arbeit – die Verdrahtung des Decoders. Verwendet wurde in diesem Fall ein Decoder der Firma Zimo mit der Bezeichnung MX643, der Umbau ist unter Einhaltung der Kabelfarben problemlos auf andere Decoder zu adaptieren. Um die Kabel auf die benötigten Längen zu kürzen, empfiehlt es sich, Decoder und Motor übereinander mit Klebepads zu befestigen. Im Tender müssen die Kabel für die Stromversorgung

FAHRZEUGE UMRÜSTEN

Der Lautsprecher findet – nachdem auf beiden Seiten minimal Material abgetragen wurde – in der Stehkesselrückwand Platz. Der verwendete Lautsprecher stammt von Dietz und hat 18 mm Durchmesser. *Fotos: gg*

von Decoder und Motor sowie die Tenderbeleuchtung untergebracht werden. Sind diese Kabel gekürzt, kann man mit den Lötarbeiten im Tender beginnen. Hier werden nun zunächst die Zuleitungen des Decoders (rot und schwarz) mit den aufgetrennten Leiterbahnen der Platine verbunden. Im nächsten Schritt folgt die Tenderbeleuchtung. Es wird zunächst die gelbe Lichtleitung kurz hinter der Trennstelle auf der Platine verlötet, dann folgt mit dem blauen Kabel der gemeinsame Pluspol. Da dieser Strang auch für die Stirnbeleuchtung benötigt wird, sollte bereits jetzt ein entsprechend langes Kabel in Richtung Lok eingezogen und ebenfalls auf der Leiterbahn verlötet werden. Um später den Kontakt zwischen Motorgehäuse und gesetzten Lötpunkten zu vermeiden, empfiehlt es sich, die Unterseite des Motors mit einem Streifen Isolierband zu belegen.

Zum Anschluss des Motors werden die entsprechenden Kabel des Decoders (grau und orange) an den Lötfahnen des Motors befestigt. Diese werden zum Schutz vor Kurzschlüssen mit einem Schrumpfschlauch überzogen und leicht nach innen gebogen. Der Motor kann nun wieder eingesetzt werden, der Decoder wird huckepack auf das Motorgehäuse gelegt. Das Aufsetzen des Guss-

Preußischer Walzer

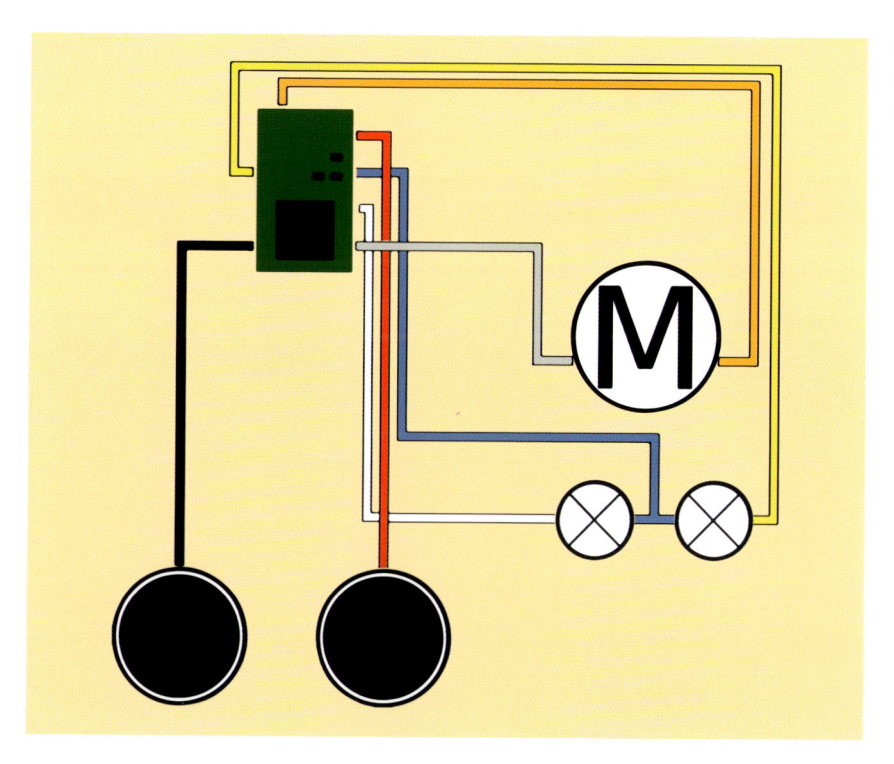

Anschlussskizze des Decoders in Rivarossis Baureihe 39, nicht genutzte Leitungen wurden nicht berücksichtigt.

ballaststückes bedarf ein wenig Geduld. Es wird zunächst lose aufgelegt, Decoder und Kabel werden durchgefädelt. Hebt man das Ballaststück nun wieder leicht an, kann man mit einer Pinzette die Kabel, die unterhalb des Motors laufen, vorsichtig in die gewünschte Position bringen.

Kabelführung

Ist die Verkabelung im Tender abgeschlossen, beginnen die Arbeiten der Kabelführung zur Lok. Insgesamt müssen vier Kabel vom Tender herübergezogen werden. Es handelt sich um die beiden Lautsprecher-Anschlusskabel (lila), das weiße Kabel der Stirnbeleuchtung und die selbstgelegte blaue Versorgungsleitung. Digitalisiert man ein Modellbahnfahrzeug und kommt in die Situation, Leitungen zwischen Lok und Tender zu verlegen, bietet es sich an, die Kabel decoderseitig gegen schwarz isolierte zu tauschen. Diese fallen nach Schließen des Gehäuses wesentlich weniger auf als farbige. Das Rivarossi-Modell der P 10 verfügt sowohl an der Tenderstirnwand als auch innerhalb des Führerstandes über Schlitze und Bohrungen zur Kabelführung. Richtet man sich nach diesen, gibt es später keine Probleme mit zu kurzen oder überstehenden Kabeln.

Sind die vier benötigten Leitungen bis in den Stehkessel der Maschine geführt, kann der Lautsprecher angelötet werden. Um Beschädigungen an den Kunststoffteilen zu vermeiden und zur Arbeitserleichterung empfiehlt es sich, auf eine „dritte Hand", eine Löthilfe mit Krokodilklemmen, zurückzugreifen. Als Alternative kann eine dünne Holzleiste über den Aschekasten gelegt werden, auf dem man den Lautsprecher temporär mit Klebeband befestigt. Ohne einen dieser Schritte „klebt" der Lautsprecher durch seinen Magneten ganz schnell am Lötkolben und wird dadurch eventuell beschädigt. Ist die elektrische Verbindung hergestellt, wird der Lautsprecher stehend mit doppelseitigem Klebeband befestigt.

Da das Fahrwerk der P 10 vernietet ist, müssen die bestehenden Lichtleitungen weiterverwendet werden, der Einzug neuer Kabel ist schlicht nicht möglich. Also werden die Originalkabel im Bereich des Aschekastens gekappt, mit der weißen sowie der blauen Leitung verbunden und mit Schrumpfschlauch isoliert. Einer Probefahrt steht nun nichts mehr im Weg. Vor dem Schließen des Gehäuses werden die nicht benötigten Leitungen des Decoders aufgewickelt. Zum Schluss werden Ballaststück und Gehäuse verschraubt.

FAHRZEUGE UMRÜSTEN

On30-Shay von Bachmann mit SUSI-Soundmodul von Uhlenbrock

Dampf, Kardan und Sound

Auf kaum einer Ausstellungsanlage mit US-Waldbahn-Thema in der Baugröße On30/0e wird auf den akustischen Hintergrund verzichtet. Er gibt diesen Modellbahnanlagen einen besonderen Charakter. Hier erfahren Sie, wie man eine Bachmann-Shay entsprechend ausrüstet.

Auch wenn Waldbahnlokomotiven wie die Shays mit ihrem seitlich montierten Dampfmotor vom klassischen Erscheinungsbild einer Dampflok abweichen, so geht von ihnen doch eine gewisse Faszination aus. Das Spiel von Pleuelstangen, Kurbelwelle mit Gegengewichten und der Kardanwelle mit ihren Kegelradgetrieben auf den Achsenden ist immer wieder ein Hingucker.

Die relativ schnell laufenden Zwei- bzw. Dreizylinderdampfmotoren erzeugen zudem ein charakteristisches Klangbild mit kurzen knappen Dampfstößen. Wird das Klangspektakel einer Shay schon bei geringer Geschwindigkeit durch schnell aufeinanderfolgende Auspuffschläge geprägt, sind bei höherem Tempo kaum noch einzelne Auspuffschläge zu unterscheiden. Bei der klassischen Zweizylinderlok sind hingegen die vier Auspuffschläge pro Radumdrehung auch bei mittlerer Fahrt noch gut zu unterscheiden.

So kam der Wunsch auf, das Modell der 0n30-Shay akustisch zum Leben zu erwecken. Da die Waldbahnlok von Bachmann für den Einbau eines Decoders mit einer achtpoligen Schnittstelle ausgerüstet sowie der Platz für einen Lautsprecher vorgesehen ist, sollte der Einbau keine Probleme bereiten.

Bestandsaufnahme

Die achtpolige Schnittstelle ist auf einer Platine unter dem Tenderaufbau untergebracht. Unter der Platine haben die Konstrukteure die Aufnahme für einen Lautsprecher bereits vorgesehen. Leider fehlt in der Betriebsanleitung eine Bezugsquelle für einen passenden Lautsprecher. So ist hier Eigeninitiative gefragt, um etwas halbwegs Passendes zu finden.

Nun nimmt die Lok relativ wenig Strom auf, sodass ein kombinierter Loksounddecoder wie der LokSound micro V3.5 von ESU mit 850 mA Motorstrom sicher eine gute Wahl ist. Das Um- und Einbauprozedere ist jedoch vergleichbar mit

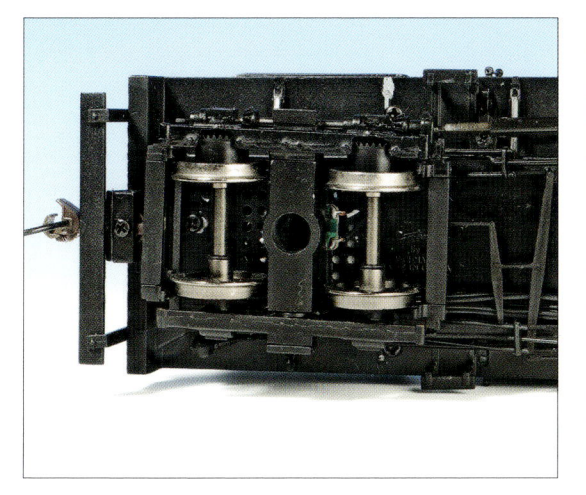

Dampf, Kardan und Sound

Durch das Drehgestell sind die Lautsprecheröffnungen zu sehen. Drei Schrauben halten den Tenderaufbau.

Die Lokplatine mit der Schnittstelle musste dem Lautsprecher von Uhlenbrock weichen, der auf einen Kunststoffrahmen geklebt wurde.

der hier umgesetzten alternativen Möglichkeit. Diese besteht aus einem SUSI-Soundmodul von Dietz bzw. Uhlenbrock und einem Lokdecoder mit SUSI-Schnittstelle nach Wahl. In diesem Fall hat man die Option, auch einen Decoder für das Selectrix- bzw. RMX-Format zu wählen. Der ausgewählte Lokdecoder hat jedoch kaum Einfluss auf die erforderlichen Um- und Einbauarbeiten.

Der dem SUSI-Soundmodul standardmäßig beiliegende Lautsprecher würde von seinen Abmessungen ohne die Schallkapsel passen. Die vorstehende Sicke des Lautsprechers macht es entweder erforderlich, einen Ausschnitt in die Bodenplatte der Lok zu sägen, oder den Lautsprecher auf einen extra Montagerahmen zu setzen. Da für die Schallkapsel die Lokplatine sowieso entfernt werden muss, kann der Lautsprecher auch wegen des Platzgewinns in der Höhe auf einem kleinen Rahmen installiert werden.

Der Montagerahmen entstand aus 2 mm dickem Polystyrol. Rahmen und Lautsprecher fixierte ich mit kleinen Tropfen Schmelzkleber. Die Konstruktion wurde anschließend zwischen den Befestigungszapfen ebenfalls mit Schmelzkleber fixiert.

Die Lokplatine dient hauptsächlich als Stromverteilerplatine und trägt noch Bauteile zur Funkentstörung und Vorwiderstände für die Lokbeleuchtung. Man könnte sie also durch eine eigene Stromverteilerplatine ersetzen, die man sich aus einer Lochstreifenplatine herstellt. Acht Leiterbah-

Als Stromverteiler diente eine Streifenrasterplatine, die auf die beiden Befestigungshülsen der ehemaligen Lokplatine geschraubt wird.

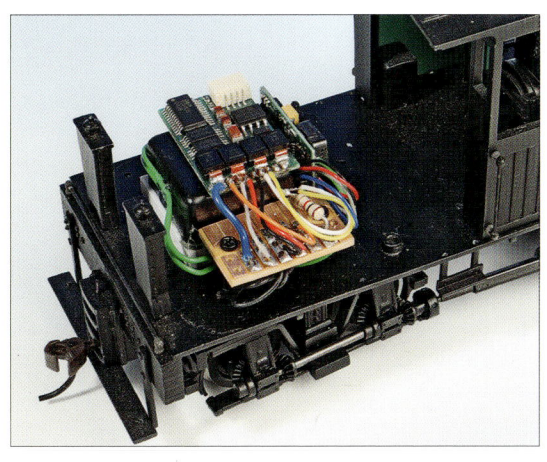

Lautsprecher, Verteilerplatine, Lokdecoder und SUSI-Soundmodul sind zu einer kompakten Einheit ohne Kabelgewusel zusammengewachsen.

FAHRZEUGE UMRÜSTEN

Alles passt nun unter den Tenderaufbau. Der jetzt noch freie Blick in den Tender kann wahlweise durch einen Öltank-, Kohle- oder Holzaufsatz, die alle dem Modell beiliegen, verdeckt werden. Durch den Einbau im Tender ist der Führerstand noch für „Driver" und „Fireman" frei. Entsprechende Figuren gibt es bei Preiser und Addie Modell.

Der dem SUSI-Soundmodul standardmäßig beiliegende Lautsprecher würde von seinen Abmessungen ohne die Schallkapsel passen. Die vorstehende Sicke des Lautsprechers macht es entweder erforderlich, einen Ausschnitt in die Bodenplatte der Lok zu sägen, oder den Lautsprecher auf einen extra Montagerahmen zu setzen.

nen breit lässt sie sich auf den beiden nicht mehr benötigten Befestigungshülsen montieren. Hier ist zu beachten, dass im Bereich der Schrauben die Kupferbahnen wegzufräsen sind, um Kurzschlüsse zu vermeiden.

Es empfiehlt sich, den Leiterbahnen von links nach rechts die entsprechenden Anschlüsse zuzuweisen und in einer Skizze zu dokumentieren. Dann können die Kabel von der Lokplatine ab- und an die Verteilerplatine gelötet werden.

Um den Kabelwust möglichst übersichtlich zu halten, wurden die Lokkabel von unten an die Platine herangeführt, durch die Bohrungen der Platine gesteckt und verlötet. Die Kabel des Lokdecoders sind gekürzt und von oben auf die Leiterbahnen gelötet.

Eigentlich sollte man meinen, dass unter dem Tenderaufsatz ausreichend Platz ist, um alle Komponenten unterzubringen. Das erwies sich jedoch als eine Art Puzzlespiel, galt es ja auch die Kabel geschickt unterzubringen. Der Lokdecoder (Multiprotokolldecoder RMX992 von Rautenhaus) wurde mit einem doppelseitigen Klebepad auf dem Resonanzkörper des Lautsprechers fixiert. Das SUSI-Soundmodul fand senkrecht am Resonanzkörper in Richtung Führerstand stehend seinen Platz.

Da bei Dampfloks dieser Art mit ihren relativ schnell laufenden Dampfmotoren optisch kein Zusammenhang zwischen Kolbenbewegung und Auspuffschlag zustande kommt, kann man auf einen Impulsgeber für die Radsynchronisierung verzichten. Wichtig ist es, die Höchstgeschwindigkeit der Lok auf ein dem Vorbild entsprechendes Maß zu reduzieren, um ein überzeugendes Zusammenspiel zwischen Geschwindigkeit und Akustik der Lok zu erzeugen.

Der Tabelle oben können die eingestellten Werte entnommen werden. Die Werte in den Klam-

Funktionen und ihre Zuordnung

	DCC	RMX	SX2	SX1
Adresse (Beispiel)	9	9	9	9
F0	Loklicht			Loklicht + Lokgeräusch
F1	Lokgeräusch			Pfeife
F2	Pfeife			Pfeife (Adresse 10)
F3	Kupplergeräusch			Kuppler. (Adresse 10)
F4	Glocke			Glocke (Adresse 10)

Um auch mit älteren Selectrix-Geräten alle Geräusche abrufen zu können, wird diesen eine weitere Lokadresse zugewiesen.

Dampf, Kardan und Sound

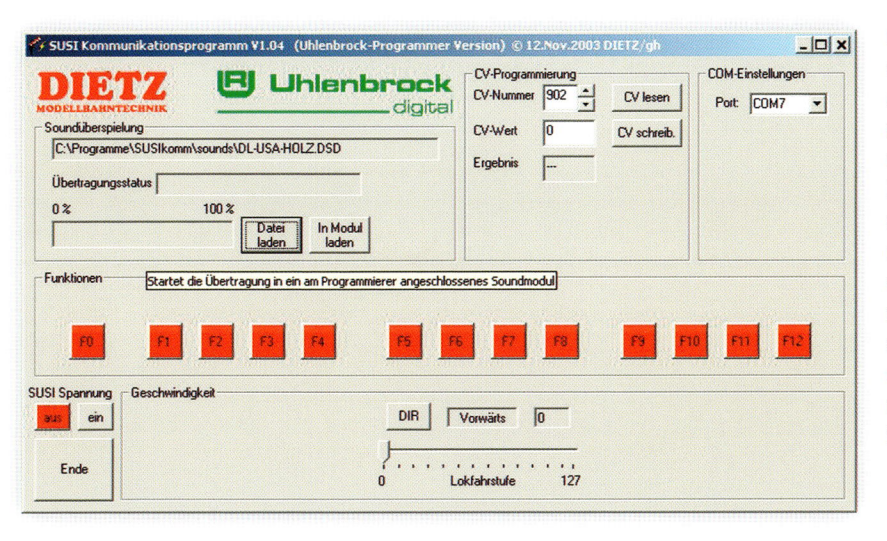

Um das „leere" Soundmodul mit dem passenden Sound zu versehen, wurde dieser via Internet von der Uhlenbrock-Homepage heruntergeladen und mit Programmer und zugehöriger Software in das Modul übertragen. Anschließend lassen sich Einstellungen wie Lautstärke und Funktionstastenzuordnungen über CVs verändern.

mern sind die Werkseinstellungen. Wegen des Betriebs mit älteren Selectrix-Komponenten wird der Sound zusammen mit dem Loklicht eingeschaltet (CV903). Die Lokpfeife wird mit der CV912 der Funktionstaste des Selectrix-Handreglers zugewiesen.

Wichtig wäre noch, über die CV902 die Lautstärke anzupassen. Lieber etwas leiser, als der Versuch einer spektakulären Geräuschkulisse, die auf Dauer auf die Nerven geht. Statt des werksseitigen Wertes von 255 (volle Lautstärke) hat sich ein Wert von 160 als ausreichend für den Betrieb in einem Wohn- bzw. Hobbyraum herausgestellt.

Unterstützen moderne DCC-Systeme wie auch RMX und Selectrix 2 weit mehr als acht Lokfunktionen, muss man bei reinen Selectrix-Systemen das Schalten von mehr als zwei Lokfunktionen über eine weitere Lokadresse organisieren. So ist der Tabelle zu entnehmen, dass drei Lokgeräusche über die der Lokadresse folgende Adresse zu schalten sind. Diese Besonderheit kann in den Rautenhaus- und Selectrix-Decodern gesondert eingestellt werden.

Prinzipiell lassen sich CVs von Lokdecoder und Soundmodul über eine DCC-fähige Zentrale auslesen und einstellen. Beim Decoder SLX832 konnte der Decoder nur mit abgezogenem SUSI-Modul ausgelesen und verändert werden. Die CV-Werte des Moduls ließen sich hingegen über die Parameterprogrammierung einer Selectrix-2-fähigen Zentrale verändern.

Programmierung	
SX-Parameter	Wert
Adresse	9 (1)
Geschwindigkeit	3 (5)
Anfahr- u. Bremsverhalten	4 (4)
Impulsweite	3 (2)
AFB	5
VMR (Variante der Regelvariante)	3 (3)
CV902 (Lautstärke)	160 (255)
CV903 (F-Mapping für F0)	3 (0)
CV912 (F-Mapping für F9)	1 (0)

Kurz + knapp

- **Lokdecoder SLX834 bzw. RMX992**
  € 37,90
  Rautenhaus digital
  Erhältlich im Fachhandel oder direkt (www.mdvr.de)
- **SUSI-Soundmodul**
  Art.-Nr.: 32400 (mit Sound)
  Preis: € 69,–
  Uhlenbrock
  Erhältlich im Fachhandel
- **Streifenrasterplatine**
  Erhältlich im Elektronikfachhandel
- **Vorwiderstand für Lok-LED**
  4,7 kOhm / 1/8 Watt
  Preis: € 0,05
  Erhältlich im Elektronikfachhandel

Bahnbetriebswerk

Kapitel 3:
Digitales Licht

Leuchtende Dioden 96
Richtig Licht machen 102
Dampfloks mit Lichtfunktionen 110
Es werde Licht 118
Diesel mit Durchblick 122
Licht in Führerstand und Maschinenraum 126
Wagen-Erleuchtung 132

DIGITALES LICHT

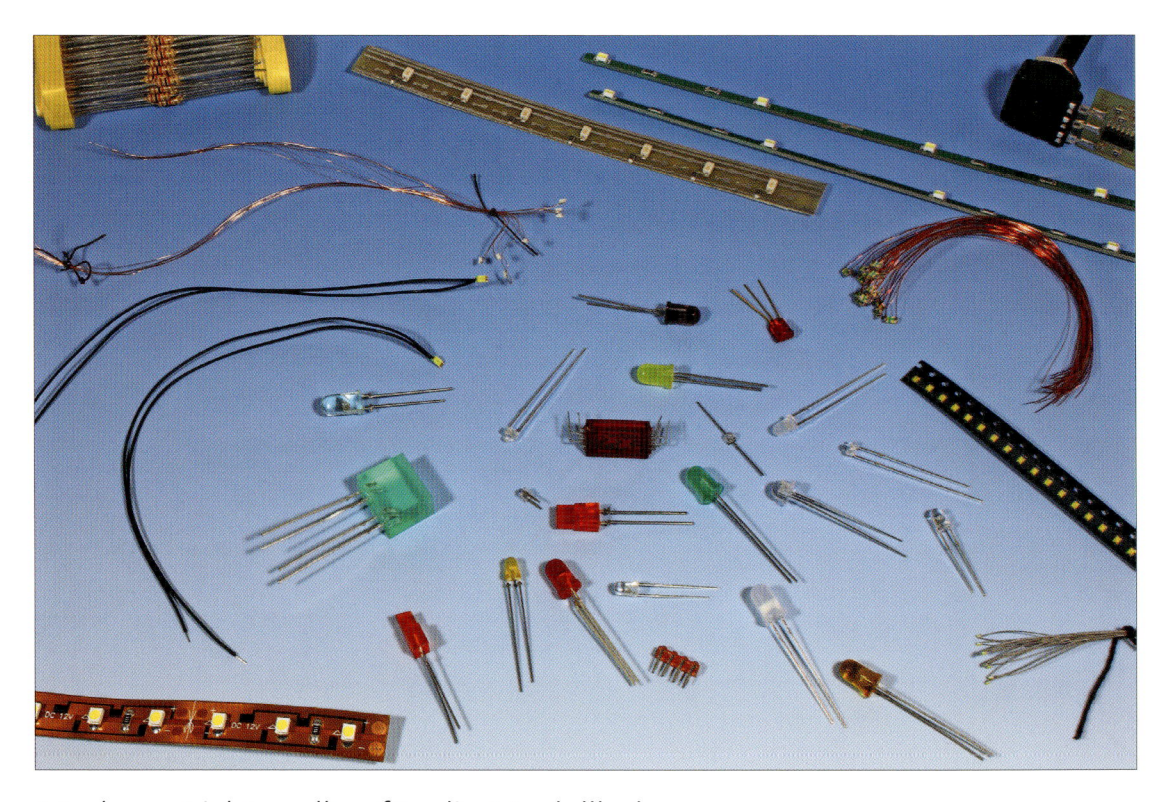

Moderne Lichtquellen für die Modellbahn

Leuchtende Dioden

Heutige LEDs sind eine Art „Wundermittel" bei der Beleuchtung von Fahrzeugen und Modellbahnanlagen. Beim Einsatz sind jedoch einige Sachverhalte zu beachten, um einen langlebigen Einsatz zu gewährleisten.

Leuchtdioden sind elektronische Bauelemente nach dem Halbleiterprinzip. Werden diese Dioden von Gleichstrom in der Durchlassrichtung durchflossen, strahlen sie, abhängig vom Halbleitermaterial, Licht mit einer bestimmten Wellenlänge ab. Als Halbleitermaterial kommen bei den

Grundlage für die heutige vielseitige Anwendung von Leuchtdioden war die Entwicklung von Varianten mit weißen Lichtfarben. Im Bild links sind LEDs der Leuchtfarben kaltweiß, weiß, sunny-weiß, warmweiß, warmweiß-diffus und gelb abgebildet.

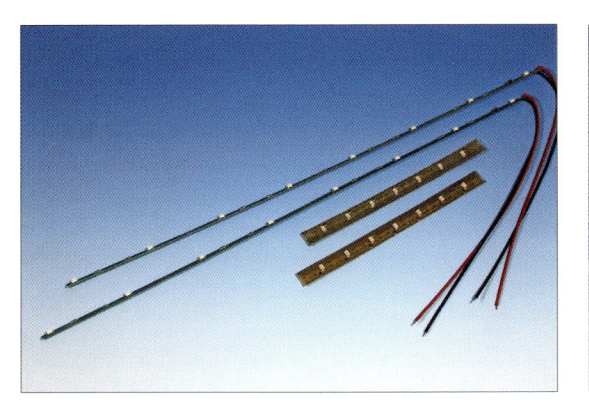

Leuchtende Dioden

Auf Leisten gelötete LEDs eignen sich für viele Anwendungen im Modellbau.

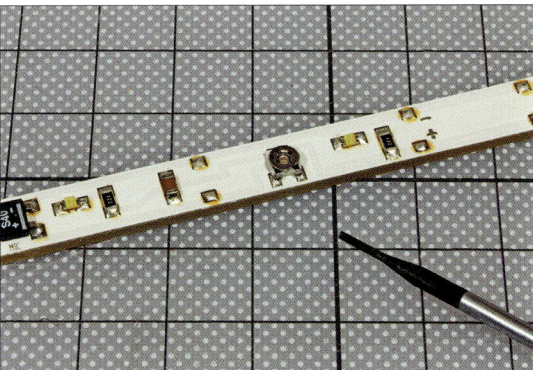

Je nach Ausführung können diese auch gedimmt werden, indem man das Potenziometer einstellt.

Leuchtdioden meist Galliumverbindungen zum Einsatz. Leuchtdioden werden oft als LEDs bezeichnet, wobei die Abkürzung für „Light Emitting Diode", also Licht emittierende Diode steht. Neben Dioden, die Licht im sichtbaren Spektrum abstrahlen, gibt es auch Leuchtdioden, die Infrarot- und Ultraviolettstrahlung emittieren.

Bauformen und Farben

Die gebräuchlichsten Leuchtdioden sind in Kunststoff gegossen, aus dem die Anschlüsse ragen. Sie bestehen aus wenig wärmeleitendem, verzinntem Stahl. Beim Löten wird hierdurch wenig Wärme ins Innere der Diode geführt. Bei den mit Gleichspannung betriebenen Dioden ist die Kathode (Minuspol) entweder durch eine Abflachung am Gehäusesockel oder durch einen kürzeren Fuß gekennzeichnet. Den positiven Pluspol bezeichnet man als Anode.

Im Gegensatz zu Glühlampen emittieren Leuchtdioden keine Wärme, sondern ausschließlich Licht in einem engen Spektralbereich. LEDs sind bei sachgerechter Verwendung deutlich langlebiger als Lampen mit Glühwendel.

Lange Zeit war nur die Herstellung von grünen, gelben, roten und orangefarbenen LEDs zu vertretbaren Kosten möglich. Die geringe Lichtstärke ließ zunächst nur Anwendungen als Anzeigelemente zu.

Der Durchbruch kam 1989, als ein Verfahren zur Herstellung von blaugrünen, sehr hellen Leuchtdioden entwickelt wurde. Seit den 1990er Jahren ist ihre Massenproduktion möglich und die Leuchtdioden setzten zu ihrem Siegeszug als Leuchtmittel an.

Leuchtdioden, die weißes Licht abgeben, verwenden die additive Farbmischung, ausgehend

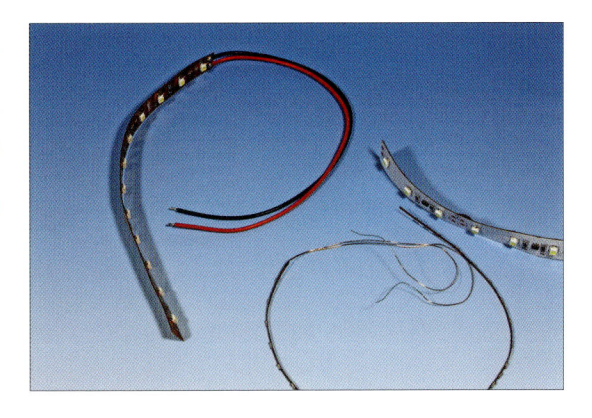

Flexible, teils selbstklebende LED-Bänder können an gebogene Körper geklebt werden. Es sind sehr kleine Bänder, erhältlich sind aber auch größere mit unterschiedlichen Abständen zwischen den LEDs.

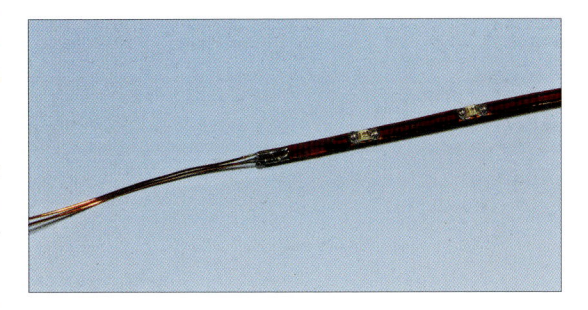

Mitunter sind die LED-Streifen nur wenige Millimeter breit und nur zwei Millimeter hoch. Die winzigen angelöteten Litzen lassen sich überall verbauen. Sie sind zur Isolierung lackiert und sollten deshalb vorsichtig behandelt werden.

von blauem Licht. Vor der blauen Diode befindet sich eine so genannte Fluoreszenzschicht, welche die Wellenlängen des Lichtes umwandelt und so weißes, warmweißes oder gelbes Licht abstrahlt. Dies erfolgt meist im verbauten Kunststoffgehäu-

DIGITALES LICHT

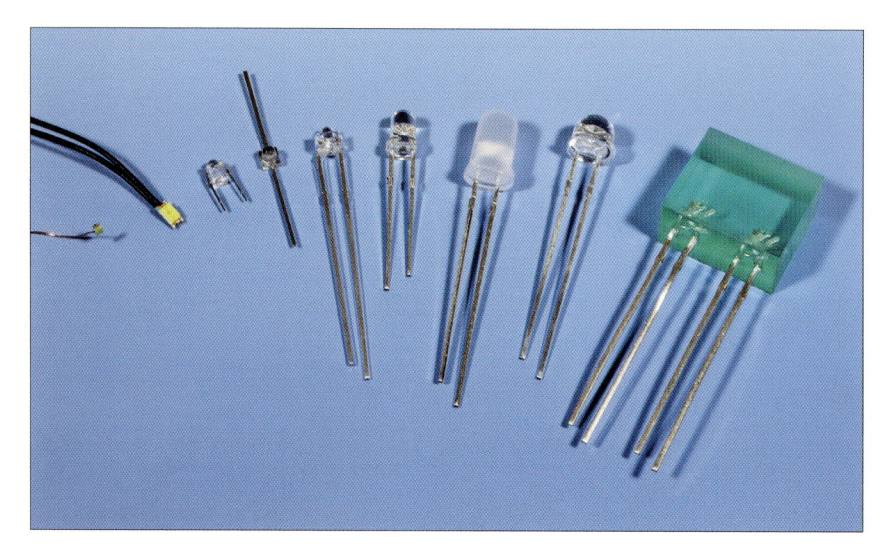

Leuchtdioden gibt es heute in unterschiedlichen Größen und Gehäuseformen. Hier kann der Modellbahner die passenden für seine Anwendung wählen. Rechts im Bild sind bedrahtete LEDs zu sehen.

se, sodass die Farben der LEDs von außen nicht zu erkennen sind.

Mehrfarbige Leuchtdioden bestehen aus mehreren, im selben Gehäuse integrierten Dioden. Einer der beiden Pole wird für alle Farben gemeinsam genutzt, während der andere Pol intern für jede Farbe separat vorhanden ist. Durch ein Ansteuern der einzelnen Farben kann man das Licht mischen. Dioden mit den Farben weiß und rot eignen sich bestens für die Spitzensignale an Lokomotiven, wenn sie beim Vorbild ebenfalls in einer Leuchte kombiniert sind. Durch eine intelligente Ansteuerung der mehrfarbigen LEDs kann man auch Effekte in Modellhäusern nachbilden, beispielsweise mehrfarbige Innenbeleuchtungen oder das bläuliche Flackern eines Fernsehbildes.

Haben zweifarbige LEDs nur zwei Anschlüsse, so werden die Farben über die Polarität gesteuert. Ein Mischen der Farben ist dann nur mit Wechselstrom, bei dem die Pulsbreiten verändert werden, möglich. Dazu bietet der Elektronikfachhandel bei Bedarf separate Steuerplatinen an.

Als Bauform wurden lange Zeit nur runde Ausführungen mit 3 oder 5 mm Durchmesser produziert. Durch Abwandlung der Kunststoffkörper realisierte man Symbole wie Pfeile oder Vierecke. Die Durchmesser 3 und 5 mm sind nach wie vor ein Standard, auf den viele Zubehörprodukte wie Reflektoren oder Fassungen ausgelegt sind. Durch die heute weit verbreitete Anwendung als Leuchtmittel sind die erhältlichen Größen und Formen aber sehr variabel geworden.

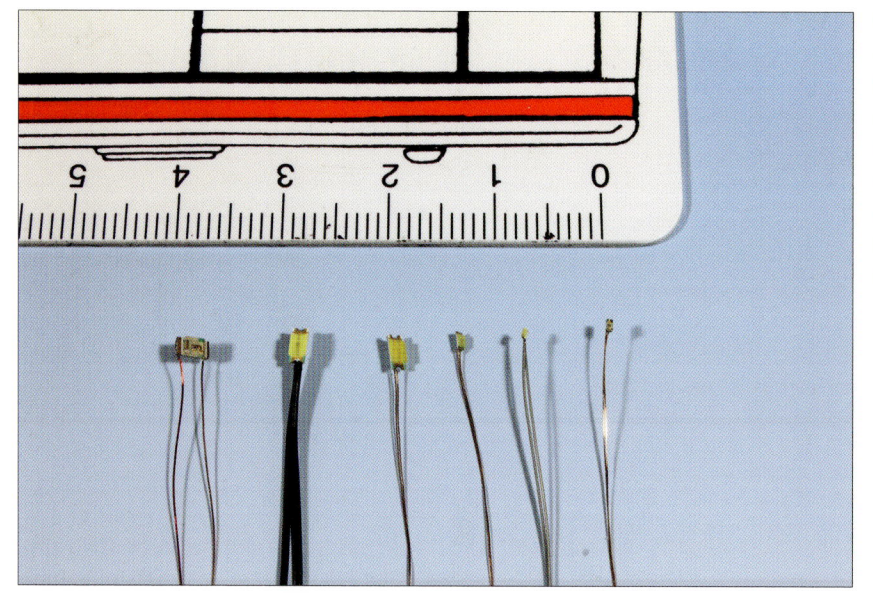

Leuchtdioden mit Litzen oder Drähten eignen sich besonders für den Modellbau. Sie sind derart klein, dass sie nahezu überall einen Platz finden. Die Kupferlitzen sind lackiert und dadurch isoliert.

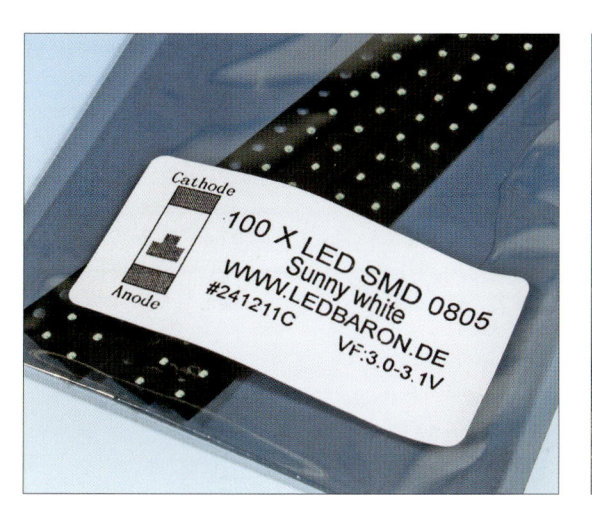

Leuchtende Dioden

Auf den Verpackungen ist die Leuchtfarbe und die Betriebsspannung vermerkt.

Diese Informationen sollte man aufbewahren, da bei zu hoher Spannung die LEDs zerstört werden können. Hier wurden die Aufkleber in die Sortimentskästen geklebt.

Profitieren kann der Modellbahner insbesondere vom Fortschritt bei der Miniaturisierung der Dioden und deren Massenproduktion zu niedrigen Kosten. Die kleinen SMD-LEDs sind mitunter nur einen Millimeter lang und lassen sich nahezu überall einbauen. Da sie auch mit angelöteten Drähten oder Litzen angeboten werden, können sie leicht und ohne Spezialwerkzeug im Modellbau verwendet werden.

Neben einzelnen LEDs findet man im Handel aber auch konfektionierte LED-Leisten oder -Streifen, bei denen die kleinen LEDs auf Trägermaterialien aufgelötet und mitunter schon mit einer Vorschaltelektronik oder mit Widerständen versehen sind. Für den Modellbau erleichtern Produkte mit eingebauter Konstantstromquelle den Einsatz sehr. Solche LED-Leisten eignen sich hervorragend zur Beleuchtung von Häusern oder Personenwagen.

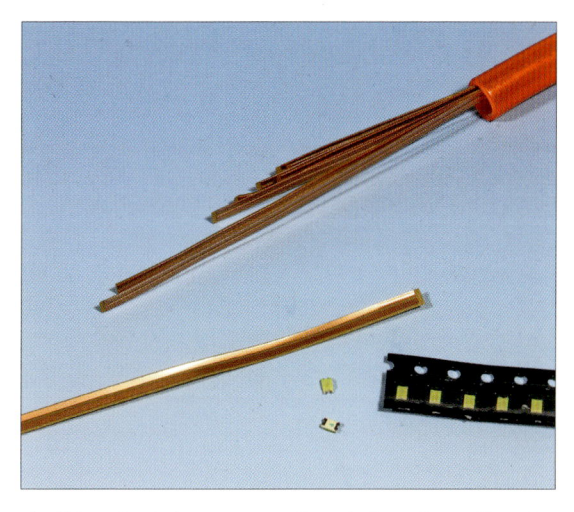

Flexible Leiterbahnen aus zwei Kupferkontaktstreifen eignen sich zum Auflöten von SMD-LEDs. Auf diesen Streifen lassen sich die LEDs leicht anschließen und auf der Modellbahn anbringen.

Spannungen und Stromstärken

Leuchtdioden müssen mit bestimmten Spannungen betrieben werden. Werden sie überstiegen, kann das zur Überbelastung und damit zur Zerstörung des Bauelements führen.

Die Durchlassspannung einer Leuchtdiode ist vom verwendeten Halbleitermaterial abhängig. Sie liegt für Standard-LEDs bei etwa 1,9 bis 3,5 V, wobei der Spannungsbereich nur sehr klein ist. Hierzu sind die Angaben auf den Verpackungen zu beachten.

Des Weiteren lassen Leuchtdioden nur einen verhältnismäßig geringen Strom fließen. Bei Mi-

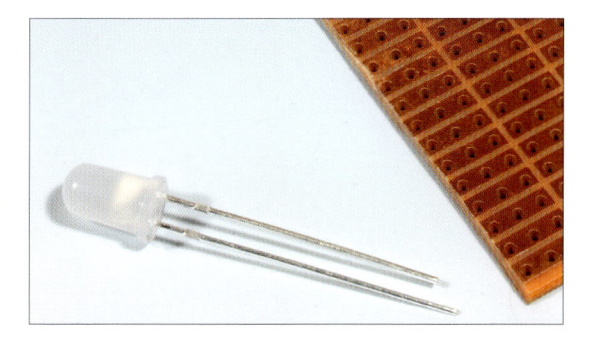

Lochrasterplatinen mit passendem Lochabstand erhält man im Elektronikbedarf. Hier können die LEDs eingelötet werden. Die Platten lassen sich mit einer Säge trennen.

DIGITALES LICHT

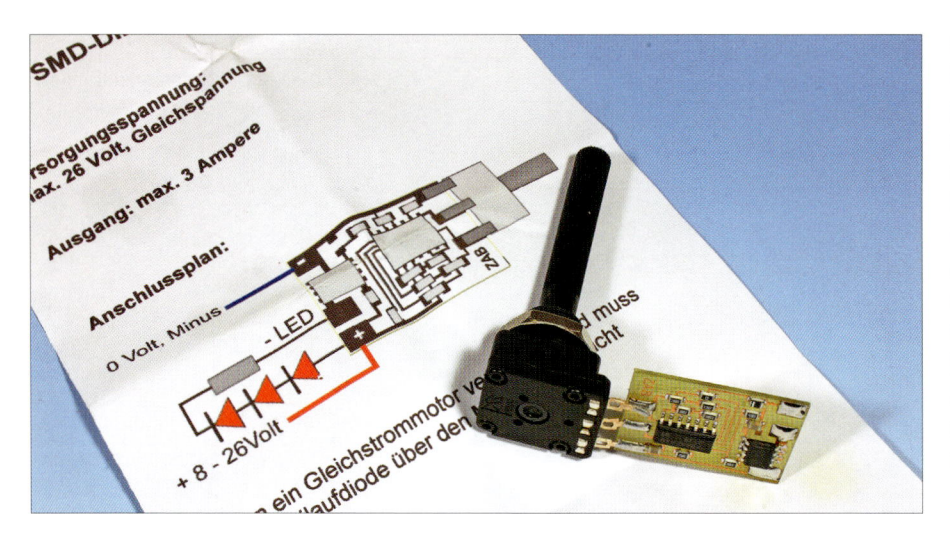

Speziell für den Modellbaubereich gibt es Potenziometer, mit denen die Helligkeit der LEDs gedimmt werden kann. Sie werden an 16 V angeschlossen und liefern erforderlichen Konstantstrom. Der Anschluss ist sehr einfach zu bewerkstelligen.

niatur- oder SMD-LEDs liegt dieser bei 2 mA (sogenannte Low-current-LEDs), Standard-LEDs werden bei etwa 15 – 20 mA betrieben, während Hochleistungs-LEDs aus Industrieanwendungen durchaus auch mehrere Ampere aufnehmen.

Leuchtdioden sollten nicht direkt an einer Spannungsquelle betrieben werden, da Spannungsschwankungen zur Zerstörung führen können. Auch Temperaturerhöhungen können die Lebensdauer stark verkürzen. Deshalb sollten LEDs entweder mit einer Konstantstromquelle betrieben oder mit einem Vorwiderstand passender Leistungsklasse versehen werden, der die Spannung reduziert.

Konstantstromquellen erhält man für den Modellbahnsektor in Form von kleinen Platinen im Elektronikbedarf oder im Internet. Diese kosten oft nur wenige Euro und sind die sicherste Variante für den langlebigen Einsatz der Dioden. Die Platinen arbeiten mit einer gleichgerichteten Versorgungsspannung zwischen etwa 5 und 30 V. Sie geben Ströme von 2 bis 20 mA ab. Da die Bauteile einen weiten Spannungsbereich abdecken, entfällt das Problem der Spannungsschwankungen und der daraus resultierenden Abhängigkeit der für die LEDs relevanten Stromstärke.

Beim Anschluss der Leuchtdioden ist nur auf die Polarität zu achten. Vorwiderstände, die in Reihe zu den LEDs geschaltet werden, müssen in ihren Werten entsprechend bemessen werden. Da die meisten Leuchtdioden sehr lichtstark sind, müssen sie meist gedimmt werden. Dies kann über

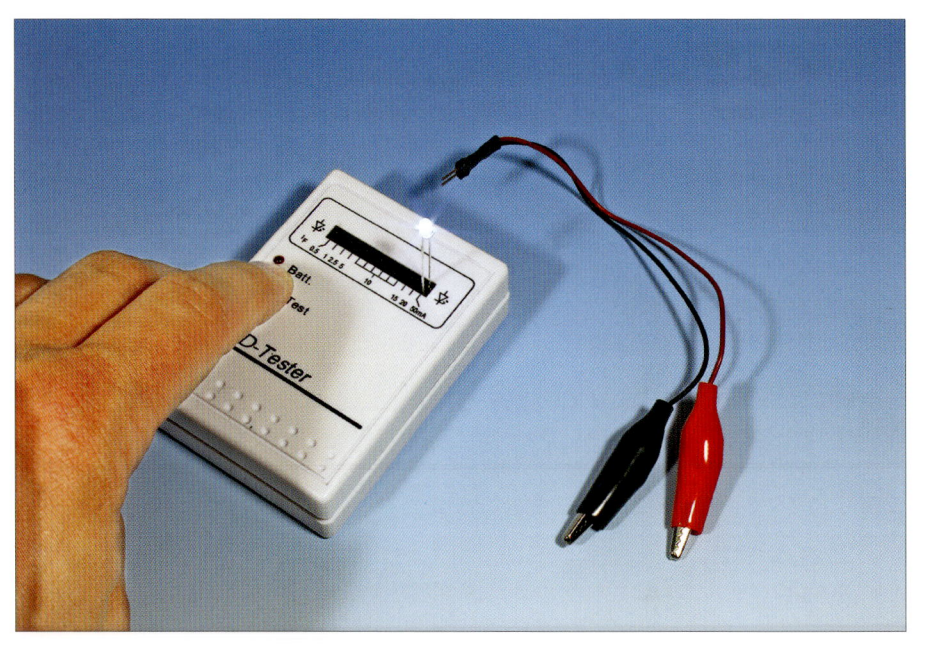

Mit kleinen, batteriebetriebenen LED-Testern können die Polarität und Funktion der LEDs getestet werden. Am Gerät sind verschiedene Stromstärken ohne größeren Aufwand abgreifbar und es verhindert den Einbau defekter Leuchtdioden.

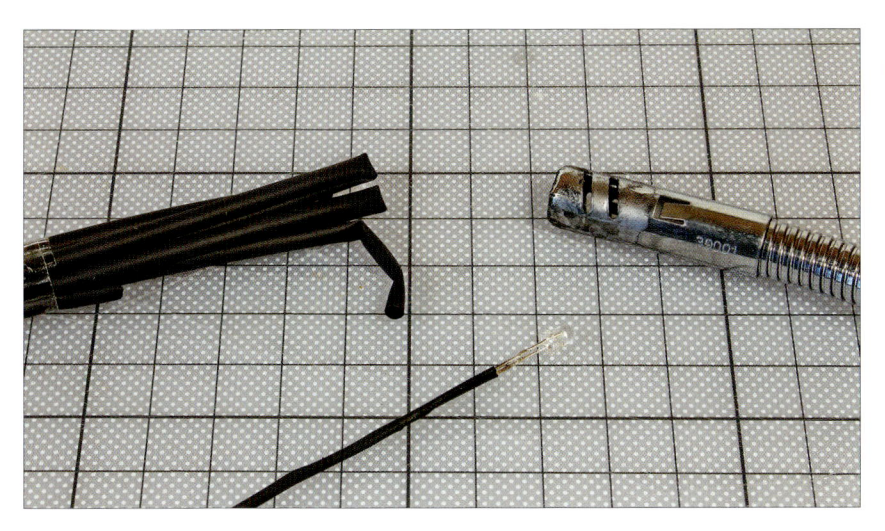

Mit Schrumpfschläuchen können Vorwiderstände an den Anschlussdrähten geschützt werden.

die Wahl eines größeren Vorwiderstandes erfolgen. Die meisten Leuchtdioden erreichen bei geringeren Stromstärken von nur 10 mA bereits eine ausreichende Leuchtkraft.

Für die gängigen Leuchtdioden mit 3 V Durchlassspannung und den im Modellbereich etablierten 16 V Versorgungsspannung wurden, bei den beschriebenen Anwendungen, Vorwiderstände zwischen 2 und 4 kΩ, je nach gewünschter Lichtstärke, verwendet.

Vor dem Einbau erfolgte jeweils ein Test der LEDs. Ansonsten kann man sich die Stärke des Widerstandes auch errechnen. Gemäß der Schulphysik ergibt sich der Widerstand dann aus der Spannungsdifferenz zwischen Versorgungs- und Durchlassspannung der LED in Volt geteilt durch den Nennstrom in Ampere.

Beim Anschluss der LEDs mit Vorwiderständen ist ebenfalls auf die Polarität zu achten. Sind die Anschlüsse falsch gepolt, sollte man aufpassen, denn die Dioden vertragen nur eine Sperrspannung von etwa 6 V. Ein Aufdrehen des Trafos führt unweigerlich zur Zerstörung der Leuchtdiode.

Sinnvoll sind LED-Dimmer, die als kleine Platinen mit Potenziometer vom Elektronikfachhandel geliefert werden. Hier sind Konstantstromquelle und Dimmer kombiniert.

Fazit

Resumierend kann gesagt werden, dass der Einsatz von Vorwiderständen mit etwa 4 kΩ bei den meisten Anwendungen genügt. In Anbetracht des Aufwandes beim Modellbau erscheint die Investition von etwa 3 € für eine kleine Konstantstromplatine äußerst sinnvoll. Alle Informationen zu den verwendeten LEDs sollten angemessen dokumentiert und gut verwahrt werden.

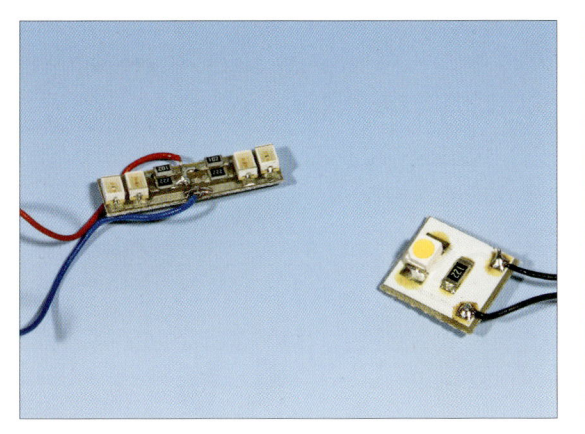

Kleine Leiterplatten mit aufgelöteten LEDs und Drähten erhält man fix und fertig für den Einbau in Gebäude oder Fahrzeuge.

Reflektoren mit LED-spezifischen Lochdurchmessern eignen sich nicht nur für industrielle Anwendungen, sondern vor allem für den Modellbahnbereich.

DIGITALES LICHT

Vorbildgerechte Lokbeleuchtungen

Richtig Licht machen

Es passiert täglich und immer wieder. Auf tausenden von Modellbahnanlagen. Die Modelle genügen höchsten Ansprüchen, auch mit der Lupe lassen sich keine Fehler finden. Aber wehe, das Ding fährt. Da zieht eine Lok mit Schlusslichtern einen Zug. Oder beim Wendezug hat die schiebende Lok Stirnlichter an. Ganz zu schweigen von Führerstandsbeleuchtungen oder Maschinenraumbeleuchtung! Und das alles im Zeitalter der Digitalsteuerung mit ihren Funktionsausgängen en masse. Guido Weckwerth zeigt, wie man je nach Zeit, mit Bastelwillen und eigenem Können ein großes Stück mehr Vorbildtreue in den Modellbahnbetrieb bringt.

Auch bei der Modellbahn ist der Fortschritt angekommen. Na ja, mindestens teilweise. Zwar haben die meisten Hersteller gemerkt, dass weiße und rote Leuchtdioden in kleinsten Bauformen auf dem Markt sind. Trotzdem ist in den seltensten Fällen eine wirklich vorbildgerechte Beleuchtung vorgesehen, wie etwa bei den aktuellen Mehrsystemloks von LS-Models. Und selbst da ist nicht alles eitel Sonnenschein (siehe auch MIBA 9/2010).

Heutige Neukonstruktionen von Loks haben in den meisten Fällen immerhin die Stirnleuchten komplett und richtig beleuchtet. Es ist aber eigentlich eine „Unsitte", die roten Schlussleuchten fest mit den weißen Stirnlampen zu verdrahten. Für eine Lok ohne Zug wäre das in Ordnung. Dass aber eine Lok alleine über die Anlage rauscht, ist wohl eher die Ausnahme.

Die Macht der Acht

Begründet ist das in der schon in die Jahre gekommenen 8-poligen NMRA-Digitalschnittstelle. Da sind alle Anschlüsse für Gleis, Motor und Stirnlicht vorne und hinten drauf. Und genau ein Funk-

Richtig Licht machen

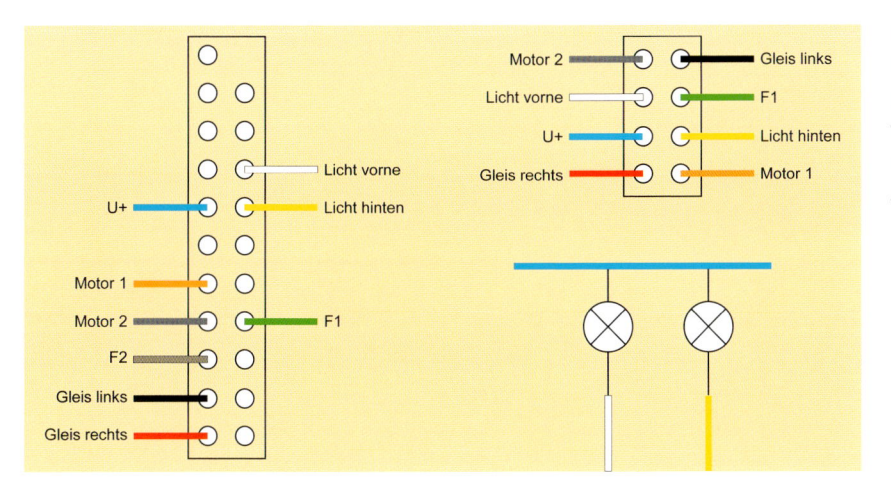

Das Grundprinzip aller Decoder-Funktionsausgänge: Angeschlossen werden die Verbraucher immer zwischen U+ und Ausgang.

tionsausgang. Überhaupt kennt die ganze NMRA-Norm nur das weiße Stirnlicht, Schlusslichter werden konsequent ignoriert. Immerhin haben einige Hersteller sich dieses Themas angenommen und das Funktionsmapping für Schlusslichter in ihre Decoder eingebaut. Aber selbst bei Standarddecodern, die allenfalls ein paar amerikanische Lichteffekte bereitstellen, gibt es eine Lösung. Arbeiten wir uns also vor.

Erfolg mit Trennung

Für den Anfang wollen wir mit einer Lok beginnen, bei der Spitzenlicht und Schlusslicht vorhanden, aber zusammengeschaltet sind. Damit wir die beiden Lichter getrennt ansteuern können, müssen wir sie natürlich auch elektrisch trennen. Wie das am Beispiel einer Roco-Lok funktioniert, ist auf der nächsten Seite ausführlich erklärt.

Grundsätzlich sollten Sie übrigens bei der Ausrüstung einer Lok mit einem Decoder wissen, wie die Funktionsausgänge arbeiten. Viele immer wieder gestellte Fragen zeigen, dass hier doch noch Wissensbedarf herrscht, weswegen wir an dieser Stelle das Thema grundlegend behandeln wollen.

Alle Decoder mit Funktionsausgängen besitzen einen Anschluss, der mit U+ oder gemeinsamer Pluspol bezeichnet ist. Das ist die gleichgerichtete positive Schienenspannung. Bei Decodern mit Kabeln sieht die NMRA hierfür ein blaues Kabel vor. Am 21-poligen Decoderstecker ist natürlich kein Kabel vorhanden, der Ausgang U+ ist aber sehr wohl da. Oben finden Sie der besseren Übersicht wegen einen Vergleich zwischen beiden Stecker-

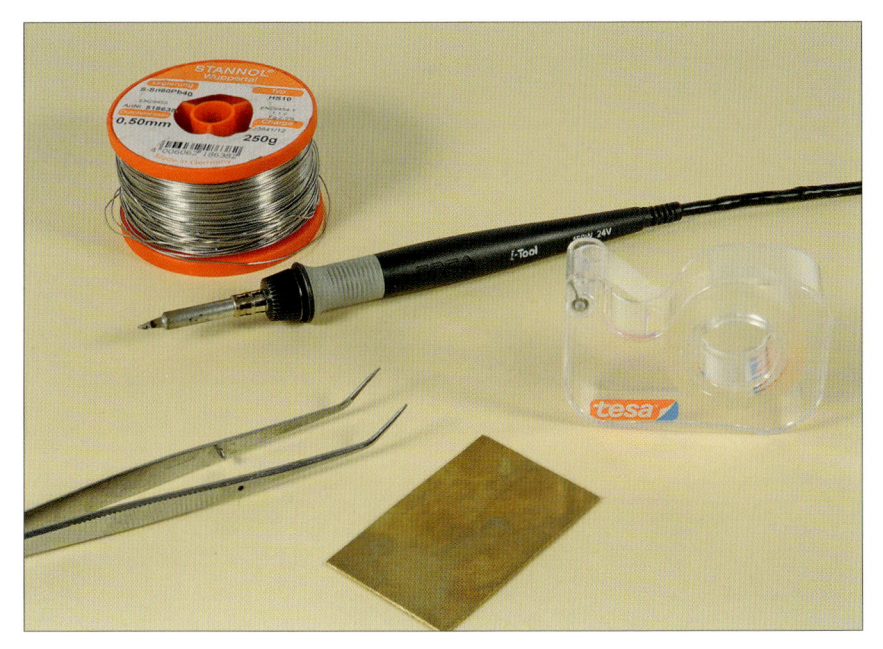

Richtiges Werkzeug ist das A und O. Neben Elektronik-Lötkolben mit dünner, aber nicht zu feiner Spitze sowie (bleihaltigem) Lötzinn hilft eine Pinzette beim Halten der Bauteile. Die gezeigte ist aus dem Zahnarztbedarf. Wozu doppelseitiges Klebeband und ein Messingrest gut sind, kommt gleich noch.

DIGITALES LICHT

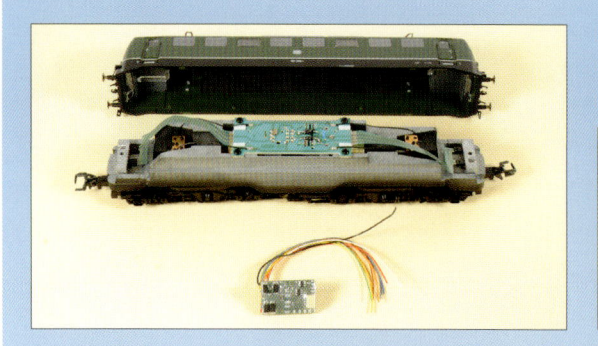

Unsere Ausgangsbasis für die Umrüstung: eine neuere Roco-Lok. Die Glühbirnen sind mittels flexibler Leiterbahn mit der Hauptleiterplatine verbunden.

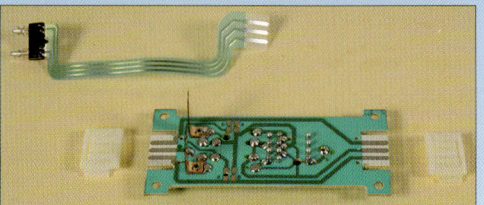

So sieht die ausgebaute Leiterplatte von der Rückseite aus. Zur besseren Darstellung sind die Kunststofffedern für die flexiblen Leiterbahnen entfernt. Im nächsten Schritt gehen wir an die Analyse der Schaltung …

Die Platine mit beschrifteten Steckkontakten. Durch Verfolgen der Leiterbahnen lässt sich die Schaltung leicht ergründen. Die Bauteile sind im Digitalbetrieb nicht von Bedeutung und können ignoriert werden. Die pinkfarbenen Stellen zeigen, wo die Leiterbahn unterbrochen werden muss.

Anschlussbezeichnungen:
- ❶ ❻ Licht weiß
- ❷ ❺ ❼ U+
- ❸ ❹ Licht rot
- ❽ Gleis 1
- ❾ Motor 1
- ❿ Licht hinten
- ⓫ Licht vorne
- ⓬ Motor 2
- ⓭ Gleis 2
- ⓮ F1

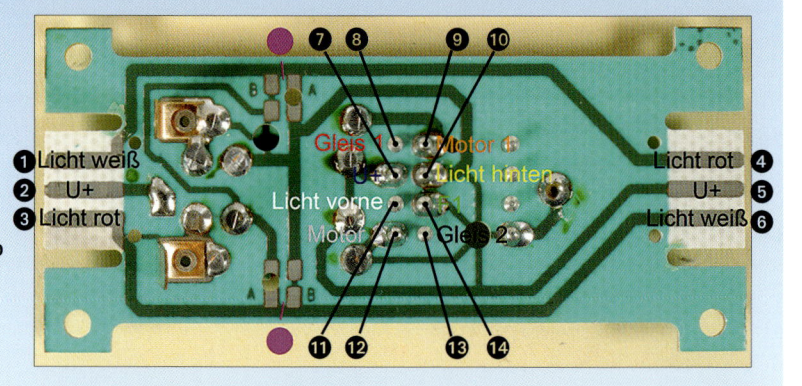

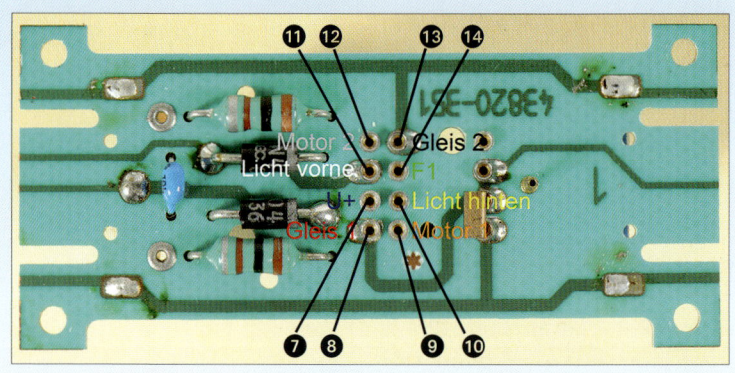

Mit einem scharfen Bastelmesser werden die Leiterbahnen auf der Platine unterbrochen. An der Stelle, an der die Kabel angelötet werden sollen, kratzt man mit dem Messer den Schutzlack weg und lötet dann mit wenig Lötzinn die Kabelenden fest. Hier konnten praktischerweise die schon vorhandenen Löcher zur Kabeldurchführung genutzt werden.

104

Richtig Licht machen

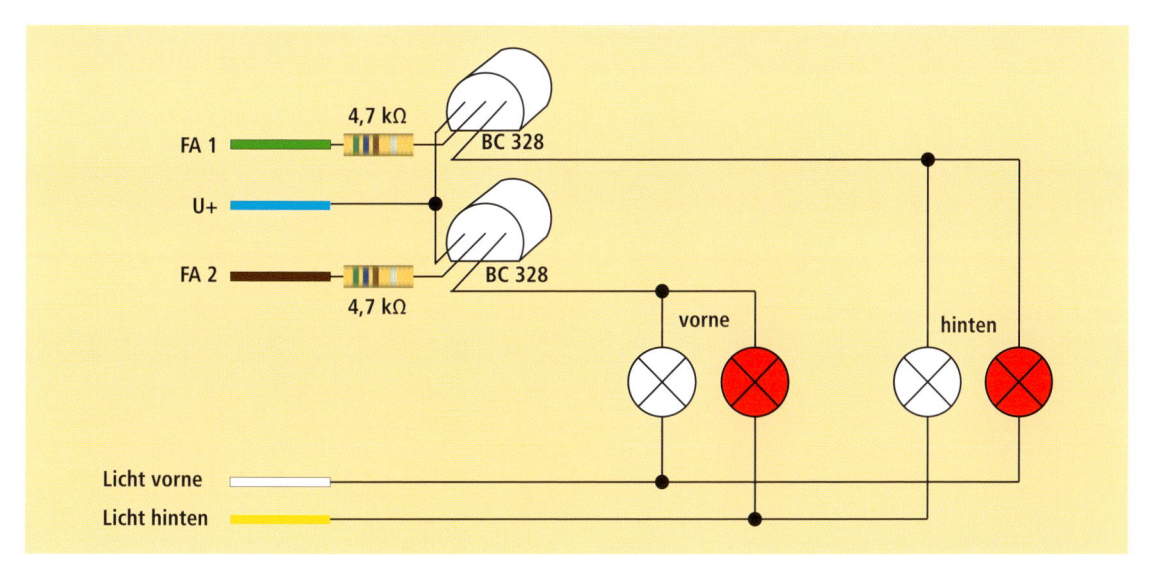

So wird die Zusatzschaltung verdrahtet, mit der jeder Decoder die Stirn- und Schlusslichter separat ansteuern kann. Alle Bauteile sind Pfennigartikel und in jedem Elektronikhandel zu bekommen. Bewusst haben wir hier keine SMD-Bauteile ausgewählt, damit auch „Lötanfänger" eine Chance haben, diese Schaltung nachzubauen. Ob die Beleuchtung als Glühlampe, wie hier gezeigt, oder als LED ausgeführt ist, bleibt gleich. Bei LEDs müssen Sie natürlich die Polarität beachten, der Pluspol zeigt dann zum Transistor hin.

arten; zur Verdeutlichung haben wir die passenden Kabelfarben beim 21-poligen Stecker hinzugefügt.

Alles so schön bunt hier

Dem Strom ist zwar die Kabelfarbe egal, für uns ist aber wichtig, das Grundprinzip zu verinnerlichen. Ein Decoder schaltet mit „normalen", also verstärkten Funktionsausgängen immer den Minuspol! Zwar gibt es auch noch einige Decoder, die unverstärkte oder sogenannte „Prozessorausgänge" anbieten, doch darum kümmern wir uns später. Wesentlich ist für uns zunächst, dass wir ausreichend Funktionsausgänge haben. Das ist gegeben, wenn unser Decoder zu den Lichtausgängen auch noch die Ausgänge F1 und F2 besitzt, was bei den meisten Decodern der Fall ist. Wie nun der Decoder angeschlossen wird, hängt davon ab, was für eine Programmierung der Decoder anbietet. Im Kasten auf Seite 106 finden Sie eine ausführliche Erklärung für einen Zimo-Decoder, die so oder ähnlich auf die meisten Produkte dieser Firma anzuwenden ist. Über die Funktion F0 schalten Sie damit das Spitzenlicht an, das automatisch mit der Fahrrichtung wechselt. Die Funktion F1 aktiviert das rote Schlusslicht, ebenfalls wechselnd mit der Fahrrichtung. Und mit F2 schalten Sie auf beiden Seiten der Lok das weiße Spitzenlicht ein, gut für Rangierfahrten.

Soft- oder Hardware

So lässt sich ein komfortabler vorbildgerechter Betrieb erreichen. Etwas aufwändiger ist es, wenn unser Decoder keine solche Programmiermöglichkeiten anbietet. Dann müssen wir noch einmal in die Hardware-Trickkiste greifen und eine Zusatzschaltung anfertigen. Die Arbeiten an der Lok selbst bleiben dabei völlig gleich. Dafür müssen wir eine ähnliche Logik, wie sie der Zimo-Decoder per Software bietet, eben mit Hardware nachbauen. Diese Variante hat noch einen Vorteil. Wir können damit nämlich die einzelnen Lokseiten schaltbar machen.

Vom Grundsatz muss das Licht eingeschaltet, also F0 aktiv sein. Jetzt können Sie mit F1 die Vorderseite und mit F2 die Rückseite der Lok aktivieren, und zwar Spitzen- wie Schlusslicht. Das ist besonders praktisch beim Wendezugbetrieb. Lassen Sie einfach die dem Zug zugewandte Seite ausgeschaltet und die Lok wird immer korrekt beleuchtet sein. Hier ist die Hardwarelösung sogar besser als die Software-Variante und sie ist mit beinahe allen Decodern anzuwenden.

Warum die Hersteller eine solche Lösung nicht per Software implementieren, bleibt mir übrigens

DIGITALES LICHT

Programmierung

Bevor wir mit dem Programmieren anfangen, müssen wir noch prüfen, ob der Umbau von der vorherigen Seite auch korrekt funktioniert hat. Dazu stellen Sie die Lok ganz normal auf das Gleis und schalten das Licht ein (F0). Die Lok müsste nun normal fahren und das weiße Spitzensignal mit der Fahrtrichtung wechseln. Die roten Schlusslichter dürfen dagegen nicht leuchten.

Wenn das der Fall ist, haben wir schon mal die erste Hürde genommen. Nun schalten Sie das Licht (F0) aus und aktivieren Sie F1. Jetzt sollte ausschließlich das Schlusslicht in Fahrtrichtung vorne leuchten. Schalten Sie nun F1 aus und F2 ein. Nun sollte ausschließlich das Schlusslicht in Fahrtrichtung hinten leuchten.

Wenn übrigens die Zuordnung zwischen F1 und F2 vertauscht sein sollte, müssen Sie nicht noch mal den Lötkolben anheizen. Das lösen wir später bei der Programmierung. Wichtig ist vielmehr der erfolgreiche Abschluss dieses Tests. Auch wenn sich das sehr simpel anhört: Ein solcher Test stellt sicher, dass wir bei der Verdrahtung keinen Fehler gemacht haben. Oder dass ungewollte Lötbrücken oder nicht ganz durchgetrennte Leiterbahnen oder vielleicht sogar ein Denkfehler uns Ärger machen. Wenn alles so funktioniert wie oben beschrieben, können wir uns beruhigt an die Programmierung machen, ohne im Fall von Problemen noch mal bei der Hardware suchen zu müssen.

Apropos Programmierung, beim großen Vorbild gibt es auch keinen automatischen Lichtwechsel. Darum haben wir zwei Beispiele vorbereitet: einmal den Betrieb mit den Funktionen F1 bis F4 und zum anderen die Vollautomatik mit F0 bis F2.

Manuelle Lichtsteuerung

Diese Form der Lichtsteuerung funktioniert mit den meisten Decodern. Dazu wenden wir lediglich die NMRA-Zuordnung von Funktionen an. Die Idee ist dabei, folgende Zuordnung zu erreichen:

F1 = Spitzenlicht vorne
F2 = Schlusslicht vorne

F3 = Spitzenlicht hinten
F4 = Schlusslicht hinten

Die normale Lichtfunktion F0 hat keine Wirkung mehr.

Dazu benutzen wir folgende CV-Belegung:
CV33 = 0 (F0 vorw. keine Funktion)
CV34 = 0 (F0 rückw. keine Funktion)
CV35 = 1 (F1 = Licht vorne)
CV36 = 4 (F2 = Schlusslicht vorne)
CV37 = 2 (F3 = Licht hinten)
CV38 = 8 (F4 = Schlusslicht hinten)

Damit lassen sich alle vorbildgerechten Lichtszenen darstellen, zum Beispiel auch eine Rangierfahrt nur mit Spitzenlicht an einer Seite.

Vollautomatik

Bei dieser Variante mit Zimo-Decoder lässt sich das Spitzenlicht mit F0 einschalten, das Schlusslicht mit F1. F2 aktiviert das Rangierlicht (Spitzenlicht auf beiden Seiten).

Anpassung der Funktionsbelegung:
CV33 = 1 (F0 vorw. = Licht vorne)
CV34 = 2 (F0 rückw. = Licht hinten)
CV35 = 12 (beide Schlusslichter)
CV36 = 3 (beide Spitzenlichter)

Jetzt leuchtet bei Betätigung von F1 auf beiden Seiten das Schlusslicht. Um das automatisch mit der Fahrtrichtung wechseln zu lassen, gibt es bei Zimo für jeden Ausgang eine spezielle CV, die diese Funktion ermöglicht. Für unsere beiden benutzten Funktionsausgänge FA1 und FA2 sind dies die CV127 und CV128. Dabei ergibt sich:

CV127 = 2 (Ausgang FA1 nur rückw. aktiv)
CV128 = 1 (Ausgang FA1 nur vorw. aktiv)

Damit haben wir genau die Richtungsabhängigkeit der Schlusslichter erreicht, die wir haben wollten. Sollte bei Ihnen die Richtung der Schlusslichter vertauscht sein, so drehen Sie einfach die Werte um:

CV127 = 1 und CV128 = 2

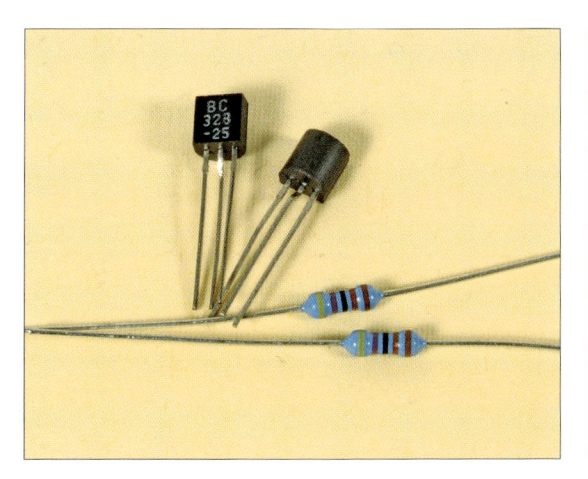

Richtig Licht machen

Nur eine Handvoll Bauteile ist für die zusätzliche Schaltung nötig. Die Widerstände haben die Farbkennung gelb-violett-schwarz. Als Transistor (das dreibeinige Bauteil) tut es letztlich jeder PNP-Schalttransistor, hier der Typ BC 328. Eventuelle Kennbuchstaben oder wie hier die Endung -25 sind für uns nicht von Bedeutung.

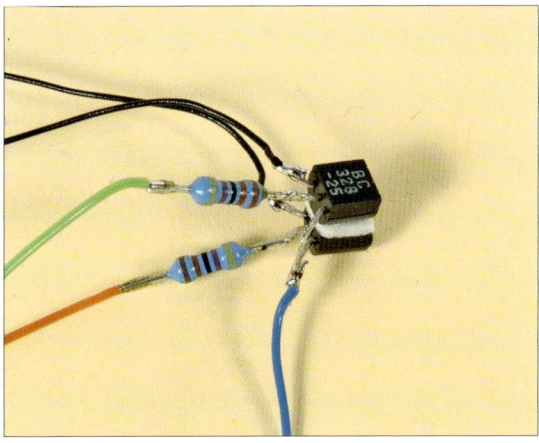

So sieht das Ganze zusammengelötet aus. Die Transistoren sind mit Teppichklebeband zusammengefügt. Die beiden schwarzen Kabel führen zu den Lampen, wie im Schaltplan auf Seite 105 gezeigt.

ein ewiges Rätsel. Sei es drum. Unsere Hardwareschaltung arbeitet so, dass wir mit den Funktionsausgängen F1 und F2 den Pluspol, also U+, für die jeweilige Lokseite einschalten. Das erledigen wir mit zwei PNP-Transistoren, wie die Schaltung auf Seite 105 zeigt.

Wenn es nicht gegeben ist

Falls Sie den Schaltplan nicht nachvollziehen, ist es nicht weiter schlimm. Die Schaltung ist so simpel, dass sie eigentlich immer fehlerfrei nachgebaut werden kann. Nicht mal eine Platine ist dafür nötig. Somit hätten wir auf jeden Fall schon einmal eine Grundschaltung, um einen korrekten Lichtwechsel zu betreiben.

Was aber, wenn bei der Lok zum Beispiel keine roten Schlusslichter vorgesehen sind oder das gesamte Licht fürchterlich dunkel ist. Gerade die alten Roco-Modelle sind in dieser Hinsicht keine „Lichtgestalten". Bei diesen Modellen empfiehlt es sich eigentlich immer, eine korrekte Beleuchtung per LED nachzurüsten, gerade wenn es sich um Modelle wie etwa die Ellok-Baureihe 181 handelt, die von keinem anderen Hersteller produziert wurden.

Grundsätzlich ist es in solchen Fällen ratsam, das Stück Lichtleiter, das die Linse im Lokgehäuse darstellt, abzuschneiden und in das Gehäuse einzukleben. Das Licht wird dann mittels kleinen SMD-LEDs erzeugt, die hinter den Lichtleiter geklebt werden.

Problematisch ist es dabei durchaus, die kleinen SMD-LEDs mit Drähten zu kontaktieren, selbst wenn man Lackdrähte nimmt. Glücklicherweise gibt es aber eine speziell für dieses Problem angefertigte Leiterplatte. Beim Online-Shop „http://stores.ebay.de/ledbaron" ist eine flexible und schmale Leiterbahn zu bekommen, die für solche Aufgaben ideal ist. Gleicher Shop hat übrigens auch LEDs mit fertig montierten Kabeln, eine gute Lösung für alle, die nicht so gerne mit den kleinen SMD-Bauteilen umgehen. Wie die Leiterplatten aussehen und wie man diese verarbeitet, ist im Kasten auf der Seite 108 ausführlich erklärt.

Oder doch lieber zusammen ...

Ob Sie einzelne LEDs, das heißt warmweiß und rot separat oder eine Kombi-LED weiß/rot benutzen, hängt natürlich von der Lok ab. Maschinen mit getrennten Lichtern benötigen separate LEDs, bei Loks wie etwa der 103, 111 oder 120 machen die Kombi-LEDs Sinn. Die gibt es übrigens auch im besagten LED-Online-Shop, der sich schwerpunktmäßig um den Bedarf der Modellbahner kümmert.

Ganz gleich, ob wir die vorhandene Beleuchtung benutzen oder ein neues LED-Lichtspiel bei einer Lok nachrüsten, für das vorbildgerechte Fahrlicht ist schon einmal gesorgt. Für viele mag das auch ausreichen, es geht aber noch einiges mehr. In manchen Fällen lohnt sich der zusätzliche Aufwand enorm. Gemeint sind sol-

DIGITALES LICHT

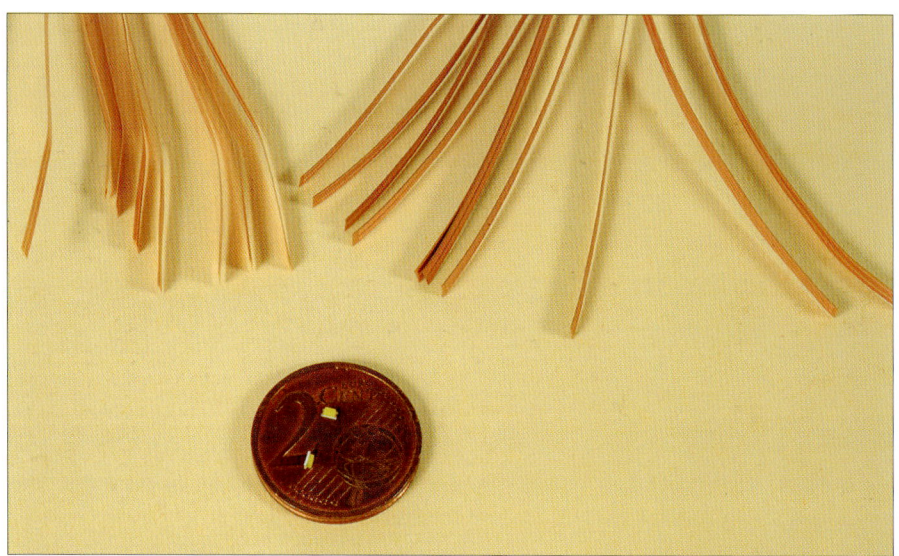

Nein, kein Blumenstrauß: Das sind die Leiterbahnen für die LED-Montage, links doppelseitig, rechts einseitig. Auf dem 2-Cent-Stück liegen die LEDs als Größenvergleich.

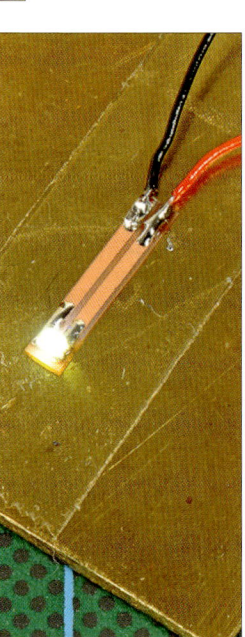

So wirds gemacht: Zunächst schaffen wir uns eine Unterlage aus Messingblech und doppelseitigem Klebeband. Darauf lässt sich die flexible Leiterbahn kleben, gut löten und später wieder abziehen. Zudem wirkt das Messingblech auch als Wärmeableiter für hitzeempfindliche Bauteile.

Dann wird eine Seite der Leiterbahn dünn verzinnt. Dieses Zinn erwärmen wir erneut und platzieren mit der Pinzette das Bauteil – hier die LED – mit einem Kontakt in das warme Zinn. Ist das erkaltet, können wir die zweite Bauteilseite verlöten. Dabei den Lötkolben und das Zinn nur an die Leiterbahn beziehungsweise das Bauteil halten, das Zinn fließt durch die Kapillarwirkung unter das Bauteil und verbindet es mit der Kupferbahn der Leiterplatte. Wer sichergehen möchte, erwärmt dann noch einmal kurz die erste Lötstelle, damit auch hier der Kapillarfluss wirken kann.

Natürlich ist bei allem etwas Vorsicht geboten, zu langes Erwärmen zerstört die Bauteile unweigerlich. Trotzdem – das ist alles Übungssache und nach der zweiten LED kommt Ihnen alles schon gar nicht mehr so schlimm vor.

Wenn die LED gut verlötet ist, schneiden wir die Leiterbahn auf die benötigte Länge und versehen sie mit Anschlusskabeln. Bei der LED sollten Sie den benötigten Vorwiderstand nicht vergessen, der hier nicht gezeigt ist. In der Praxis haben sich bei weißen und superhellen roten LEDs 10 kΩ als Standardwert bewährt. Eine so konfektionierte LED lässt sich wunderbar mit einem Tropfen Uhu-hart hinter den Lichtleiter kleben.

Richtig Licht machen

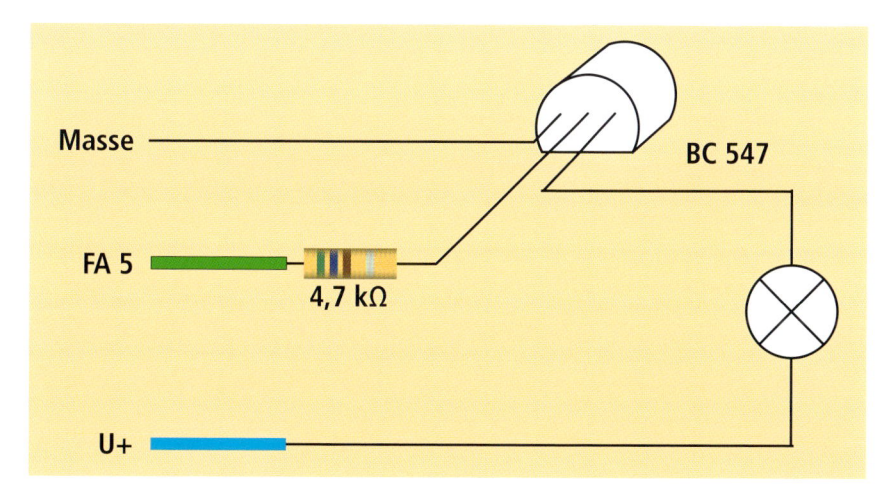

So sieht die Schaltung für unverstärkte Funktionsausgänge aus. Die Masse finden Sie meistens bei den Lötflächen für die Funktionsausgänge. Die benötigen wir, da wir ja auch wie die „originalen" Ausgänge gegen Masse schalten müssen.

che Dinge wie Maschinenraumbeleuchtung oder Führerstandsbeleuchtung. Jedes Mal, wenn ich in der Früh am Bahnhof warte, bleibt immer etwas Zeit, die einfahrenden Pendelzüge aus dem Umland anzusehen. Nicht wenige 111 haben dabei die Maschinenraumbeleuchtung an. Und zu Zeiten, als die 103 noch regelmäßig unterwegs war, konnte man abends die beleuchteten Oberlichter am Dach sehen, auch Effektenbeleuchtung genannt. Die Freunde der Epoche III seien auf die Fahrwerksbeleuchtung bei Dampfloks verwiesen!

Mechanisch sind diese Beleuchtungen vergleichsweise einfach herzustellen. Mit den flexiblen Leiterbahnen und SMD-LEDs in Weiß sind die Lichtquellen schnell produziert und recht einfach anzukleben. Gerade bei sichtbaren Stellen wie am Umlauf einer Dampflok lassen sich dann die Leiterbahnen mit roter oder schwarzer Farbe einfach wegtarnen.

Fehlt eigentlich nur noch eine Ansteuerung. Dazu sollten Sie zunächst einmal einen Decoder aussuchen, der mehr als die standardmäßigen vier Funktionsausgänge bietet. Inzwischen kann man H0-Decoder mit bis zu acht Ausgängen be-

kommen. Einen Haken gibt es allerdings: Oftmals sind diese Ausgänge sogenannte Prozessor- oder unverstärkte Ausgänge. Das bedeutet, dass diese Ausgänge nicht belastet werden dürfen. Ein „Verstärker" muss also her. Wie das geht, finden Sie auf Seite 108 beschrieben.

Wenn acht Ausgänge zu wenig sein sollten, gibt es bei ausreichend Platz immer noch die Möglichkeit, einen zusätzlichen Funktionsdecoder einzubauen, der dann nochmals bis zu acht Ausgänge mitbringt. Dann sollten auch die komplexesten Lichtansteuerungen realisierbar sein.

Zum Schluss dieser Abhandlung möchte ich Sie nochmals ermutigen, sich einfach einmal an die korrekte Beleuchtung Ihrer Lok zu wagen, selbst wenn Sie kein Elektronikexperte sind. Die gewonnene Vorbildtreue mit vergleichsweise wenig Aufwand ist die Sache allemal wert. Einige Hersteller – wie etwa Trix mit seinen Modellen der 218-Diesellok und Susi-Lichtansteuerung – haben gezeigt, dass es auch ab Werk geht. Leider, muss man fast sagen, denn die Decoderhersteller könnten hier leicht für Abhilfe sorgen. Ohne höhere Produktionskosten übrigens. Doch bis es so weit ist, müssen Sie eben selbst ran …

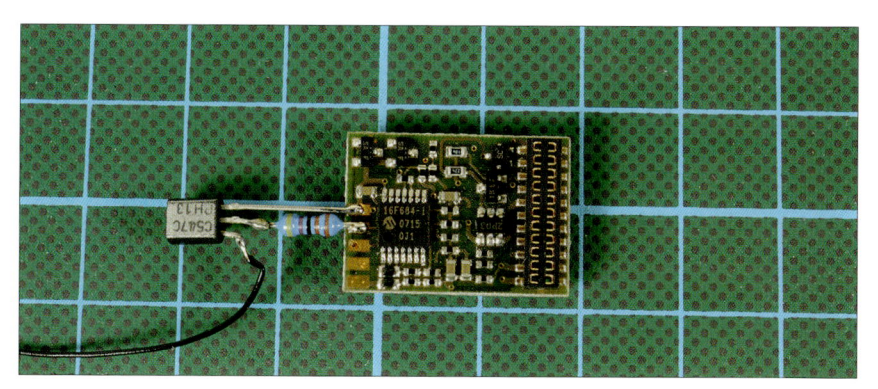

Das ist die aufgebaute Verstärkerschaltung. Wenn Platz ist, kann man die Bauteile durchaus direkt an den Decoder löten. Die Anschlüsse des Decoders lassen sich aber auch per Kabel verlängern. Für diese Bauteile findet sich in der Lok eigentlich immer Platz.

DIGITALES LICHT

Beleuchtung nachrüsten

Dampfloks mit Lichtfunktionen

Anhand einer Roco-50 mit Kabinentender und eines „Glaskastens" von Roco wird im folgenden Beitrag beispielhaft gezeigt, wie Dampflokmodelle nachträglich mit Zusatzbeleuchtung ausgestatet werden können.

Üblicherweise sind heute an Dampflokmodellen die Beleuchtungen an der Stirnseite und am Tender funktionsfähig ausgeführt. Modelle im höheren Preissegment verfügen mitunter auch über weitere Lichtfunktionen. An älteren Modellen oder an Schmalspurmodellen sind die Beleuchtungen entweder nur als funktionslose Attrappen oder als nicht mehr zeitgemäße

Für die Triebwerksdurchschau an Dampflokomotiven besaßen einige Baureihen eine Triebwerksbeleuchtung. Rocos 50 erhielt diese nachträglich mittels kleiner LEDs unterhalb des Umlaufes.

Glühlampenlichter ausgeführt. Neben der Beleuchtung der Attrappen kann man an Dampfloks aber noch weitere Lichtfunktionen anbauen.

An der 52 8177 sind die Triebwerksleuchten unter dem Umlauf zu erkennen. Sie leuchten vor allem den vorderen Bereich über der Gleitbahn aus. Also da, wo die meisten Schmierstellen zu finden sind.

Dampfloks mit Lichtfunktionen

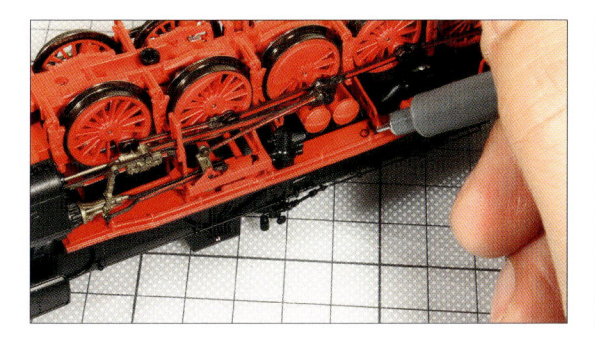

Am noch montierten Modell markiert man sich mit einem wasserfesten Stift die spätere Position der Triebwerksleuchten. So verhindert man, dass später Pumpen oder Umlaufträger im Weg sind.

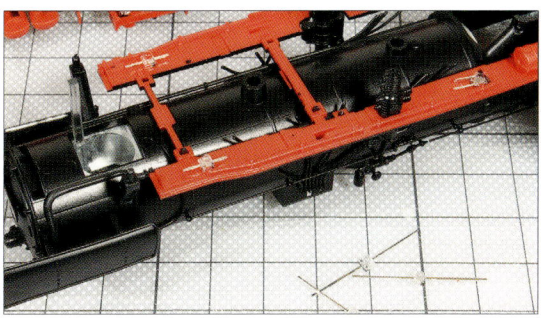

Kleine Kunststoff-LEDs wurden von unten an den Umlauf geklebt. Ihre Anschlussdrähte sind gekürzt und umgebogen. Man sollte sich die Polarität der LEDs markieren oder die Längen der Anschlüsse unterschiedlich wählen.

Prinzipiell sind dem Modellbauer hier nur wenige Grenzen gesetzt.

Um den Betriebsablauf im Bw authentischer zu gestalten, wurde eine 50er von Roco mit einer Triebwerksbeleuchtung versehen. Da die Wahl auf eine Variante mit Kabinentender fiel, wurde auch dessen Kabine beleuchtet. Zusätzlich erhielt das Führerhaus der 50er eine Innenbeleuchtung. Denn auch in Unterwegsbahnhöfen, wo das Triebwerk kontrolliert wird, kann das Licht am Fahrwerk eingeschaltet werden. Das Führerhauslicht schaltet man ebenso oft bei Unterwegshalten ein. Und der Zugführer hat seine Schreibarbeiten zum Teil auch nachts auszuführen – natürlich bei Licht.

Umbau-Konzept der Roco-50

Um die zusätzlichen Beleuchtungseffekte zu erzielen, kamen aufgrund ihrer kleinen Bauform und ihrer wählbaren Farbtemperatur eigentlich nur Leuchtdioden in Frage. Sie konnten an dem filigranen Modell ohne größere Probleme untergebracht werden, sodass sie kaum sichtbar sind und der Gesamteindruck des Modells nicht leidet.

Einen großen Anteil beim Umbau der Lok nahm allerdings die Anpassung der Lokelektronik ein, denn die zusätzlichen Lichtfunktionen sind in der werksseitigen Elektronik der Lok nicht vorgesehen. Aus diesem Grund wurde vor dem Lokumbau lange überlegt, wie die Schaltung vorzunehmen war, und vor allem, wo die Drähte im Modell entlanggeführt werden sollten.

Im Falle der Kabinentender-50 von Roco wurde der Umbau so konzipiert, dass Lok und Tender mit jeweils einem Digitaldecoder ausgerüstet wurden. Im Tender wurde in die PluX-16-Schnittstelle ein herkömmlicher Decoder gesteckt, der seither den Motor, die hinteren Laternen und die Beleuchtung in der Kabine des Zugführers steuert. Die Lok wurde zusätzlich mit einem Funktionsdecoder versehen, der die vorderen Laternen, die

Mittels Triebwerksbeleuchtung kann ein Zwischenhalt im Betrieb zusätzlich aufgehellt werden.

DIGITALES LICHT

Auch im Inneren des Führerhauses fand eine kleine LED Platz. Es kam eine Ausführung mit gelber Lichtfarbe zur Anwendung. An der LED waren die Anschlussdrähte bereits angelötet. Diese mussten später nur durch eine Bohrung in das Kesselinnere gelegt werden.

Um Platz für den zusätzlichen Decoder zu schaffen, wird das Ballaststück im Kessel demontiert und abgefräst.

Triebwerks- und Führerhausbeleuchtung und den Dampfgenerator mit Strom versorgt.

Die elektrische Verbindung zwischen Lok und Tender wird jetzt nur noch für die Stromaufnahme verwendet, weshalb sich die Anzahl der Drähte auf zwei reduziert. So erfolgt nun die Stromaufnahme von allen Achsen und verteilt sich innerhalb der Lok auf die beiden Decoder. Der Decoder in der Lok fand seinen Platz im Kessel. Die Leiterplatte im Lokrahmen konnte teilweise für die neue Leitungsführung weiter verwendet werden.

Umbau der Roco-50

Als erstes mussten die Hauptbaugruppen der Lok zerlegt werden. Um Platz für den Funktionsdecoder zu schaffen, wurde das Ballaststück im Kesselinneren ausgefräst und zusätzlicher Freiraum zur Kabelführung geschaffen. Das Kunststoffteil der Kesselunterseite erhielt ebenfalls eine Öffnung, durch die später Kabel geführt werden konnten.

Da die Triebwerksbeleuchtung bei den Dampfloks einer Baureihe nicht zwangsläufig immer an derselben Stelle saßen, wurde die Position gemäß eines Vorbildfotos bestimmt. Für die Triebwerksbeleuchtung fanden warmweiße LEDs im Kunststoffkörper mit runder, 2 mm messender Leuchtkugel Anwendung. Diese ahmten die Lampenkörper der Triebwerksbeleuchtung am besten nach. Die Kunststoffkörper wurden unter den Umlauf der Lok geklebt und die Anschlussstifte zur Seite gebogen und gekürzt. Dabei wurde bereits die Polarität der Dioden mit einem Stift markiert, was die spätere Verkabelung vereinfachte.

Anschließend wurden die Anschlussstifte an den LEDs mit dünnen Drähten verlötet. Hierzu fanden rote Drähte Anwendung, die unter dem Umlauf farblich nicht so auffallen. Die Kabel wurden mit Sekundenkleber unter dem Umlauf fixiert. Da diese Anschlusskabel später in den Kessel und den Lokrahmen geführt werden mussten, wurden sie

Teile der alten Leiterbahn in der Lok werden weiter genutzt und sind mit den Drähten des neuen Decoders verbunden.

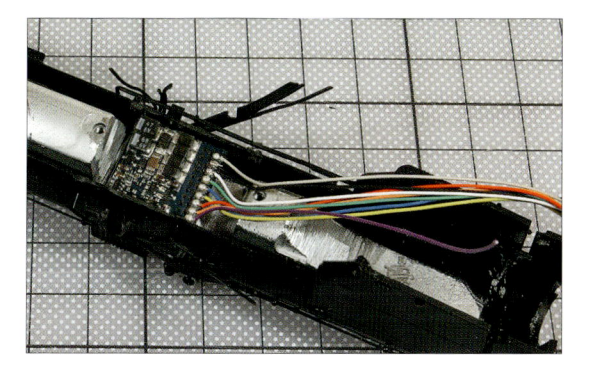

Dampfloks mit Lichtfunktionen

Der Freiraum ist so anzulegen, dass der Decoder Platz findet. Am Rand empfiehlt sich, auch Raum für die Kabelführung zu schaffen.

Auch die Kesselunterseite der Roco-50 erhält eine Öffnung, durch die die Drähte vom Decoder zum Lokfahrwerk geführt werden.

bereits etwas länger belassen, sodass für die spätere Verkabelung genug zur Verfügung stand.

Zusätzlich zur Triebwerksbeleuchtung wurde im Führerhaus eine Beleuchtung eingebaut. Hier konnte eine warmweiße LED mit angelöteten Litzen genutzt werden, die einfach unter die Decke des Führerhauses geklebt wurde. Auch die Länge dieser Kabel wurde für die spätere Verdrahtung großzügig gewählt.

Nachdem alle Leuchtdioden an der Lok montiert waren, musste die Verkabelung vorgenommen werden. Hierbei war wichtig, dass die Litzen weitestgehend unsichtbar verlegt wurden und die Lok bei Bedarf zu Wartungszwecken wieder demontiert werden kann.

Da die Signallaternen und der Dampfgenerator auch weiterhin genutzt werden sollten, wurde ein Großteil der werksseitig verbauten Leiterplatte im Rahmen weiter genutzt. Hierüber wurde auch die zentrale Masse für alle Verbraucher der Lok geführt. In die jeweils anderen Anschlussleitungen wurden – wenn erforderlich – die Vorwiderstände eingesetzt, um den Versorgungsstrom aus dem Digitaldecoder zu begrenzen.

Der Decoder fand seinen Platz im Kessel der Lokomotive. Die zwei Drähte zur Stromversorgung wurden an die Leiterbahnen im Rahmen geführt, da hierüber auch die Radschleifer und die Verbindung zum Tender sichergestellt war. An einen der Funktionsausgänge am Decoder wurde die Triebwerksbeleuchtung gelegt, an einen anderen die Führerhausbeleuchtung. Für die Führerhausbeleuchtung wurden die Drähte durch eine Bohrung in der Stehkesselwand geführt. Um Dampfgenerator und Laternen zu versorgen, musste zudem eine Verbindung zwischen Decoder und der Leiterbahn im Lokrahmen geschaffen werden.

Das Ergebnis waren etliche Drähte, die zwischen Kessel, Umlauf und Rahmen der Lok verliefen. Um dies unauffällig zu bewerkstelligen, wurden die

Bei der Programmierung können Lok und Tender separat programmiert werden. Oder beide Decoder „gehorchen" auf dieselbe Adresse; dann müssen allerdings die Funktionsausgänge entsprechend unterschiedlich gemappt werden (z.B. beim FD-XL von Tams). Danach erfolgt der Zusammenbau.

113

DIGITALES LICHT

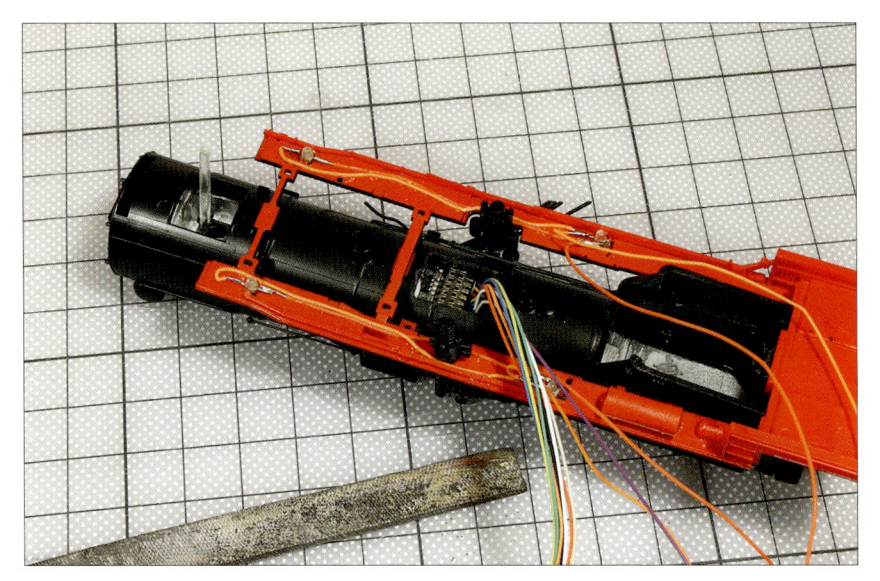

Die LEDs am Umlauf wurden mit roten Kabeln angeschlossen. Die Enden wurden in den Kessel zum Decoder bzw. zur Lokmasse geführt.

Zum Anschluss der Drähte eignen sich kleine Stücke aus Leiterplatten (rechts). Die …

… Luftbehälter wurden in der Mitte geöffnet, um Platz für die Drähte und Vorwiderstände zu schaffen.

Drähte in Höhe der beiden Luftbehälter über der dritten Kuppelachse geführt. Der Zwischenraum eines der Luftbehälter wurde frei gelegt und somit Platz für die Drähte geschaffen. Hier wurde die Mitte herausgesägt und die Behälterenden an den nebenliegenden Behälter geklebt.

Die Beleuchtung im Kabinentender erfolgte mit einer bedrahteten warmweißen LED, die an die Decke geklebt wurde. Diese LED ist am Decoder im Tender angeschlossen. Hierzu wurden die Drähte an die im Tender befindliche Leiterplatte gelötet. Verwendet werden konnte der Funktionsausgang, der vorher für den Dampfgenerator der Lok genutzt wurde.

Im Betrieb werden die Decoder in Lok und Tender über zwei verschiedene Adressen betrieben. Die Programmierung musste demzufolge separat vor dem Zusammensetzen von Lok und Tender erfolgen. Wer über eine entsprechende DCC-Steuerung verfügt, die alle 28 Funktionen ansteuern kann, kann den Funktionsdecoder auch unter derselben Adresse wie die Lok betreiben und seine Ausgänge nach Belieben auf die freien Funktionen mappen.

„Glaskasten" mit Licht

Insbesondere bei kleinen Lokmodellen und älteren Fahrzeugen sind die Laternen von Dampfloks oftmals unbeleuchtet. Rocos bereits längere Zeit erhältlicher „Glaskasten" der BR 98.3 ist unbeleuchtet. Mit ein wenig Aufwand kann man hier Abhilfe schaffen. Kleine SMD-LEDs können nahezu überall untergebracht werden,

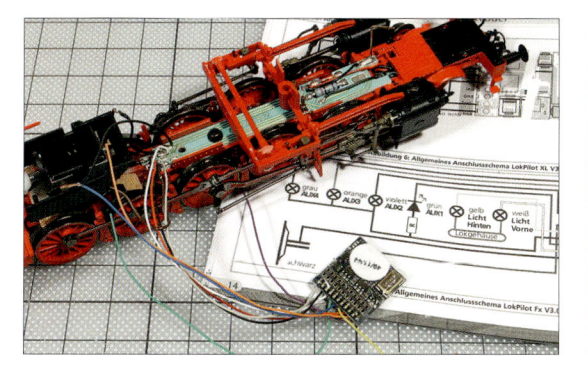

Dampfloks mit Lichtfunktionen

Der Anschluss des Funktionsdecoders erfolgt gemäß der farbigen Belegung der Drähte.

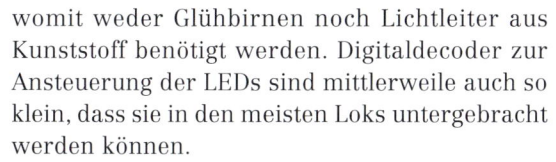

Die Beleuchtung der Tenderkabine erfolgt über die Platine im Tender, die einen separaten Decoder erhält.

womit weder Glühbirnen noch Lichtleiter aus Kunststoff benötigt werden. Digitaldecoder zur Ansteuerung der LEDs sind mittlerweile auch so klein, dass sie in den meisten Loks untergebracht werden können.

Der „Glaskasten" von Roco erhielt beleuchtete Frontlaternen und zusätzlich eine Beleuchtung für das Führerhaus. Es wurden goldgelbe LEDs in den Laternen und im Führerhaus verbaut.

Ein Digitaldecoder sollte zudem im Führerhaus unterhalb der Fenster befestigt werden. Um Letzteres bewerkstelligen zu können, musste etwas vom Ballaststück im Kessel abgeschliffen werden. Als Erstes wurde das Modell dazu vollständig demontiert. An den Laternen wurde mit einem kleinen Fräser der Leuchtraum freigelegt und somit der Platz für die LEDs geschaffen. Um die Drähte aus den Laternen heraus zu führen, erhielten sie an der Rückseite eine Bohrung von 0,5 mm Durchmesser. Das Innere der Laternen wurde mit weißer Farbe ausgelegt und anschließend die LEDs eingeklebt. Hier kam eine Ausführung mit angelöteten Kupferlitzen zum Einsatz. Die Litzen wurden durch die Bohrung gefädelt und mit et-

Auch die beleuchtete Kabine und das in gelbem Licht erleuchtete Führerhaus sind brauchbare Funktionen für den Betrieb auf der Modellbahn.

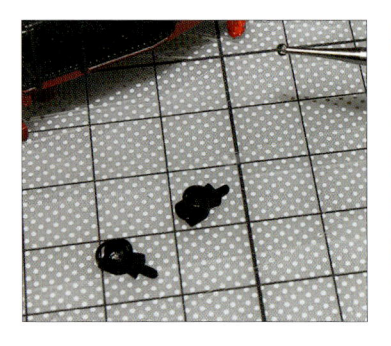

DIGITALES LICHT

Die Laternen-Attrappen des „Glaskastens" wurden ausgefräst, um die LEDs aufnehmen zu können.

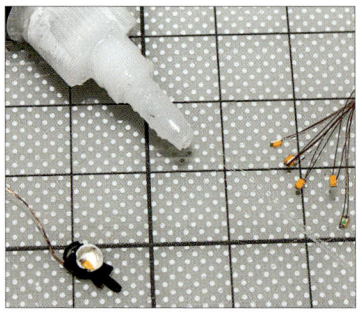

Nach dem weißen Anstrich des Innenraumes wurden LEDs und Kabel eingeklebt.

Der Innenraum der Loklaterne wird mit flüssigem, transparentem Kunststoff aufgefüllt.

Die Anschlussdrähte aus der Laterne wurden durch kleine Bohrungen im Lokrahmen unter den Umlauf gefädelt.

Mit Sekundenkleber werden die dünnen Litzen unter dem Umlauf des „Glaskastens" festgeklebt.

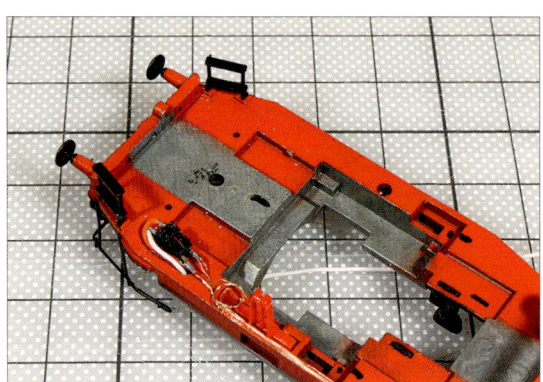

Eine kleine Steckverbindung unter dem Umlauf erleichtert eine spätere Demontage des Modells.

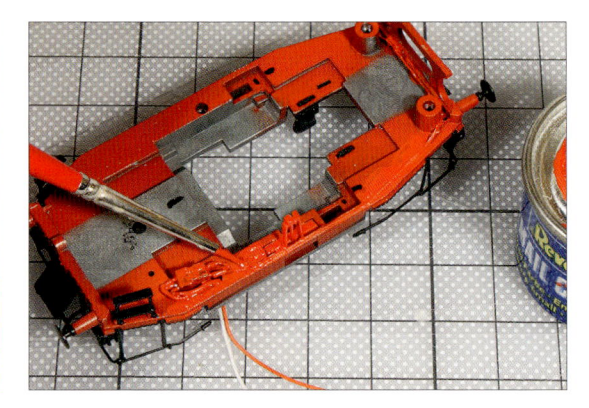

Drähte und Steckverbindung unter dem Umlauf erhielten einen roten Anstrich. Sie sind so nicht mehr zu erkennen.

was Sekundenkleber fixiert. Nach einem Aufsetzen der Laterne auf den Lokrahmen zur Probe wurde die Position für die Bohrung im Rahmen festgelegt, durch die dann die Drähte gefädelt wurden. Die Laternen wurden sodann wieder aufgeklebt. Zwischen den Litzen und den Anschlussdrähten wurde eine kleine Steckverbindung eingelötet, die einerseits als Verbindung der Litzen zu den Drähten des Decoders dient und anderseits benötigt wird, um die Lok auch weiterhin demontieren zu können.

An einen der Stifte der Steckverbindung ist der Vorwiderstand angelötet. Durch eine Bohrung im Lokrahmen am Führerhaus wurden die Drähte vom Decoder nach unten gefädelt und an die Steckverbindung gelötet. Alle Drähte unter dem

116

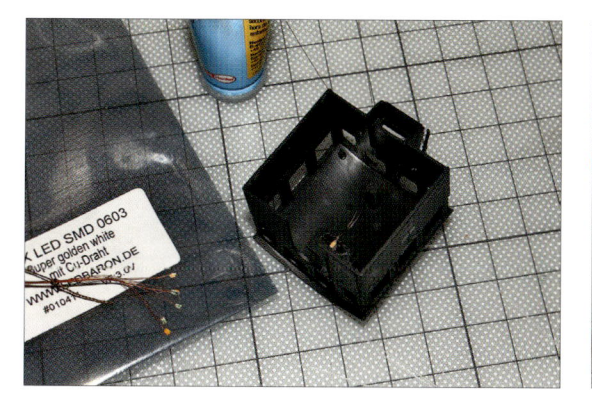

Dampfloks mit Lichtfunktionen

Auch in das Führerhaus des „Glaskastens" wurde eine kleine LED zur Beleuchtung eingeklebt. Die feinen Anschlussslitzen werden neben der LED mit Sekundenkleber fixiert, sodass sie später nicht von der LED abreißen können.

Um den Decoder, den Vorwiderstand und die zusätzlichen Drähte im Führerhaus des „Glaskastens" unterbringen zu können, musste aus dem Ballaststück eine Ecke ausgefräst werden.

Über die Licht- und Funktionsausgänge des Decoders werden die LEDs angesteuert. Da der Decoder Gleichstrom liefert, muss auf die Polarität geachtet werden.

Umlauf sind flach am Rahmen mit Sekundenkleber fixiert und rot lackiert.

Die Führerhausbeleuchtung erfolgte wie bei der 50er durch eine kleine LED an der Decke. Die Anschlüsse an den Motor und die Radstromabnahme erfolgte im Führerhaus. Die Beleuchtung der Laternen wurde an den Decoderausgang für die Stirnbeleuchtung gelegt, die Führerhausbeleuchtung an den Funktionsausgang.

Da die Decoder 12 bis 14 V Gleichspannung abgeben, mussten die LEDs mit Vorwiderständen versehen werden. Hier kamen Widerstände mit 4 kΩ zur Anwendung. Masse und Funktionsausgang der Decoder mussten dann – selbstverständlich polrichtig – an die Dioden gelötet werden.

Ohne seine Beleuchtung hätte der kleine bayerische Reisezug nicht in dieser abendlichen Szene eingesetzt werden können.

DIGITALES LICHT

Zeitgemäße Lokbeleuchtung für Rocos 232

Es werde Licht ...

Ältere Lokmodelle besitzen meist eine aus Glühbirnen und Lichtleitelementen bestehende Beleuchtung. Das funktionierte auch solange, bis man den Anspruch hatte, Lampen einzeln zu schalten. Mit LEDs lassen sich Lokbeleuchtungen leicht ändern. Modellbau-Schönwitz bietet für diesen Zweck geeignete Lokplatinen mit LED-Beleuchtung und Digitalschnittstelle an. Lesen Sie, wie eine 232 von Roco mit diesem Bausatz ausgestattet wird.

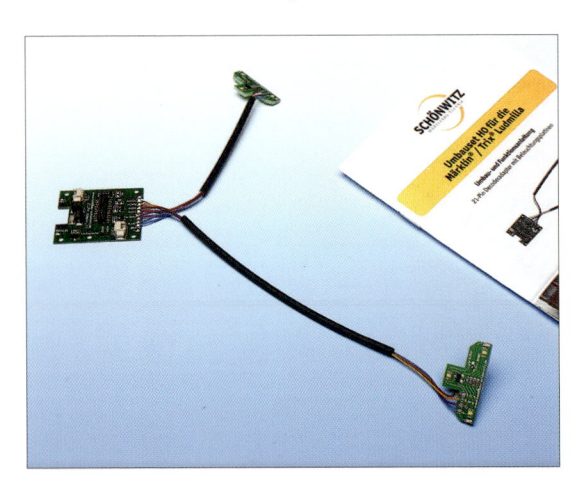

Die heutige Digitaltechnik ermöglicht es mit ihren 18- oder 21-poligen Schnittstellen, einzelne Lampen an Lokmodellen zu schalten. Das bietet die Option, auch Fern- oder Rangierlicht zu schalten. Ältere Lokmodelle aus der eigenen Sammlung besitzen aber mitunter nur Glühlampen, die fahrtrichtungsabhängig leuchten. Da diese Modelle jedoch in puncto Fahreigenschaften

Der Umbausatz von Schönwitz beinhaltet eine Platine mit 21-poliger Digitalschnittstelle sowie zwei kleine Platinen mit Leuchtdioden. Diese werden hinter den Lokfronten montiert. Die Drähte sind zum Platzieren der Platinen lang genug.

Es werde Licht ...

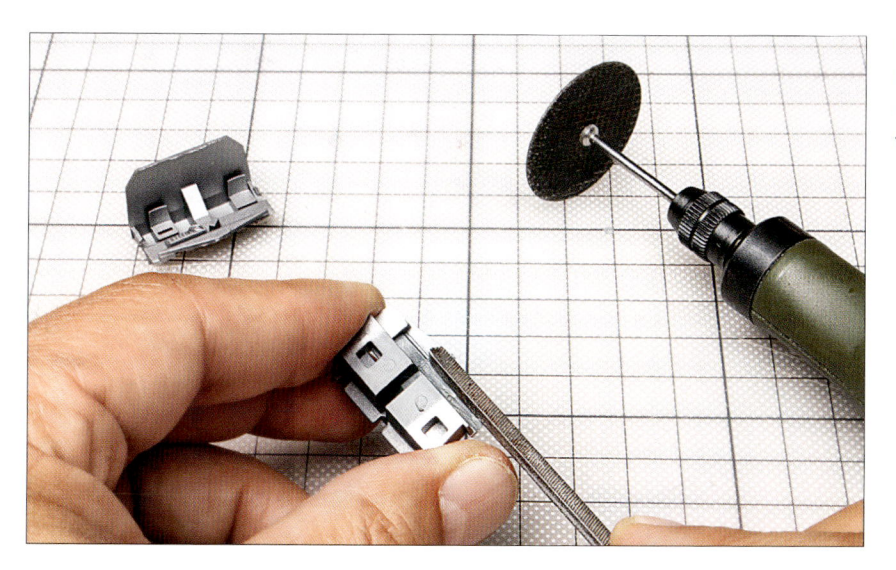

Um für die LED-Platine Platz zu schaffen, muss die Inneneinrichtung befeilt werden.

Die Lichtleiter werden vorne vier Millimeter abgeschnitten und anschließend eingeklebt.

Die Lampeneinsätze werden in die Lokfront geklebt. Die Lichtleitelemente müssen so weit hinausragen, dass sie bis an die LEDs der kleinen Platine heranreichen.

DIGITALES LICHT

Mit etwas Sekundenkleber wird die Platine so befestigt, dass sich die LEDs direkt hinter den Lampenöffnungen befinden.

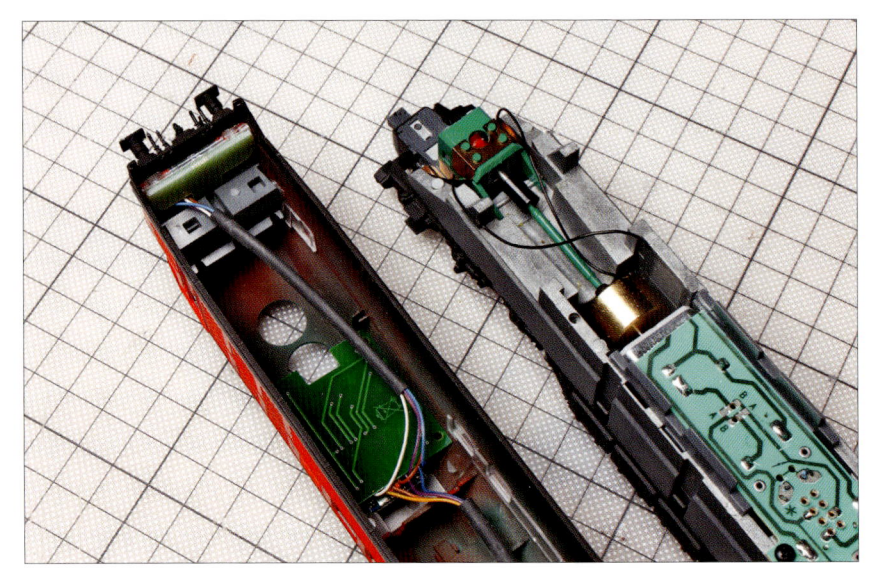

Die Platine mit dem Decoder findet bei der Roco-232 ihren Platz unter den Lüftern. Die Drähte werden im Inneren unter dem Dach so verlegt, dass das Dach leicht aufgesetzt werden kann.

und Detaillierung nicht schlechter sind, sollte man sie nicht aussondern. In der Sammlung des Autors befinden sich z.B. einige Loks der BR 232 von Roco, die eine zeitgemäße Beleuchtung erhalten sollten. Der Entschluss für einen Umbau fiel, da nicht davon auszugehen war, dass Roco in naher Zukunft die Lokkonstruktion überarbeiten würde.

Bei der Neubeleuchtung sollten LEDs zur Anwendung kommen. In die Bohrungen der Lampeneinsätze der Roco-232 passen 1,8 Millimeter runde LEDs, allerdings war die gesamte Verdrahtung von Hand auszuführen.

Im hier beschriebenen Fall kam der Umbausatz mit der Artikelnummer 01-03-15-09 der Firma Schönwitz (www. modellbau-schoenwitz.de) zur Verwendung. Der ist zwar ursprünglich für den Einsatz in einer Trix/Märklin 232 gedacht, passt aber ebenso in die Roco-Lok. Der Bausatz besteht aus einer Hauptplatine, auf der sich eine 21-polige Digitalschnittstelle befindet. An die entsprechenden Lötpunkte der Platine werden die Fahrspannung und die Anschlüsse des Motors angelötet. Über dünne Kabelbäume sind kleine Leiterplatten angebunden, über welche die LEDs für die Beleuchtung gesteuert werden. Diese kleinen Platinen muss man von innen hinter die Lichteinsätze kleben. In ein Märklin- oder Trix-Modell lassen sich die Platinen einfach durch Einsetzen montieren. Für den Einbau in die Roco-Lok waren einige Anpassungsarbeiten erforderlich.

Es werde Licht ...

Zunächst mussten die alten Lichtleiter entfernt und die alte Leiterplatte in der Lok von allen Lampen und Bauteilen befreit werden. Die Leiterplatte wurde aber beibehalten, da sie über Schrauben den Motor fixiert und die Stromversorgung für den Motor übernimmt. Zudem wurden die Leiterbahnen oben durchtrennt, sodass sie nur noch als Lötpunkte für alle neuen Anschlussdrähte dienen.

Die Lichtleiter wurden an den Fronten etwa 4 mm abgesägt und anschließend in die Lampeneinsätze geklebt. Diese müssen etwas herausstehen, sodass sie später dicht an die LEDs ragen und deren Licht gezielt abgenommen wird.

Da die Platinen mit den LEDs nicht so ohne weiteres hinter die Lampenöffnungen passen, muss man im Inneren der Lok etwas Platz schaffen. Man gewinnt ihn durch Befeilen der Unterkante des Führerstand-Einsatzes. Hierbei ist der vordere Bereich bis auf minimale Materialstärke herunter zu feilen. Nimmt man zuviel Material weg, befindet sich ein Loch im Führerpult, was es natürlich unbedingt zu vermeiden gilt.

Anschließend setzt man die Führerstandattrappe wieder ein und klebt die Lampeneinsätze mit den gekürzten Lichtleitern fest. Nun müssten die Platinen mit den LEDs passen. Diese sollten so eingebaut werden, dass sich die LEDs unmittelbar hinter den Lichtleitern befinden. Schließt die untere Kante der Platine mit dem Lampeneinsatz im Gehäuse bündig ab, dann sitzt alles optimal und das Gehäuse lässt sich ohne Behinderung aufsetzen. Die kleinen Leiterplatten können anschließend mit etwas Sekundenkleber fixiert werden.

Nun muss man noch die Hauptplatine mit den Lötstellen mit der originalen Leiterplatte der Lok verbinden und diese im Gehäuse verstauen. Nach dem Einstecken des Decoders fand die Platine im Bereich der Lüfter unter dem Dach einen Platz. Die Anschlussdrähte zu den LEDs verschwanden unter dem Dach in dem Bereich, in dem zuvor die Lichtleiter verbaut waren. Nachdem das Lokgehäuse vorsichtig auf das Fahrwerk gesetzt worden war, konnte die erste Probefahrt unternommen werden. Nun besitzt die Lok schaltbares Fernlicht, Rücklicht sowie eine authentische Lichtfarbe.

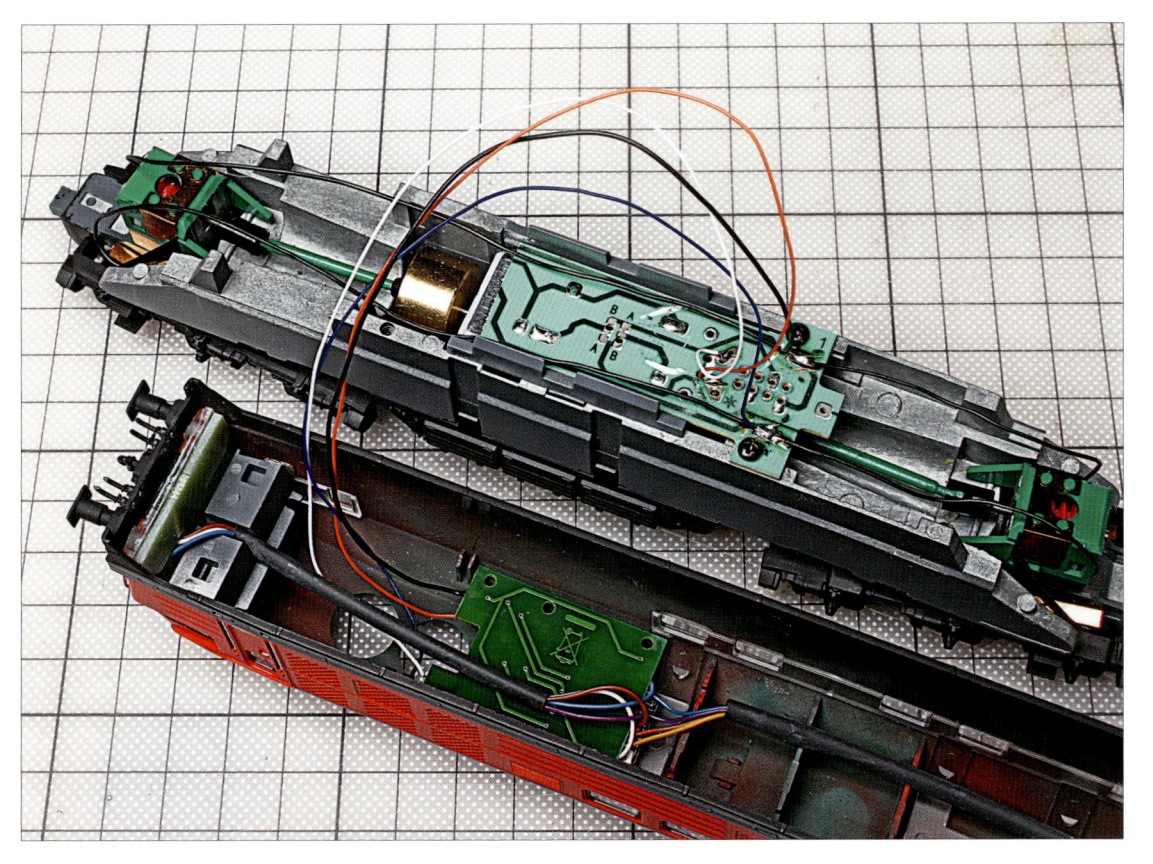

Abschließend müssen die Anschlussdrähte der Platine mit der Lok verbunden werden. Dazu wurden die Leiterbahnen der alten Leiterplatte getrennt und die neuen Drähte an entsprechende Stellen angelötet.

DIGITALES LICHT

Schon lange vor Sonnenaufgang hat Lokführer Schnellenhaus den Motor gestartet und im Maschinenraum den Ölstand kontrolliert. Eine halbe Stunde später ist die Motorenanlage auf Betriebstemperatur. Nun erscheint auch Beimann Lahmer, sodass es in Kürze an den Zug gehen kann.

Innenbeleuchtung für die Roco-V 200

Diesel mit Durchblick

Die V 200 wirkt vom ganzen Erscheinungsbild her ziemlich bullig. Doch schaut man sich Vorbildfotos an, so sieht man im Maschinenraum recht filigrane Leitungen im Bereich der Kühlergruppe. Diese können durchaus an der V 200 von Roco nachgebildet werden. Selbstverständlich sollte das Ergebnis der Bastelei adäquat beleuchtet und digital gesteuert werden.

Viele Modellbahner haben noch die ursprüngliche Ausführung der V 200 von Roco im Einsatz. Das Modell war bei Erscheinen eine Sensation und ist auch heute noch ob seiner detaillierten Machart absolut konkurrenzfähig. Allerdings hat Roco damals einen extrem großen Motor eingebaut, der fast den gesamten Querschnitt der Lok beansprucht. Damit war ein vorbildgerechter Durchblick durch den Maschinenraum unmöglich. Zudem hat das Ding bei Volllast gute 2 A Strom gezogen.

Will man eine solche Lok mit einem Digitaldecoder ausrüsten, ist guter Rat teuer. Denn der Strombedarf des Motors überfordert normale Decoder, die für H0-Lokomotiven gedacht sind und

Diesel mit Durchblick

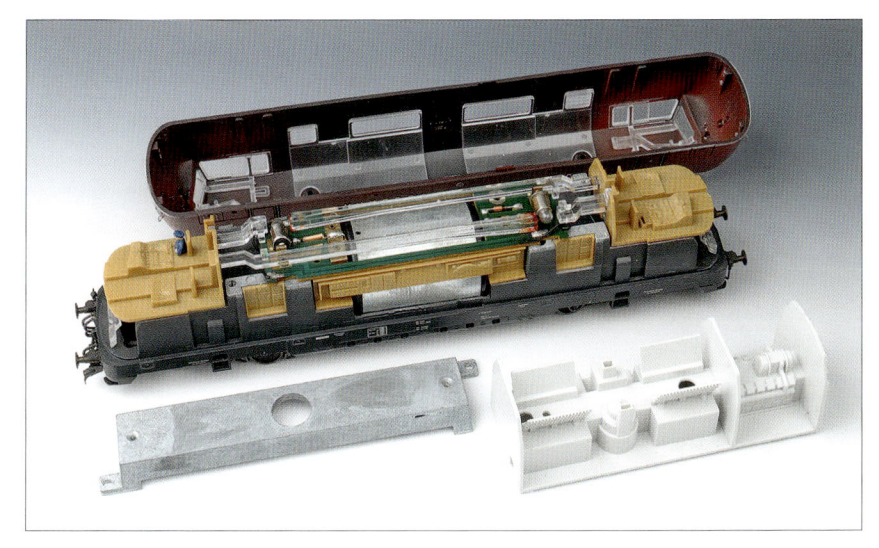

Ausgangspunkt des Umbaus ist die alte Version der Roco-V-200 mit dem riesigen, stromhungrigen Motor. Die Inneneinrichtung aus der Fleischmann-221 liegt schon bereit. Wer das Ersatzteil nicht hat, kann die Kühlergruppe auch aus Messingblech fertigen.

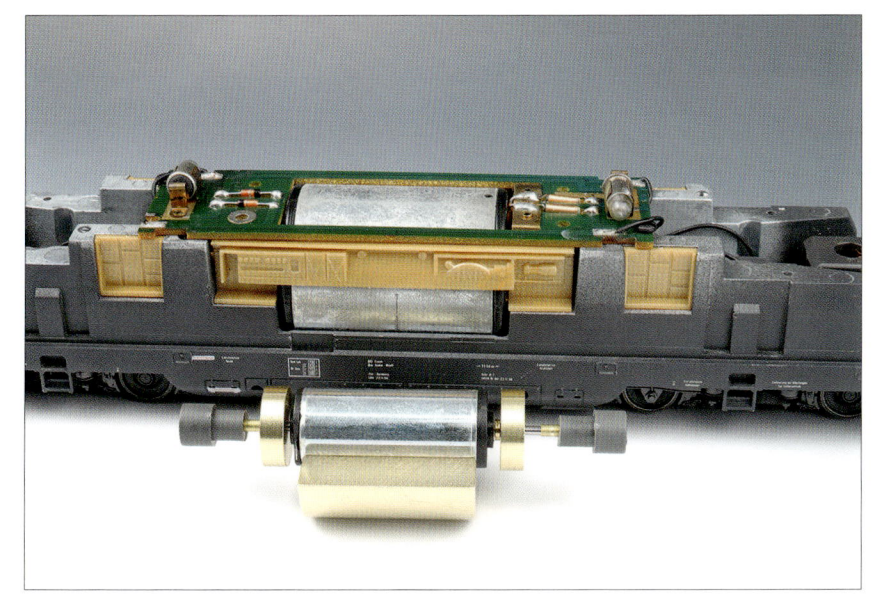

Der auf MIBA-Anregung hin ins SB-Programm aufgenommene Motorsatz 28031S (S für Sonderwunsch) nimmt wesentlich weniger Strom auf und lässt Platz für eine Inneneinrichtung. Der Umrüstsatz kostet 108,50 €.

nur rund 1,5 A Gesamtstrom – einschließlich Beleuchtung – liefern. Selbst wenn der Decoder im Dauerbetrieb nicht abraucht, kann seine Hitzeentwicklung zu einer Verformung des Kunststoffgehäuses führen.

Es empfiehlt sich also für Digitalfahrer, der V 200 einen Antrieb z.B. mit Glockenankermotor zu spendieren. Unter der Art.-Nr. 28031a bietet SB-Modellbau einen solchen Austauschmotor einschließlich Lagerschale an. Der neue Motor hat eine Länge von 30 mm bei einem Durchmesser von 22 mm – füllt den Maschinenraum also auch recht gut aus. Wer nun aber Wert auf einen möglichst freien Durchblick legt, kann diesen Antrieb unter der Art.-Nr. 28031S (S steht hier für Sonderwunsch) auch mit dem wesentlich schlankeren Motortyp 1331 or-

dern. Damit sind die entscheidenden Millimeter gewonnen, die den Durchblick ermöglichen.

Der Einbau ist ohne Fräsarbeiten schnell erledigt, denn die Lagerschale wird einfach nur an Stelle des alten Motors von unten her angeschraubt. Der Antrieb hat zwei kleinere Schwungmassen, die somit ebenfalls nicht sichtbehindernd sind, gleichwohl aber für seidenweiche Laufeigenschaften sorgen. Lediglich die höhere Drehzahl des Motors muss durch entsprechende Einstellungen der CV 5 kompensiert werden.

Maschinenraum mit viel Platz

Natürlich wollen wir nun den Motorraum, soweit er durch die großen Seitenfenster betrachtet wer-

DIGITALES LICHT

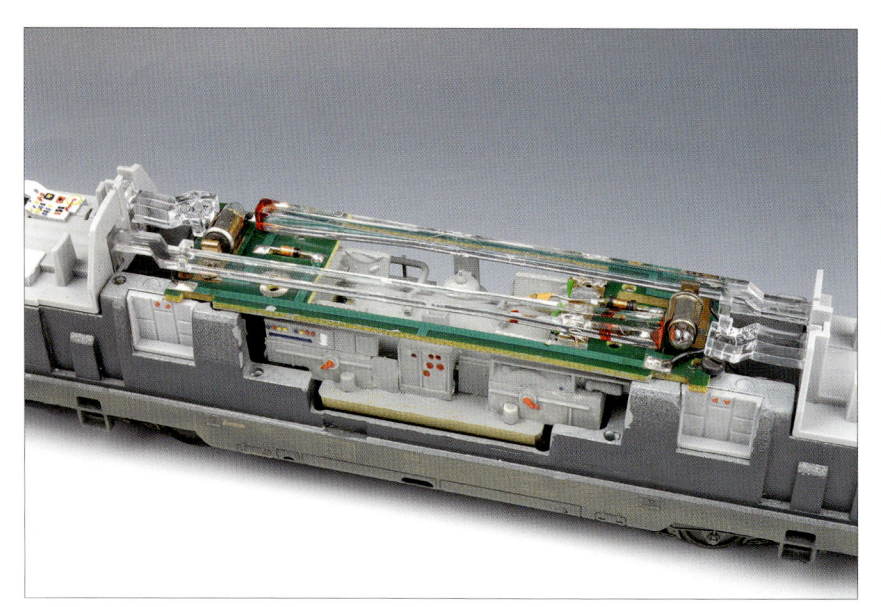

Der mechanische Teil des Umbaus mit der bislang noch unveränderten Platine. Soweit Motorteile aus der bearbeiteten Inneneinrichtung heraus ragen, werden sie ebenfalls hellgrau gestrichen und fallen danach gar nicht mehr auf.

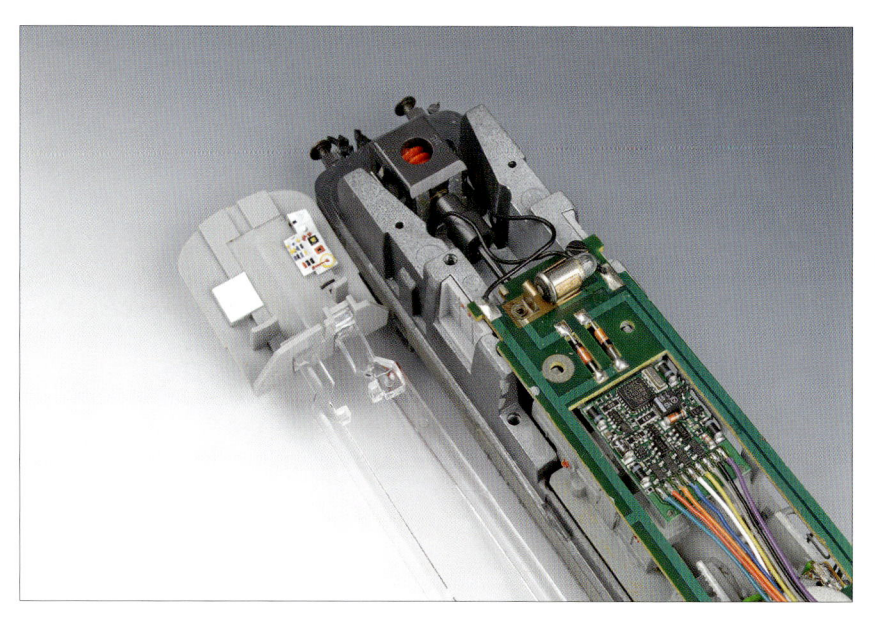

Der dünne Silver-Decoder von Lenz passt gerade so in die ehemalige Motoraussparung der Platine. Darüber verlaufen die Lichtleitkörper. In dieselbe Ebene wird auch die Maschinenraumbeleuchtung geklebt.

den kann, mit ein paar Details aufwerten. Dazu gehört als Kernstück die Kühlergruppe.

Hierzu kann man z.B. die Inneneinrichtung einer alten 221 von Fleischmann verwenden. Dieses Modell findet sich nicht mehr im derzeitigen Fleischmann-Programm und auch so mancher Modellbahner hat die voluminöse Lok ausgemustert, entspricht sie doch nicht mehr ganz den aktuellen Standards.

Die 221 kann aber immerhin noch als Organspender dienen, denn sie hatte nicht nur eingerichtete Führerstände, sondern auch eine Andeutung der Kühlergruppe. Dieses Kunststoffteil wird nun so auf der Unterseite mit Laubsäge, Fräsern und diversen Feilen bearbeitet, dass es sich über den neuen Motor stülpen lässt. Der Mittelsteg muss beispielsweise ganz entfernt werden. Insbesondere die Schwungmassen sollten sich frei drehen können …

Aus Draht werden nun noch einige Rohrleitungen gebogen und verlegt, wobei aus schmalen Messingstreifen Stützwinkel angelötet werden können. Entspricht das Ergebnis ungefähr den zur Verfügung stehenden Vorbildfotos, wird der komplette Innenraum in Hellgrau gestrichen. Ein paar Farbtupfer an den Knöpfen und Leuchtmeldern am Schaltschrank wirken abschließend auch noch sehr überzeugend.

Diesel mit Durchblick

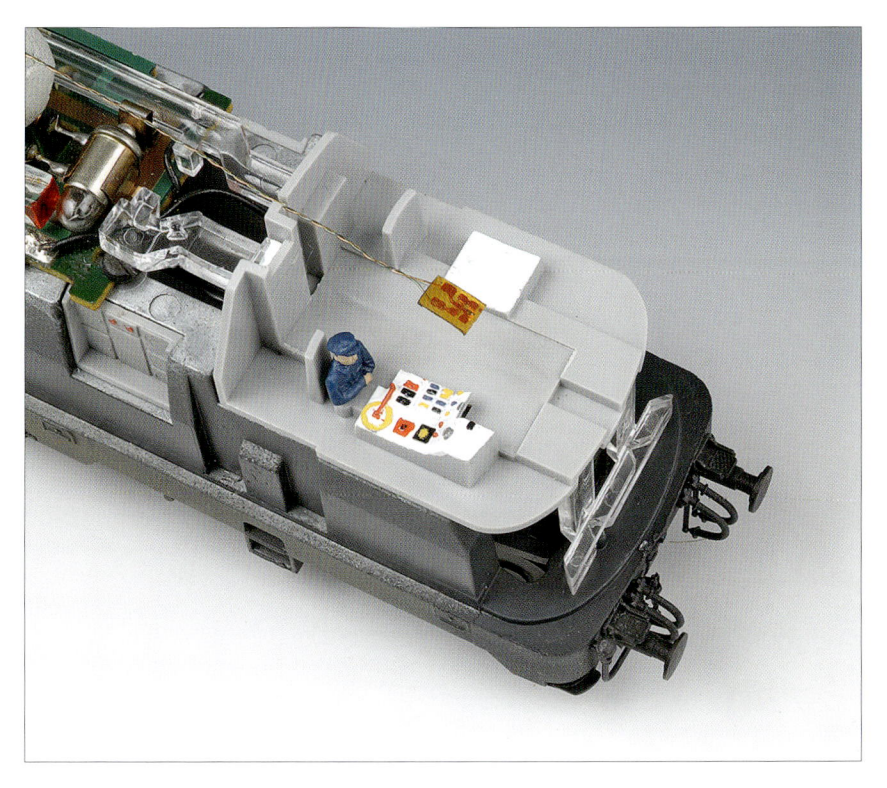

Die Beleuchtungsplatinen von Brelec (Art.-Nr. FL0101-YG-W-1) – hier mit warmweißer Lichttemperatur – sind sogar selbstklebend. Um aber eine Kabelverbindung zwischen Fahrwerk und Lokgehäuse zu vermeiden, wird die Klebefolie entfernt. Das winzige Ding ist so leicht, dass es an den beiden Kupferlackdrähten quasi „selbstschwebend" hält. Verklebt werden die Anschlussdrähte an der Führerhausrückwand.

Der elektrische Teil

Angesteuert wird die Lok mit einem Silver-Decoder von Lenz. Der Decoder ist einseitig bestückt und somit besonders flach. Das ist wichtig, denn er darf nicht in den Bereich der Seitenfenster ragen. Seinen Platz findet er oberhalb der Inneneinrichtung; die Unterkante sollte bündig mit der Unterkante der Platine abschließen, denn diese Linie ist fast identisch mit der Oberkante der Seitenfenster.

Der Anschluss des Decoders erfolgt nach dem üblichen Schema auf der Platine. Lediglich die Dioden für den Lichtwechsel der Stirnbeleuchtung (weißes und gelbes Kabel) müssen ausgebaut werden. Am grünen bzw. lila Kabel können nun die beiden Führerstandsbeleuchtungen und die Maschinenraumbeleuchtung angeschlossen werden.

Zu beachten ist dabei, dass die Führerstände mit opakweißen Glühlampen beleuchtet waren, während der Maschinenraum Leuchtstoffröhren besaß. Dem kann man Rechnung tragen, indem in den Führerständen warmweiße LEDs (z.B. die winzigen Innenraumbeleuchtungen von Brelec) und im Maschinenraum kaltweiße LEDs (z.B. von Viessmann) zum Einsatz kommen.

Wer nun die Führerstände lieber einzeln (genauer gesagt: fahrtrichtungsabhängig) beleuchten möchte, sollte die LEDs an den Stirnbeleuchtungen anschließen und die Stromversorgung über einen Transistor schalten, wie es Gerhard Peter in Modellbahn digital, Ausgabe 2011, Seite 88, (erschienen bei Verlagsgruppe Bahn) vorgestellt hat. Alternativ kann man natürlich auch einen Funktionsdecoder verwenden.

DIGITALES LICHT

Zusätzliche Beleuchtung in Lokomotiven

Licht in Führerstand und Maschinenraum

Mit wenig Aufwand lassen sich in Elektro- und Diesellokomotiven Führerstände und Maschinenräume beleuchten. Durch diese Beleuchtung sind vorbildtypische Effekte auf beleuchteten Modellbahnen möglich. Wie die Beleuchtung im Modell erfolgt, zeigen die folgenden Beispiele.

Mitunter sind die Inneneinrichtungen von Führerständen an Modelllokomotiven derart authentisch nachgebildet, dass es sich lohnt, sie durch eine Innenbeleuchtung zur Geltung zu bringen. Durch die großen Front- und Seitenscheiben von Diesel- oder Elektrolokomotiven können sie nämlich gut eingesehen werden. Bei weniger filigran nachgebildeten Führerständen kann man als Modellbahner durch wenige Handgriffe die Detaillierung nachträglich verbessern.

Bei vielen Diesel- oder Elektroloks sind zusätzlich noch Fenster im Maschinenraum vorhanden, durch die man auf eine Imitation oder eine flache Kulisse des Maschinenraumes blickt. Sind in den meisten Dieselloks nur kleine Fenster im Maschinenraum vorhanden (große Ausnahme: V 200), so besaß die Deutsche Bundesbahn aber einige Ellok-Baureihen, bei denen die Fenster der Modelle regelrecht dazu einladen, eine Beleuchtung nachzubilden.

Führerstände

Bei Lokomotiven mit Endführerständen ist die Beleuchtung in den meisten Fällen recht einfach, da die Kabinen der Führerstände normalerweise als

Licht in Führerstand und Maschinenraum

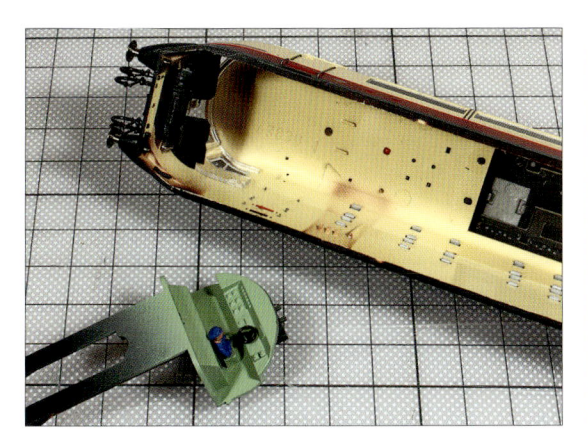

Zum Lichteinbau in einen Führerstand muss dieser aus dem Lokgehäuse demontiert werden. Je nach Konstruktion des Lokinneren ergibt sich, wo die Leuchtmittel platziert werden.

An den obersten Rand der Führerraumrückwand wird eine Bohrung für die Kabel einer bedrahteten LED geschaffen. Unmittelbar vor diese Bohrung wird die LED geklebt (rechts).

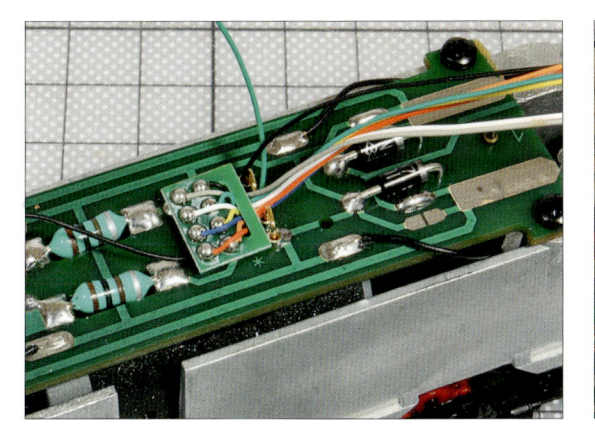

Um die Führerraumbeleuchtung an den Decoder anzuschließen, wurden Drähte an die Decoderschnittstelle gelötet. Hier fand der Funktionsausgang 1 Verwendung.

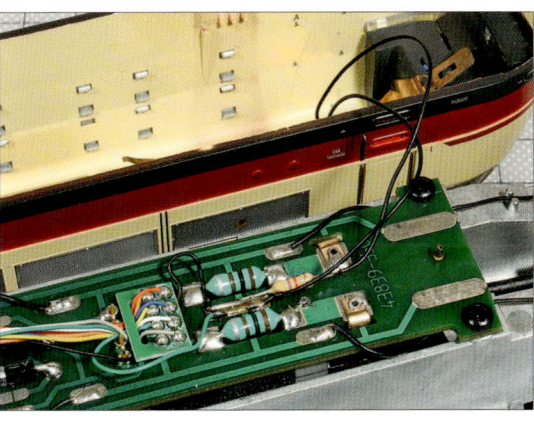

Die Verbindung zur LED erfolgte über eine schmale Platine mit zwei Leiterbahnen, die auf die Lokplatine geklebt wurde.

gestaltetes Kunststoffteil in die Enden der Gehäuse eingesetzt sind. Weil unter und über den Führerständen in der Regel die Spitzenbeleuchtungen der Lokomotiven eingebaut sind, sind die Führerstände geschlossen und relativ lichtdicht ausgeführt, was die Innenbeleuchtung vereinfacht. Eine Gestaltung der Führerstände unterhalb der Fenster musste aufgrund des Antriebs der Drehgestelllokomotiven meist unterbleiben.

In Loks mit Mittelführerstand sitzt zwar in der Mitte die Schnittstelle für den Decoder, aber auch diese Führerstände können beleuchtet werden.

Beleuchtete Führerstände beleben jede nächtliche Bahnsteigszene.

DIGITALES LICHT

Die großen Maschinenraumfenster der 181 (Roco, H0) ermöglichen einen guten Blick ins Lokinnere. Dieses wurde mit zwei LED beleuchtet.

Im hier beschriebenen Fall wurde ein Modell der Baureihe 103 von Roco mit einer Beleuchtung eines der beiden Führerstände versehen. Dieses eine Führerstandlicht kann leicht über den einen noch freien Funktionsausgang am verwendeten Digitaldecoder gesteuert werden.

Für die Beleuchtung des Führerstandes wurde eine kleine, warmweiße LED verwendet. Dazu wurde das Führerstandimitat vom Gehäuse demontiert und entsprechend präpariert. Wer will, kann zu diesem Zeitpunkt auch farbliche und gestalterische Verfeinerungen an der Inneneinrichtung vornehmen.

An das obere Ende der Rückwand wurde die LED angeklebt und die Drähte nach hinten durch zwei kleine Bohrungen geführt. Nach Trocknung des Klebers wurde der Führerstand wieder montiert und der Anschluss konnte erfolgen.

Um die Leuchtdiode anzuschließen, wurden zwei Drähte direkt an die entsprechenden Anschlüsse der Digitalschnittstelle gelötet. Hier war die Masse und der noch nicht belegte Funktionsausgang 1 abzugreifen. Um diese Drähte mit denen der LED zu verbinden, wurde auf einen freien Bereich auf der Platine der Lok eine kleine Leiterbahn mit zwei Kontakten geklebt. Hier konnten alle Drähte leicht miteinander verbunden werden. Zusätzlich waren sie auf der Platine fixiert und hingen nicht lose im Lokgehäuse. Beim Anschluss war auf die Polarität zu achten. Der Vorwiderstand wurde ebenfalls hier untergebracht.

Maschinenraumbeleuchtung

Auch die Maschinenräume von Lokomotiven bieten Platz für das Unterbringen von Leuchten. Allerdings sollte hierbei darauf geachtet werden, dass die Nachbildungen des Inneren plastisch wirken. Die Beleuchtung von bedruckten Kulissen sieht später eher unschön aus.

Ein Fahrzeug mit relativ großen Maschinenraumfenstern ist die Baureihe 181. Hier wurde eine Nachbildung von Roco mit einer Beleuchtung bestückt. Die Modellkonstruktion ist so gestaltet, dass ein Kunststoff-Steckteil auf dem Gussrahmen vor die Fenster gestellt ist. Zum Umbau kann es leicht abgenommen werden. Dieses Teil ist hellgrau lackiert und bildet die Konturen der Aggregate im Maschinenraum nach. Mit etwas Farbe wurden die Konturen leicht hervorgehoben.

Zwischen dieser kleinen Kulisse und den Scheiben sind etwa 2 mm Platz, die man für die Beleuchtung nutzen kann. Die Montage der kleinen Leuchtdioden gestaltete sich sehr einfach. Verwen-

Licht in Führerstand und Maschinenraum

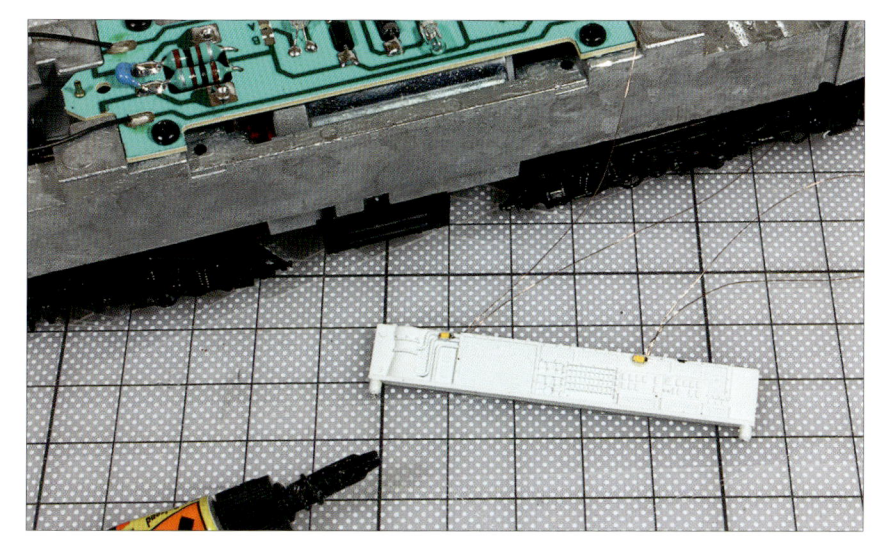

An die Imitation der Maschinenraumeinrichtung wurden zwei winzige, gelbe LEDs zur Beleuchtung geklebt. Die Kupferlitzen wurden durch Bohrungen auf die Rückseite geführt.

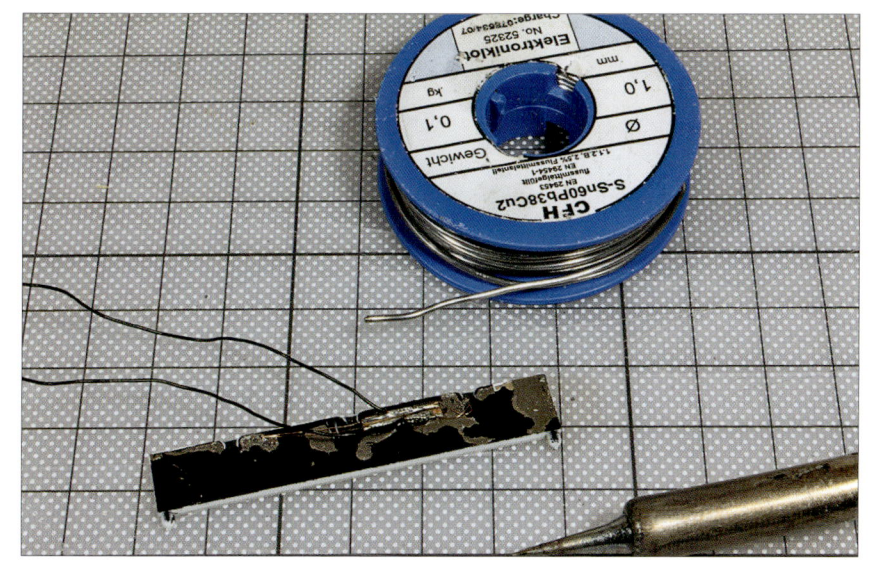

Auf der Rückseite des Kunststoffteils wurden zwei Leiterbahnen aufgeklebt, an die dann die Anschlussdrähte gelötet wurden. Über sie erfolgte der Anschluss am Lokdecoder.

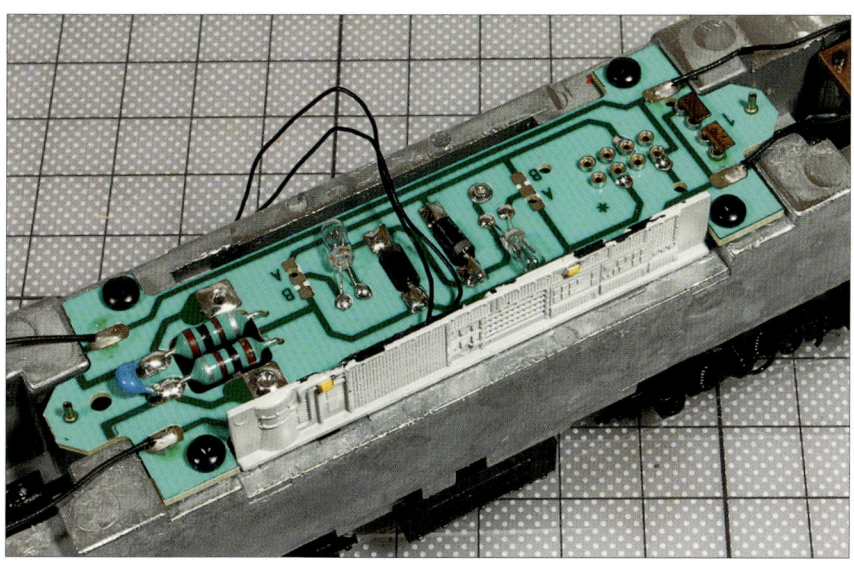

Nach dem Einsetzen des Maschinenraumimitates sind die Kabel im Lokinneren zu verlegen. Hier sollte tunlichst darauf geachtet werden, dass das Lokgehäuse später ohne Behinderungen auf dem Rahmen einrastet.

DIGITALES LICHT

Das fein geätzte Lüftergitter der Maxima der Saechsischen Waggonfabrik gibt den Blick auf die Gänge im Lüfterraum frei. Wie beim Vorbild leuchten hier nun „Neon-Röhren".

det wurden Ausführungen mit bereits werksseitig angelöteten Kupferlitzen. Sie wurden am oberen Rand der Innenraumnachbildung festgeklebt und die Drähte wiederum durch Bohrungen gefädelt. Auf die Rückseite der Kunststoffkulisse wurden zwei kleine Kupferleiterbahnen geklebt, auf die dann die Litzen, die Anschlussdrähte und der Vorwiderstand gelötet wurden. Danach erfolgte eine probeweise Montage der Kulisse, um den problemlosen Sitz des Gehäuses zu prüfen.

Die nun nach hinten ragenden Drähte konnten im Inneren der Lok leicht angeschlossen werden. Dazu wurden wieder die Lötflächen der Schnittstelle auf der Platine abgegriffen und die Drähte verbunden. Der Funktionsausgang 1 des vorhandenen Decoders steuert auch hier das Licht.

Werden zusätzlich zum Maschinenraum auch die Führerstände beleuchtet, so kommt man mit den Funktionen einer achtpoligen Schnittstelle nicht mehr aus. Dann sind entweder größere Schnittstellen (Plux-16 oder Plux-21) erforderlich oder man muss zusätzlich zum Decoder für den Fahrbetrieb und die Spitzenbeleuchtung einen separaten Funktionsdecoder (ohne Motoranschluss) zum Schalten der Innenbeleuchtungen einsetzen.

Hinter dem Lüfter ...

Wer einmal durch den Maschinenraum einer Voith-Maxima gelaufen ist, kennt den Durchblick aus der Seitenwand des Lüftermoduls nach draußen. Als das H0-Modell der Maxima der Saechsischen Waggonfabrik Stolberg erhältlich war, beeindruckte das äußerst filigran geätzte große Gitter in der Seitenwand. Da dahinter sogar die beiden Gänge des Maschinenraums samt Fußboden nachgebildet waren, musste hier eine

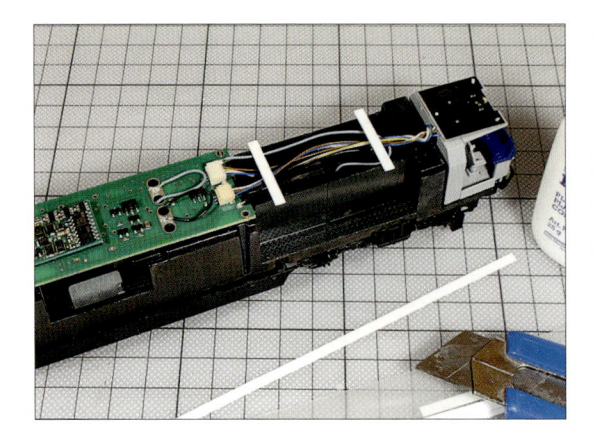

Zur Montage der LEDs im Lüfterraum werden Kunststoffstreifen als Träger eingeklebt.

Unter die Kunststoffstreifen klebt man anschließend die kleinen LEDs.

130

Licht in Führerstand und Maschinenraum

Beleuchtung nachgerüstet werden. Beim Vorbild ist der Gang mit weißen Neonlampen beleuchtet, also sollten auch im Modell kaltweiße Leuchtdioden genutzt werden.

Für das Anbringen dieser LEDs waren im Modell Halterungen einzukleben. Dies erfolgte in Form von kleinen Kunststoffstücken, die über die Zwischenwände des Lüfterbereichs geklebt wurden. Unter diese Kunststoffstücke konnten die LEDs geklebt werden. Die Anschlusslitzen aus Kupfer wurden nach oben weggegebogen und mit Sekundenkleber auf den Kunststoffstreifen fixiert. Nun konnte die Verkabelung erfolgen. Gut an dem Modell war, dass zwischen den Seitenwänden ein Freiraum vorhanden war, in dem man sich „austoben" konnte. Am Boden fanden zwei Kontakte einer Lötleiste Platz, an die auch der Vorwiderstand angelötet wurde. Die Litzen der Leuchtdioden wurden hier ebenfalls entsprechend ihrer Polarität angelötet und dann so am Rand verlegt, dass sie später nicht aus Versehen abgerissen werden können.

Da das Lokmodell werksseitig mit zahlreichen Lichtfunktionen ausgerüstet ist, war am bereits eingebauten Digitaldecoder kein Funktionsausgang zum Steuern der Maschinenraumbeleuchtung mehr frei. Folglich musste ein zusätzlicher Decoder eingebaut werden. Da dieser nur die eine Funktion ansteuern muss, fand hier ein teildefekter Fahrdecoder aus der Bastelkiste Verwendung. Die Versorgungsspannung wurde von der Platine der Lok abgegriffen und die Masse und der Funktionsausgang 1 des Decoders mit den beiden Kontakten der Lötleiste verbunden. Der Originaldecoder wurde aus der Lok entfernt und der „Lichtdecoder" programmiert. Durch ihn besitzt die Lok nun eine zweite Adresse. Anschließend wurde der Hauptdecoder wieder eingesetzt. Die Seitengänge der Lok erhielten noch einen Anstrich, bevor die Lok wieder in Betrieb genommen wurde.

Erst nach Programmierung und Prüfung der Funktionstüchtigkeit wird der Bau fortgesetzt.

Die Anschlusslitzen werden über einen Vorwiderstand an einen Decoder angeschlossen.

Der separate Decoder für die Lichtfunktion wird zwischen den Lüfterwänden untergebracht.

Nachdem die Montage abgeschlossen ist, muss das Gehäuse klemmfrei sitzen.

DIGITALES LICHT

Für diese Szene wurden Rocos Steuerwagen Halberstädter Bauart und ein Doppelstockwagen von Piko beleuchtet. Sie halten nebeneinander am Bahnsteig. Wie bei modernen Bahnen üblich, besitzen die Wagen eine weiße Beleuchtung, die Neonlicht nachahmt.

Licht für Personenwagen

Wagen-Erleuchtung

Beleuchtete Personenwagen wirken seit jeher in einer besonderen Art auf Modellbahner. Durch die Verwendung von Nachrüstsätzen oder alternativen Produkten ist die Beleuchtung heute sehr einfach. Lesen Sie im folgenden einige Praxisbeispiele.

Die Beleuchtung von Personenwagen ist in den größeren Baugrößen heutzutage kein Problem mehr und aufgrund der Fülle an angebotenem Zubehör auch „kinderleicht" zu bewerkstelligen.

Auch Zugzielanzeiger wie an Tilligs Steuerwagen in TT können beleuchtet werden.

Waren früher Glühlampen in den Wagenkästen zur Beleuchtung üblich, so erfolgt dies heute mit winzigen Leuchtdioden, die in verschiedenen Farbtönen erhältlich sind. Diese geben auch nicht mehr soviel Wärme ab wie Glühlampen. Konfektionierte Lichtleisten mit Leuchtdioden und Vorschaltelektronik eignen sich zum Nachrüsten für nahezu alle Wagenformen.

Radstromaufnahme

Um einen Personenwagen im Modell zu beleuchten, muss er mit Strom aus den Schienen versorgt werden. Dies geschieht über die Stromabnahme der Räder. Bei Gleichstrombahnen sind die Radsätze in der Regel einseitig isoliert, sodass der Strom von der Achse abgenommen werden kann.

Wagen-Erleuchtung

Die Radsätze bei zweiachsigen Fahrzeugen sind mit entgegengesetzter Isolierung einzusetzen, sodass beide Pole abgenommen werden. Bei Drehgestellwagen nimmt dann jedes Drehgestell einen Pol ab, sodass die Radsätze im Drehgestell mit gleichgerichteter Isolierung montiert sein müssen. Andernfalls wären Kurzschlüsse die Folge.

Bei Mittelleiterfahrzeugen muss der Mittelschleifer zur Stromabnahme mit herangezogen werden. Ist dies bei Drehgestellfahrzeugen noch relativ einfach, wird es bei Fahrzeugen mit Einzelachsen etwas komplizierter. Hier können stromführende Kupplungen helfen, die den Stromfluss durch den gesamten Zug ermöglichen.

Zur Nachrüstung einer Beleuchtung werden spezielle Umbausätze der Modellbahnzubehör-Hersteller oder auch Einzelkomponenten angeboten. Die kompletten Bausätze enthalten die Stromabnehmer, alle Kabel und die Beleuchtungsmittel.

In der Nenngröße H0 erhält man Universal-Radschleifer, die nahezu für alle Fahrzeuge genutzt werden können. Mit einer kleinen Schere können die dünnen Bleche beschnitten und so an die erforderliche Größe der Drehgestelle oder Wagen angepasst werden. An diese Radschleifer lassen sich auch sehr leicht Drähte anlöten, über die dann die Verbindung zum Wageninneren erfolgt.

Lichtleisten

Neben den Radschleifern benötigt man die eigentlichen Leuchtmittel zur Beleuchtung der Wagen. Im Internet oder auf Messen bekommt man auch von eher kleineren Anbietern preisgünstige Lichtleisten, die die benötigten LEDs und die für den Einsatz auf Digitalbahnen erforderlichen Gleichrichter bereits fertig verschaltet tragen. Oft ist auch ein kleines Potenziometer vorhanden, mit dem die Leuchtstärke eingestellt werden kann. Diese Leisten sind etwa 8 mm breit und lassen sich somit sogar in Wagen der Nenngröße N einbauen. Sie sind zudem auch in unterschiedlichen Längen erhältlich und können mit einer kleinen Säge gekürzt werden. Hierbei sollte man aber immer die gekennzeichneten Bereiche abtrennen, also die Enden ohne die elektronischen Bauteile der Stromversorgung.

Wichtig bei der Auswahl der Lichtleisten ist die Lichtfarbe der verbauten LEDs. Hier erhält man kaltweiß (Neonlicht), weiß oder gelblich für Glühbirnenimitationen. Wagen nach modernen Vorbildern erhalten dann die kaltweißen LEDs zur

Radschleifer zum Nachrüsten

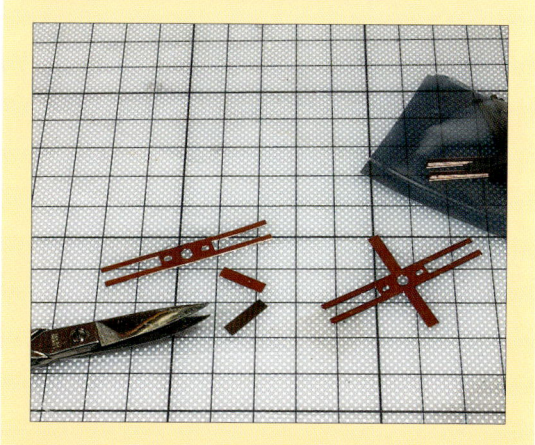

Radschleifer können mit einer kleinen Schere in ihrer Form angepasst werden.

Wenn notwendig, schafft man Bohrungen in der Drehgestellaufnahme oder im Boden.

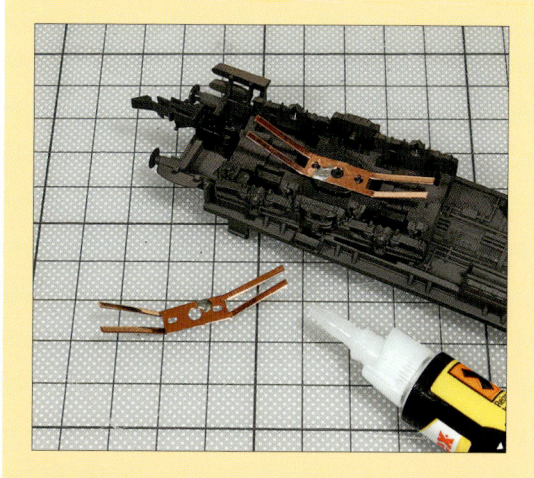

Die Radschleifer werden gebogen, unter die Drehgestelle geklebt und verdrahtet.

DIGITALES LICHT

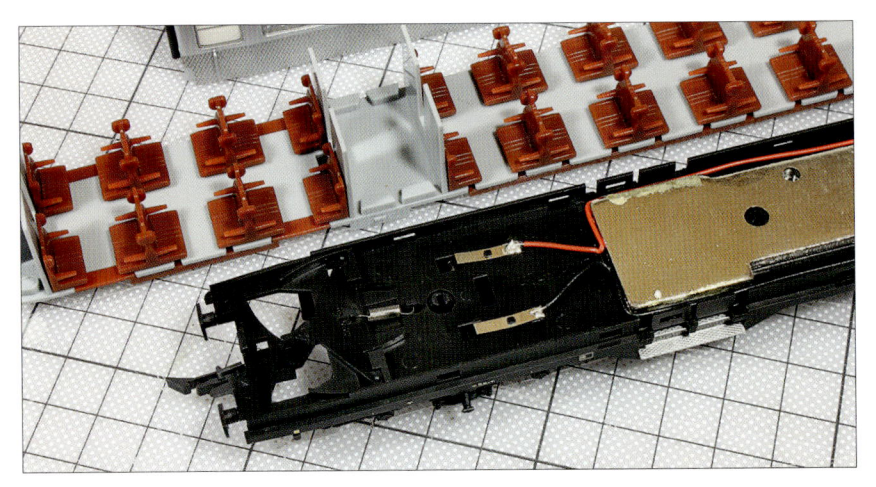

Viele neuere Wagen sind bereits mit einer Stromabnahme ausgerüstet. Hier Rocos „Silberlinge". An die somit vorhandenen Kontakte muss man nur noch die Anschlussdrähte löten.

Die Anschlusskabel zwischen Stromabnahmeblechen und der Lichtleiste im Dach sollte man möglichst unauffällig verlegen. Hier sind sie im Bereich einer Zwischenwand durch Bohrungen geführt. Vor dem Aufsetzen des Daches werden die Kabel nach oben stramm gezogen.

Nachbildung der Neonleuchten, während ältere Wagen mit gelben Ausführungen versehen werden. Eine „Donnerbüchse" mit weißer Beleuchtung würde genauso unrealistisch wirken wie moderne Doppelstockwagen mit gelben Lichtern. Da viele Modelle keine transparenten Fensterein-

Die beleuchteten TT-Doppelstockwagen stammen von Tillig. Hier wurde aber eine gelbe Beleuchtung eingebaut, die so nicht ganz vorbildgerecht wirkt.

Wagen-Erleuchtung

Unterschiedliche Wagentypen können im Modell dank der modernen LED-Technik mit verschiedenen Lichtfarben in der Beleuchtung ausgerüstet werden.

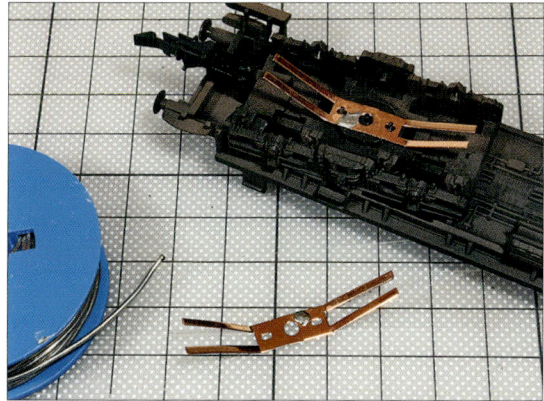

An die Radschleifer werden die Anschlussdrähte für die Innenbeleuchtung gelötet.

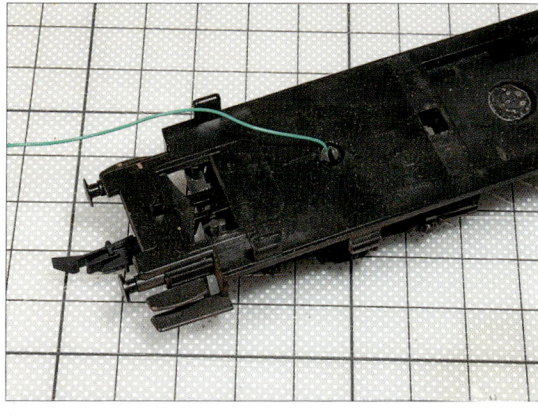

Die Kabel werden durch Löcher in den Drehgestellbefestigungen nach oben geführt.

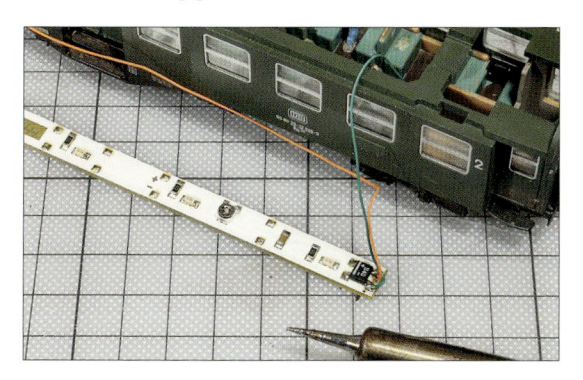

Die anderen Enden der Kabel werden an die Anschlussfahnen der LED-Leisten gelötet. Die Drähte werden senkrecht nach oben geführt und oberhalb der Fenster verlegt.

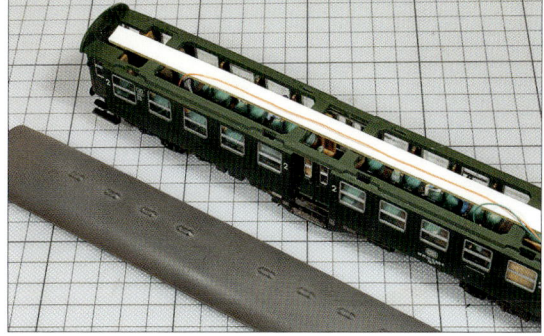

Im Falle des Umbauwagens von Roco wurde die LED-Leiste auf den Wagenkasten unterhalb des Daches geklebt.

DIGITALES LICHT

Die Lokalbahnwagen von Roco besitzen unterm Dach werksseitige Kontakte für Licht.

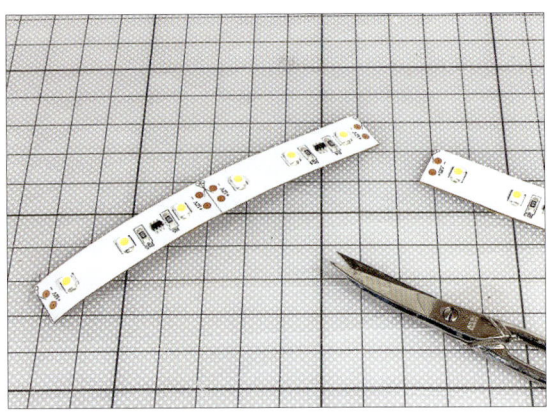

Selbstklebende LED-Leisten aus dem Elektrofachhandel wurden für die Wagen gekürzt.

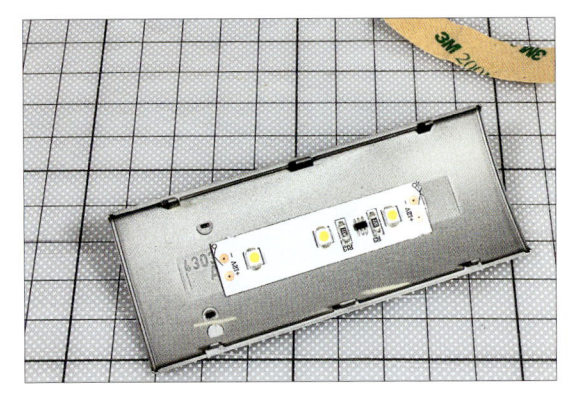

Die flexiblen Leiterbahnen wurden so unter die Wagendächer geklebt, dass sie die Wagenkästen nicht behindern. Die Streifen werden mit Gleichstrom betrieben. Je nach Ausführungen müssen hier dann noch separate Gleichrichter vorgeschaltet werden.

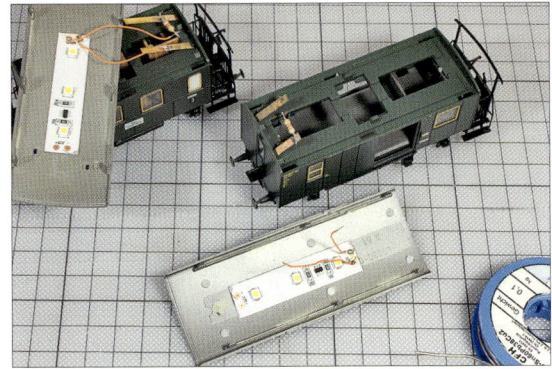

Zum Anschluss der Leiterbahnen wurden die Anschlussfahnen des Lokalbahnwagens mit denen der Leiterbahn verbunden. Hier genügen zwei kurze Drähte.

Die bayerischen Lokalbahnwagen von Roco wurden mit Lichtstreifen in einem schummrigen Gelbton beleuchtet.

Wagen-Erleuchtung

Bei Doppelstockwagen müssen je nach Konstruktion beide Etagen separat beleuchtet werden. Hier erfolgte eine Erleuchtung mit kaltweißem Licht.

sätze besitzen, sondern die getönten Scheiben des Vorbildes durch bräunliche Kunststoffe dargestellt werden, sollte hier die Lichtwirkung mit den verwendeten LEDs vorab getestet werden.

Neben diesen speziell für die Modellbahn hergestellten Beleuchtungssätzen erhält man aber auch im Baumarkt oder im Elektronik-Fachhandel LED-Bänder für Möbel oder Werbezwecke. Auch mit diesen lassen sich Modellwagen beleuchten. Je nach Ausführung sind solche Bänder selbstklebend. Da diese Produkte nicht primär für den Modellbahnbereich hergestellt sind, muss man hierbei auf die Versorgungsspannung achten. Gegebenenfalls sind Gleichrichter oder Vorwiderstände einzubauen.

In dem hier gezeigten Umbau der Lokalbahnwagen von Roco kamen solche selbstklebenden Streifen zum Einsatz. Sie waren für eine Gleichspan-

Die Beleuchtungsleisten wurden einerseits unter das Dach des Wagens und unter den Einsatz für die obere Etage zur Beleuchtung der unteren geklebt. Der Streifen für die untere Etage wurde zuvor mit einer Säge zugeschnitten.

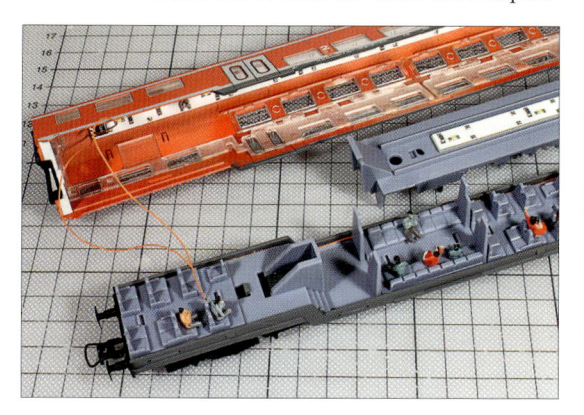

Der Anschluss der oberen Lichtleiste erfolgt direkt am Ende mit den Gleichrichtern.

Von der oberen LED-Leiste aus wird die untere quasi als Verlängerung angeschlossen.

137

DIGITALES LICHT

Licht im Steuerabteil

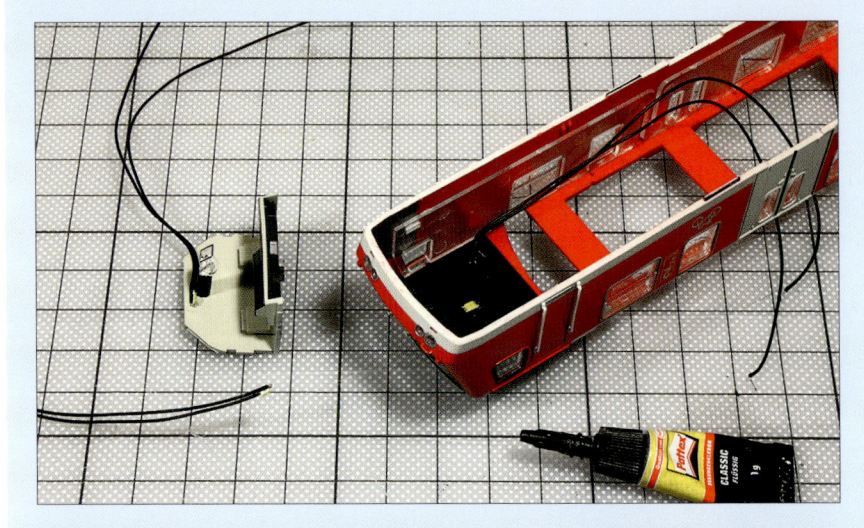

In die Führerräume der Steuerabteile klebt man eine separate LED.

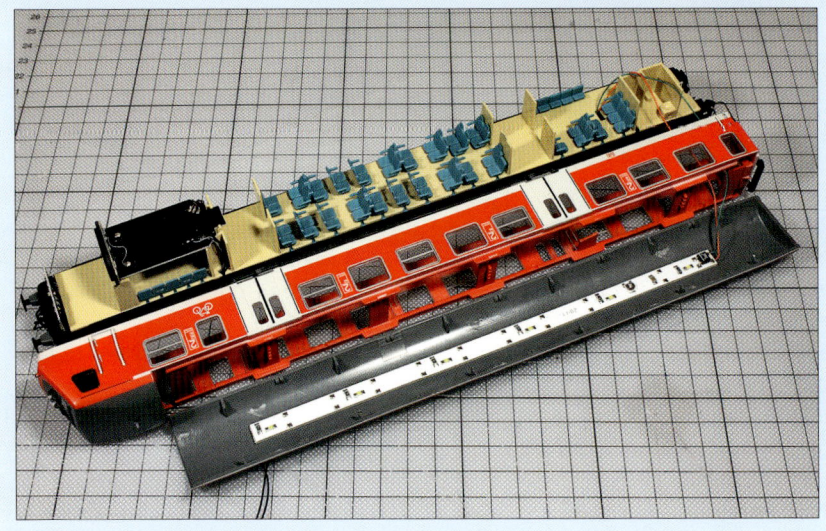

LED-Leisten für Fahrgastraum und Führerraum werden separat angeschlossen.

nung von 14 bis 16 V vorgesehen. Bei 14 V Wechselspannung (aus einer Digitalzentrale) können sie durchaus auch verwendet werden, flackern nun aber ein wenig. Dies stört nur bedingt, kann aber mit vorgeschalteten Gleichrichtern aus dem Elektronikbedarf zuverlässig verhindert werden.

Bei analog betriebenen Modellbahnen ist die für die Leuchtdioden zur Verfügung stehende Spannung unterschiedlich. Die Vorschaltelektronik in den Lichtleisten kompensiert dies, sodass die Innenbeleuchtung ab etwa 4 V konstant leuchtet.

Stützkondensatoren, die zwischen die beiden Leiterbahnen gelötet werden, minimieren ein Flackern der Lichter, wenn die Stromaufnahme einmal nicht einwandfrei ist. Solche Kondensatoren sollten insbesondere bei zweiachsigen Wagen verbaut werden. Wer die konfektionierten Umbausätze nicht nutzen will, kann durch den kompletten Eigenbau der Beleuchtung mit Leuchtdioden und den entsprechenden Bauteilen die Wagen auch selbst beleuchten.

Standard-Personenwagen

Bei der Beleuchtung von Personenwagen der gängigen Hersteller treten in der Regel kaum Probleme auf. Je nach den individuellen Konstruktionen sind eventuell spezielle Lösungen bei der Montage der Radstromkontakte oder der Führung der Kabel ins Wageninnere notwendig. Die Radstromkontakte lassen sich zur Not aber auch mit Zweikomponentenkleber auf eine zuvor glatt gefräste Drehgestellunterseite kleben. Neuere Wagenmodelle wie zum Beispiel die hier umgebauten „Silberlinge" von Roco besitzen werkseitig bereits Radstromkontakte, die ins Innere des Wagens führen. Hier muss man innen nur noch die Kabel anlöten und diese zu den Lichtleisten führen.

Wagen, die serienmäßig keine Radschleifer haben, lassen sich leicht mit Nachrüstschleifern bestücken. Nachdem man die Schleifer auf die entsprechende Größe zugeschnitten und gebogen hat, werden sie auf die Drehgestelle geklebt. Zuvor sollten sie an einem Ende verzinnt werden, sodass die Kabel später leichter angelötet werden können. Es empfiehlt sich zudem, in den Schleifpunkt des Bleches eine kleine Delle zu prägen, damit der Reibungswiderstand herabgesetzt wird.

Bei Rocos vierachsigen Umbauwagen waren in den Drehgestellen keine Löcher vorhanden, durch die man Kabel hätte führen können. Mit einer kleinen Bohrmaschine konnte aber in der Mitte der Drehgestellbefestigung ein Loch für die Anschlüsse gebohrt werden.

An anderen Modellen sind die Löcher neben den Drehgestellaufnahmen angelegt, durch die die Kabel ins Wageninnere geführt werden. Hierbei sollten Sie einen gewissen Freiraum berücksichtigen, damit die Drehgestelle in ihrer Bewegung nicht behindert werden. Zudem sollten dünne, flexible Litzen verwendet werden.

Bei Wagen mit Einzelachen müssen die Radstromabnehmer am Wagenboden montiert und dann nach unten auf die Achsen gebogen werden. Die Montage kann auch hier durch einfaches Kleben erfolgen, haltbarer ist allerdings eine kleine Schraubverbindung. Je nach Wagenkonstruktion muss man aber hier auf die Inneneinrichtung oder die Ballaststücke achten. Da sich die Radstromabnehmer nicht bewegen, können die Kabel einfach durch Bohrungen ins Innere geführt werden.

Nachdem die Stromabnahme realisiert ist, muss man die Leuchten im Wagenkasten unterbringen. Dies sollte nach Möglichkeit gemäß dem Vorbild oberhalb der Fenster erfolgen. Unter den Dächern ist bei den meisten Wagenmodellen hierfür ausreichend Platz. Je nach Modell können die Dächer separat abgenommen werden, was den Einbau deutlich vereinfacht. Andernfalls müssen die Lichtleisten von innen unter das Dach geklebt werden.

Vor dem Einbau empfiehlt es sich aber zu prüfen, wo die einzelnen LEDs im Wagen zu positionieren sind. Befindet sich später eine LED über einem Steg im Wageninneren, der einen großen Lichtschatten wirft, wären einige sehr dunkel beleuchtete Abteile die Folge. Ist die Wagenkonstruktion derart unglücklich, dann kann man die Leisten auch zersägen und gestückelt unter dem Dach montieren. Die elektrische Verbindung muss dann mit Drahtbrücken aber wieder hergestellt werden. Beim Verlegen der Drähte innerhalb der Wagen sollte man darauf achten, dass diese später nicht sichtbar sind, dennoch sollten sie so lang ausgeführt werden, dass eine Demontage der Wagen möglich ist.

Doppelstockwagen

Bei Doppelstockwagen müsen zwei Ebenen beleuchtet werden. Würde man hier nur unter dem Dach eine Lichtleiste anbringen, würde das Untergeschoss im Schatten des Obergeschosses dunkel bleiben. Während die obere Lichtleiste in der Dachwölbung perfekt untergebracht ist, könnte es passieren, dass die untere Leiste direkt sichtbar ist und das Licht den Wagen nicht mehr indirekt ausleuchtet. Je nach Wagenmodell kann daher ein schmaler Streifen als Blende erforderlich sein. Auch die Kabel müssen bei Doppelstockwagen besonders sorgfältig verlegt werden, sollen sie unsichtbar bleiben.

Steuerabteile

Wie bei Lokomotiven können die Steuerabteile von Steuerwagen ebenfalls beleuchtet werden. Dazu platziert man nach der Demontage der Führerstandsnachbildung eine kleine LED an der Decke des Führerraums und führt die Anschlussdrähte durch die Rückwand zur „Verteilerdose".

Weitere Lichteffekte

Neben der Innen- und Führerstandbeleuchtung können in Wagen auch weitere Lichteffekte installiert werden. Rücklichter lassen sich leicht beleuchten. Für ältere Wagen kann man kleine, funktionsfähige Messingbausätze von Schlusslaternen bei Weinert-Modellbau erwerben, die dann am letzten Wagen eines Zuges montiert werden.

Aber auch die Tischlampen in Speisewagen oder die Leseleuchten über den Sitzen können heutzutage mit winzigen Leuchtdioden funktionsfähig ausgeführt werden.

DIGITALES LICHT

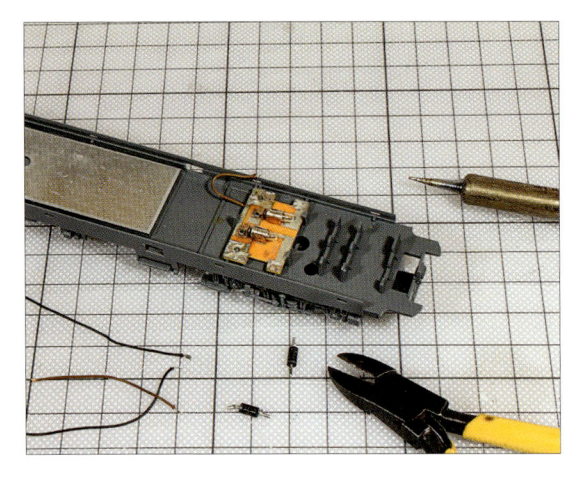

Bei älteren Wagen entfernt man, ohne etwas zu zerstören, die gesamte Elektrik und …

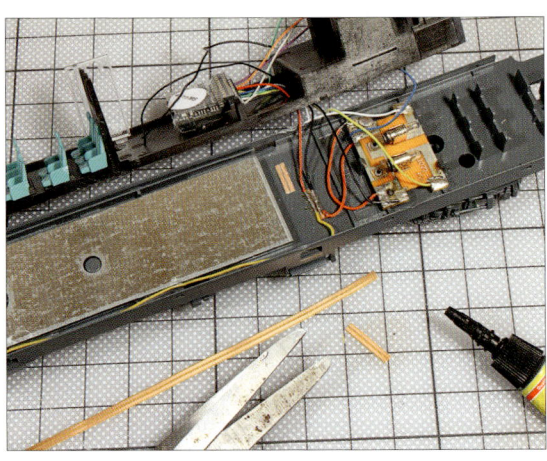

… baut sie für den Anschluss eines Funktionsdecoders völlig neu auf.

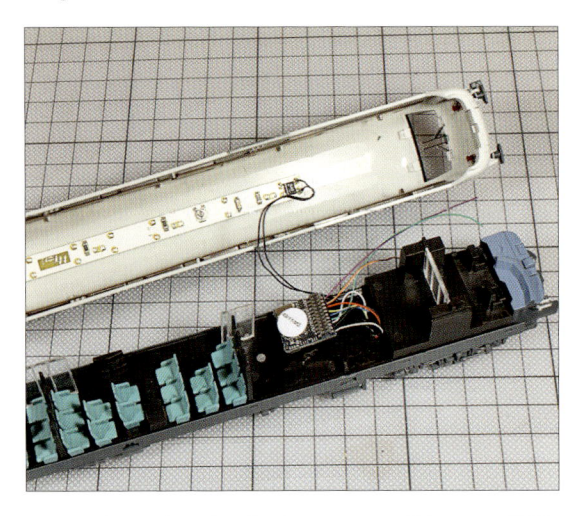

Den Funktionsdecoder platziert man möglichst unauffällig im Wageninneren.

Die Drähte für die Beleuchtung fädelt man durch die Inneneinrichtung nach oben.

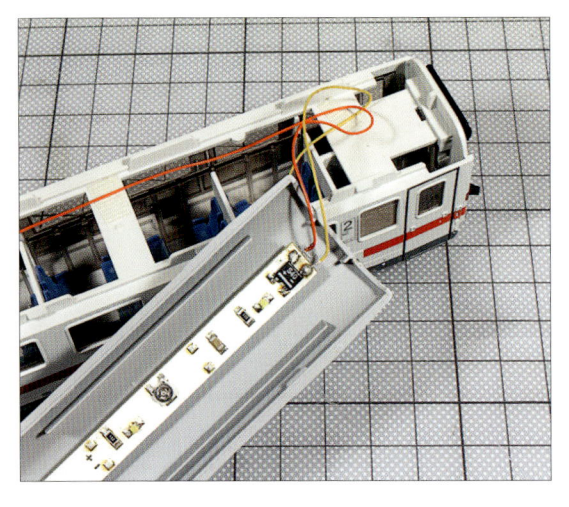

Hier wurde die LED-Leiste am abnehmbaren Dach befestigt. Die Drähte sind etwas länger.

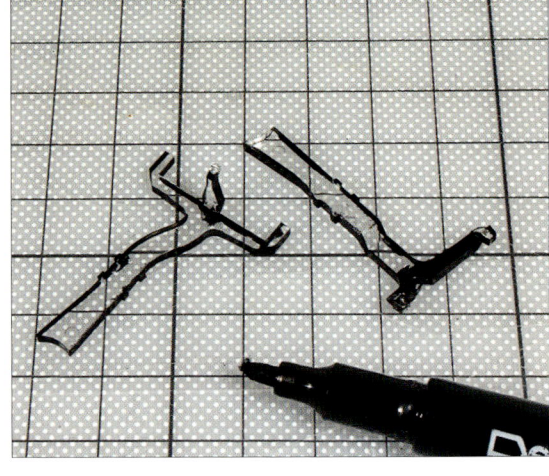

Beim Schwärzen von Lichtleitern dürfen die Spiegelflächen nicht mitgeschwärzt werden.

Wagen-Erleuchtung

Steuerung

Sollen die Lichtfunktionen im Wagen schaltbar sein, muss in die Wagen ein Digitaldecoder eingebaut werden. Alle eventuell vorhandenen Dioden zum Wechsel der Spitzenbeleuchtung bei Steuerwagen müssen dazu entfernt werden. Da man für die Lichtsteuerung nur die Licht- und Funktionsausgänge an den Decodern benötigt, kann auch ein Lokdecoder (ein älteres Modell oder eins mit defekter Motorsteuerung) zum Einsatz kommen. Spezielle Funktionsdecoder mit fahrtrichtungsabhängigen Licht- und schaltbaren Funktionsausgängen werden aber auch angeboten.

Der Verkabelungsaufwand im Wagen ist bei einer vollständigen Digitalisierung recht groß. Anschließend belegt man die Funktionsausgänge des Decoders mit den jeweiligen Lichteffekten. Hat der Steuerwagen von Hause aus einen mechanischen Schleppschalter zur Regelung des Lichtwechsels an der Stirnseite, sollte man es bei diesem Schleppschalter belassen, damit das Spitzensignal in jedem Fall zur Fahrtrichtung passt. Alternativ müsste sonst der Decoder bei jedem Fahrtrichtungswechsel von Hand angesteuert werden oder wäre fest auf die Adresse einer bestimmten Lok zu programmieren – beide Möglichkeiten schränken das Spielvergnügen unnötig ein.

Durch den Einbau von Funktionsdecodern können die einzelnen Räume im Wagen separat beleuchtet und gesteuert werden.

ANHANG

Index

A
ABC-Technik 21, 26
Abtastlücke 41
Adresse 10, 30
Anfangserkennung 31
Anode 97
Antrieb mit Glockenankermotor 123
Ausstellungsmodus 26
Austastlücke 33

B
Back-EMF 39
Beleuchtung 13
Beleuchtung, fahrtrichtungsabhängig 15
Beleuchtung im Kabinentender 114
Beleuchtung von Fahrzeugen 96
Beleuchtung von Wagen 133
Betriebsmodus eines Decoders 21
Betriebssystem 16
Bremsweg, konstanter 18

C
Controller 16, 21, 25, 26
CV 18, 21, 23, 26

D
DCC 28, 31
Decoder 10, 22, 65, 87, 111
Decoder, anschließen 125
Decodereinbau 11
Decoder mit Sound 20
Decoder, parametrierbar 41
Decoderplatine 16
Decoderschnittstelle 26
Decodierer 21
Digitaldecoder 16, 37
Digitaldecoder, geregelt 37
Digitaldecoder, Motorregelung 36
Digitalschnittstelle 10
Digitalschnittstelle, 21-polig 120
Digitalsignal 21, 28
Digitalsound 86
Dimmen, Funktionsausgang 20
Dioden 96

Doppellautsprecher 72
Doppelstockwagen mit Licht 139
Drehmoment 17
Durchlassspannung 99
Duty-Cycle 37

E
Effekte 25
Effekte, Leuchtstoffröhren 23
Einstellmodus, Handfahrgerät 25
Einstellungen 21
EMK 18
Entlötpumpe 73
Entstördrossel 77

F
Fahrspannung 17
Fahrstufenauflösung 18
Fahrtrafo 17
Fahrtrichtungsumschalter 76
Fahrzeugempfänger 10
Farben von LED 97
Farbmischung, additiv 97
Farbtemperatur 111
Feldspule 76
Fernlicht 118
Fernseh- oder Rundfunkempfang, gestört 15
Fluoreszenzschicht 97
Führerhausbeleuchtung 111, 117
Führerstandbeleuchtung 17, 126
Funkentstörung 15
Funktionen 22, 33
Funktionen mappen 18, 114
Funktionsausgang 65
Funktionsausgänge belegen 141
Funktionsausgang zur Lichtsteuerung 128
Funktionsdecoder 17, 111, 114, 130, 141
Funktionserweiterungsbaustein (SUSI) 20
Funktionstasten 18

G
Generatorprinzip 38
Geräusche im Motor 38
Geräusche in der Lok 20
Geschwindigkeitskennlinie 18
Gleichrichter 137
Gleissignal 16

Glockenankermotor 12, 41
goldgelbe LEDs 115

H
Hall-Sensor 27
Hochleistungsantrieb 79

I
Impulsauslösung 80
Impulsbreitensteuerung 17
Innenraumbereiche beleuchten 23

J
Jumper 27

K
Kabelführung 89, 138
Kabine beleuchtet 111
Kathode 97
Klangkulisse 20
Konfiguration 21
Konstantstromelektronik 138
Konstantstromquelle 99, 100
Kontaktsicherheit erhöhen 25
Kupplungen, steuerbar 18

L
Langsamfahrverhalten 17
Lastregelung 18
Lautsprecher 91, 92
LED, Bauform 98
LED-Leisten 99
LED, mehrfarbig 98
LED-Position in Wagen 139
LEDs 14, 22, 96, 97
LEDs als Leuchtmittel 77
LEDs, goldgelbe 115
LEDs, kaltweiß 125
LED-Streifen 99
LEDs, warmweiß 112, 125
Leuchtmittel 133
Leuchtstärke einstellen 133
Leuchtstoffröhrensimulation 26
Lichtdecoder 131
Lichteffekte 20, 139
Lichtfarbe, LED 133
Lichtfunktionen 22
Lichtfunktionen schalten 141
Lichtleisten 133
Lichtleisten, konfektioniert 132
Licht, weiß, warmweiß, gelb 97

142

Index

Light Emitting Diode 97
Lokbeleuchtung 118
Lokchassis 12
Lokdecoder 21, 25
Lokdecoder, Bestandteil der Lokplatine 22
Lokdecoder mit SUSI-Schnittstelle 72
Lokeigenschaften 16
Lokfunktionen 16, 17
Lok ohne Schnittstelle 10
Loksounddecoder 71
Lokumbau 111
Lötarbeiten 88

M

Märklin-Lok umrüsten 76
Märklin-Motorola-System 11
Marktübersicht Minidecoder 50
Marktübersicht Sounddecoder und -module 54
Marktübersicht Standarddecoder 42
Maschinenraumbeleuchtung 128
Maschinenraumgang 130
Massensimulation 18
Master-Client-Controller 25
Mehrfachtraktion 26
Mehrzugsteuerungen 11
Messpause 39
mfx-Decoder 21
Modellbahnanlagen, LED-Beleuchtung 96
Modellkupplung, steuerbar 26
Motorausgang 12
Motorelektronik 12
Motoren 12
Motor, fünfpolig 80
Motormanagement 12, 18
Motorregelung 36
Motorsteuerung 17, 38

N

NEM 652 79
NEM-Schnittstelle 79
Neonlampen, kaltweiß 131
Neonleuchten 134

O

Oszilloskop 28, 41

P

Pakete 30
Personenwagen beleuchten 132
Pfeifen, störend 41
Polarität, LED 100
Priorisierung 32
Programm 16
Programmieren 23, 114
Programmiermodus 21
Protokoll 34
Prozessor 16
Puls-Pause-Verhältnis 37

R

Radschleifer 11
Radstromabnahme 117
Radstromabnehmer bei Einzelachsen 139
Radstromaufnahme 132
Radsynchronisierung 92
RailCom 21, 33
Rangiergang 18
Rangierlicht 118
Rangierlichtanordnungen 27
Rauchentwickler 13
Reedkontakt 80
Regelparameter 41
Regelung, im Decoder 39
Regelung parametrieren 40, 41
Remanenz 39
Rücklichter 139
Rückmeldeprotokoll 21
Rückmeldung 21

S

Schalten von Lokfunktionen 16
Schaltkreis, integriert 16
Schlusslaternen 139
Schnittstelle 16, 63, 130
Selectrix-System 11
Signal, DCC 29
Signalhorn 18
SMD-Fertigungstechnik 16
SMD-LED 99, 107, 114
Sound 20
Soundbaustein 14
Sounddecoder 20, 80
Speicher 16
Speisewagen mit Tischlampen 139
Spektrum, sichtbar 97

Spitzensignal in einer Leuchte kombiniert 98
Spitzen- und Schlusslichter 17
Starrkupplung, leitend 25
Steckverbindung 116
Steuerabteile beleuchten 139
Steuerungsinformationen 28
Steuerungsprogramm 32
Stromabnahme bei Gleichstrombahnen 132
Stromabnahme bei Mittelleiterfahrzeugen 133
SUSI 20
SUSI-Schnittstelle 20, 26
SUSI-Soundmodul 91

T

Tenderbeleuchtung 87
Tischlampen in Speisewagen 139
Triebwerksbeleuchtung 17, 111, 112
Trommelkollektor-Motor 76

U

Umbausätze 133

V

Verkabelung 13
Verstärker 17
Verzögerung beim Anfahren/Bremsen 18
Vorschaltelektronik 99, 138
Vorwiderstand 100, 116, 137

W

Wärmeentwicklung von LED 97
Widerstand, in der Motorwicklung 38

Z

Zentrale, RailCom-fähig 21
Zugbus 20, 23
Zugzielanzeige 17

BÜCHER FÜR EISENBAHNER

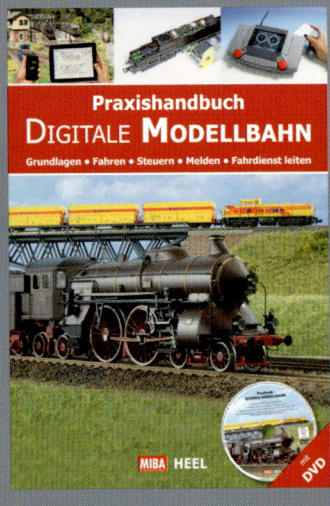

Praxishandbuch DIGITALE MODELLBAHN
Grundlagen • Fahren • Steuern • Melden • Fahrdienst leiten
ca. 220 Seiten, ca. 720 Abbildungen, 180 x 260 mm, Paperback, mit DVD
€ 24,99 ISBN 978-3-86852-649-3

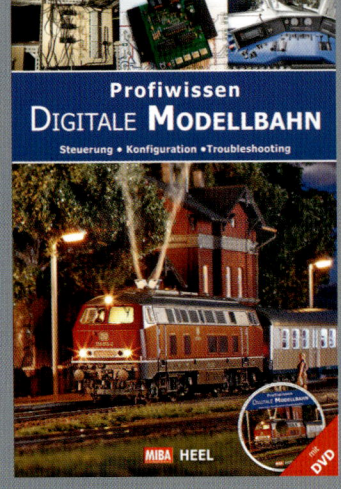

Profiwissen DIGITALE MODELLBAHN
Steuerung • Konfiguration • Troubleshooting
ca. 208 Seiten, ca. 300 farbige Abbildungen, 180 x 260 mm, Paperback, mit DVD
€ 24,99 ISBN 978-3-86852-802-2

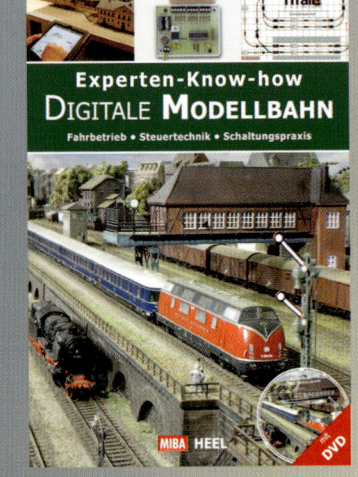

Experten-Know-how DIGITALE MODELLBAHN
Fahrbetrieb • Steuertechnik • Schaltungspraxis
ca. 208 Seiten, über 300 Abbildungen, ca. 180 x 260 mm, Paperback, mit DVD
€ 24,99 ISBN 978-3-86852-952-4

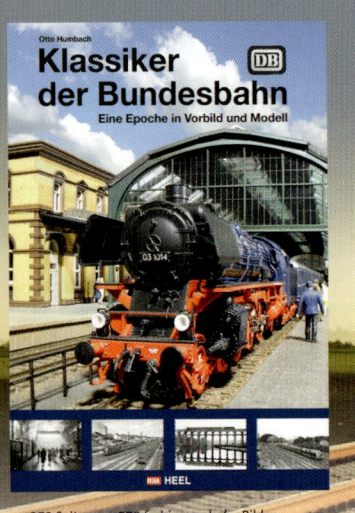

Klassiker der Bundesbahn
Eine Epoche in Vorbild und Modell
ca. 272 Seiten, ca. 570 farbige und s/w-Bilder, 213 x 302 mm, gebunden
€ 19,99 ISBN 978-3-86852-951-7

MODELLBAHN REALISTISCH GESTALTEN
Loks, Waggons und Gleisanlagen farblich aufbereiten
128 Seiten, ca. 400 farbige Abbildungen, 215 x 302 mm, gebunden
EUR 19,99 ISBN 978-3-95843-033-4

MODELLEISENBAHN Die Meisterwerkstatt
SCHNEIDEN – SÄGEN – LÖTEN – KLEBEN
ca. 208 Seiten, ca. 750 farbige Abbildungen, 230 x 305 mm, gebunden
€ 14,99 ISBN 978-3-86852-801-5

MODELLEISENBAHN Die neue große Schule
Das Grundlagenwissen
ca. 248 Seiten, ca. 850 farbige Abbildungen, ca. 240 x 270 mm, gebunden
€ 19,99 ISBN 978-3-95843-194-2

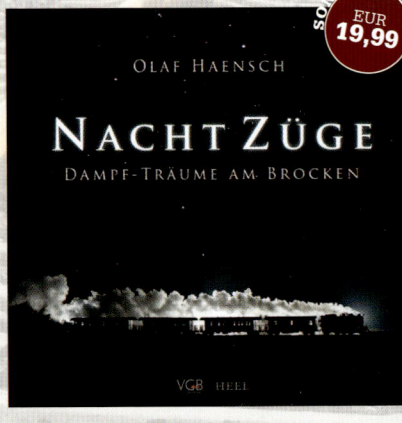

NACHTZÜGE
DAMPF-TRÄUME AM BROCKEN
Olaf Haensch
128 Seiten, 97 farbige Abbildungen, ca. 297 x 284 mm, gebunden
€ 19,99 ISBN 978-3-95843-171-3

SONDERAUSGABE **EUR 19,99**

Die Harzer Schmalspurbahnen (HSB) zählen heute zu den bedeutendsten technischen Denkmalen in Europa und den letzten großen Dampf-Abenteuern der Welt. Fünf Jahre lang verbrachte der Fotograf Olaf Haensch unzählige Nächte im Harz, um mit aufwendigen Blitzlicht-Installationen ebenso surreale wie atmosphärische Bilder von den Dampfzügen und ihrer Umgebung zu schaffen.
Dieser Bildband vereint unwiederbringliche Szenen und einzigartige Motive zu einem fulminanten Porträt der HSB, ergänzt durch eine eindrucksvolle Karte und Höhenprofile.

Unser komplettes Programm erhalten Sie in jeder Buchhandlung und unter www.heel-verlag.d
HEEL Verlag GmbH | Gut Pottscheidt | 53639 Königswinter